"十三五"普通高等教育本科部委级规划教材

服装机械原理

（第5版）

孙金阶　秦晓东　编著

中国纺织出版社

内 容 提 要

本书主要讲述了服装生产中常用的裁剪设备、黏合设备、通用缝纫设备和专用缝纫设备、车缝辅件及整烫设备的工作原理、使用、调整、保养及维修等内容。随着服装工业的发展，为满足教学和生产需要，本次修订增补了当前日益成为服装企业主力设备的各类常见电脑缝纫机。

本书既可作为高等院校服装类专业的教材，也可用作服装机械相关专业和服装企业及相关企业技术人员的参考用书。

图书在版编目（CIP）数据

服装机械原理/孙金阶，秦晓东编著． --5 版． --北京：中国纺织出版社，2018.8（2021.12 重印）
"十三五"普通高等教育本科部委级规划教材
ISBN 978 - 7 - 5180 - 5158 - 8

Ⅰ．①服⋯ Ⅱ．①孙⋯ ②秦⋯ Ⅲ．①服装机械—机械原理—高等学校—教材 Ⅳ．①TS941.562

中国版本图书馆 CIP 数据核字（2018）第 136874 号

策划编辑：孙成成　　责任编辑：杨　勇
责任校对：寇晨晨　　责任印制：王艳丽

中国纺织出版社出版发行
地址：北京市朝阳区百子湾东里 A407 号楼　邮政编码：100124
销售电话：010—67004422　传真：010—87155801
http://www.c-textilep.com
E-mail：faxing@c-textilep.com
中国纺织出版社天猫旗舰店
官方微博 http://weibo.com/2119887771
唐山玺诚印务有限公司印刷　各地新华书店经销
1990 年 12 月第 1 版　1997 年 6 月第 2 版
2000 年 8 月第 3 版　2011 年 2 月第 4 版
2018 年 8 月第 5 版　2021 年 12 月第 2 次印刷
开本：787×1092　1/16　印张：15.5
字数：273 千字　定价：48.00 元

第 5 版前言

　　服装机械原理（第 1 版）出版至今已近 28 年，在这期间历经三次修订，而且距上次修订也已过 8 年。作为各服装院校及各大专院校服装专业的教学用书，能得到广大师生及服装企业相关人员的认可和好评，使编著者深感欣慰。

　　随着我国服装行业呈现的整合、调整和提升的趋势，加之内需趋旺和品牌意识进一步强化，不少服装生产企业纷纷引进既能降低对人工技能要求，减少人工成本，又能显著提高制品品质和生产效率的各类电脑缝纫设备。随着这些电脑控制的半自动化和全自动化缝纫设备的大量应用，在服装生产中产生了明显的经济效益，并进一步推动了我国各类电脑化缝纫设备的全面发展。

　　有鉴于此，为了满足当前教学要求并力求跟上我国服装工业发展的大趋势，本书在此次修订中，西安标准工业股份有限公司秦晓东同志编写了第七章"现代电脑缝纫机"。

　　考虑到我国服装企业数量众多，设备水平差异较大，本书保留了对各类传统设备的介绍，以满足各层次的需求。

　　由于编者水平有限，书中难免谬误，恳望广大师生及读者指出，将不胜感谢。

编者

2017 年 10 月

第 4 版前言

　　《服装机械原理》（第 3 版）出版至今已有十年，在各服装院校和各大专院校服装专业的教学实践中，受到广大师生的好评和社会广大读者的认可，为服装专业人才的培养发挥了积极的作用。

　　随着我国服装工业的发展和服装教育改革的深化，对相关教材也提出了更高的要求。为了满足教学和社会的需要，由原书编著者孙金阶教授对本书进行了修订。在对服装企业进行调研的基础上，将近年国内推出的以及当前企业使用广泛、反映良好有代表性的较新机种作为本次修订增补的内容，如 GT660 型钉扣机、GT655-01 型单针锁式之字缝缝纫机、GT680 系列筒式平缝打结机。原书介绍了 GN20-3 型三线高速包缝机，这次修订中又增补介绍了 GN20-4 型四线高速包缝机和 GN20-5 型五线高速包缝机，使本书对包缝机的讲述和介绍更为全面。

　　在修订中，力求保持原书的风貌和特点，注重理论联系实际，做到图文并茂、内容精练、由浅入深、重点突出，文字通俗易懂，尽量适应服装专业学生的特点和需要。

　　由于编者水平有限、资料匮乏，对新增机种的消化还不充分，书中谬误在所难免。请广大师生和读者在使用过程中提出宝贵意见，编者将不胜感谢。

　　在消化各机型的过程中，参考了西安标准工业股份有限公司编写的增补机型零件手册和使用说明，在修订过程中该公司王萍等同志和西安恒丰服装设备公司李买全同志给予了大力支持和帮助，在此一并致谢。

编者
2010 年 9 月

第 3 版前言

　　在全国教育事业迅速发展的形势下，为了适应教育体制和教学改革的需要，中国纺织出版社组织有关专家对原中国纺织总会教育部组织编写的高等服装专业教材进行了修订。该套教材自 20 世纪 90 年代问世以来，受到了服装专业广大师生的好评，在广大社会读者中产生了深远的影响，对培养服装专业高等人才起到了积极的作用。但随着教育改革的逐步深入，服装工业新技术、新设备、新工艺、新材料的不断应用，各类新标准的实施，高等服装专业教材的内容已显得陈旧，亟须更新。为了满足教学的需要，我们组织专家对教材进行了修改补充，力争使教材的内容新、知识涵盖面宽，有利于学生专业能力的培养。

　　这套教材包括：《服装设计学》《服装色彩学》《服装材料学》《服装工艺学（结构设计分册）》《服装工艺学（成衣工艺分册）》《服饰图案设计》《服装机械原理》《服装生产管理与质量控制》《服装市场营销学》《服装心理学》《服装英语》《服装专业日语》12 本。希望本套教材修改后能受到广大读者的欢迎，教材中的不足之处恳请读者批评指正。

　　《服装机械原理》一书在充分考虑服装专业教学特点，力求结合服装生产实际及综合各方面读者的意见，由西安工程大学（原西北纺织工学院）服装分院孙金阶副教授对辉殿臣教授等编写的原《服装机械原理》进行了重新编写。书中章节由十二章改为六章，在内容上作了较大幅度地改动，注重了学生动手能力的培养。该书在讲述服装机械设备结构、基本原理的同时，增加了机械的调试、使用、维修、保养与故障排除的一般知识，使之更适合教学的需要。

编者

2000 年

第 2 版前言

　　由中国纺织总会教育部（原纺织工业部教育司）规划出版的高等纺织院校首轮服装专业教材：《服装色彩学》《服装设计学》《服装材料学》《服饰图案设计》《服装工艺学（结构设计分册）》《服装工艺学（成衣工艺分册）》及《服装机械原理》，出版至今已有七八年，受到高等纺织服装院校广大师生的好评，同时也得到大批社会读者的认同。对培养高级服装专门人才起到积极推动作用。

　　随着教育改革的逐步深入，服装工业高新技术的应用，各类新标准的推广，对服装教材提出了新的要求。为此，我们正在编写新一轮教材。为满足教学的急需和社会的需要，我们组织原作者对上述教材进行修订，主要增加服装新材料、新工艺、新设备及现代服装方面的知识，并使用了最新的有关国家标准。力求使全套教材与现代社会对服装的新要求、高标准合拍。

　　《服装机械原理》第二版由辉殿臣进行了修改和补充。

　　希望此套修订教材能同样获得广大读者的欢迎，并恳请对书中的不足之处提出批评指正。

中国纺织总会教育部
1996 年 8 月

第 1 版前言

为了适应我国纺织工业深加工、精加工的迫切需要，自 1984 年以来，纺织工业部在所属的高等院校中陆续设置了一批"服装专业"。随着服装事业的发展，当前尽快编写出版一批满足教育及生产急需的教材和参考书，有着特别紧迫的意义。为此，在 1987 年，纺织工业部教育司委托"服装专业委员会"，组织一批在教育第一线工作的同志，通过集体创作，编写了第一批教学用书共六本，包括《服装设计学》《服装工艺学（结构设计分册）》《服装工艺学（成衣工艺分册）》、《服装色彩学》、《服装材料学》、《服装机械原理》、《服饰图案设计》。这套书的出版，在初步实现教育用书"现代化"和"本国化"方面是一个有益的尝试。本套书可用作纺织院校服装专业的教育用书，也可作为服装制作爱好者的自学参考用书。

《服装机械原理》包括十二章，顺序按一般服装加工工艺流程，包括准备工程机械与设备、裁剪工程机械与设备、缝制工程机械与设备、湿热加工机械与设备以及吊挂传输柔性缝制系统等主要内容。并对服装机械的分类和概况作了必要的介绍。各章内容着重对主要工作机构的组成原理、工作特性、技术规格以及性能用途进行了论述，并对某些典型机构进行了理论分析。

参加本书编写的同志有：天津纺织工学院辉殿臣（第一章、第五章、第六章的第 3 节和第 4 节、第十一章）、中国纺织大学王金柱（第九章、第十章、第十二章）、西北纺织工学院刘臻（第三章、第八章）、北京服装学院叶润德（第二章、第四章、第六章的第 5 节）、天津纺织工学院杨秀兰（第六章的第 1、第 2 节）和中国纺织大学赵士杰（第七章），并由天津纺织工学院辉殿臣、中国纺织大学王金柱担任主编。

限于我们的理论水平和业务能力，加之现成参考资料非常有限，谬误欠妥之处在所难免，深望使用本书的同志批评指正。

编者
1989 年 12 月

目录

第一章　概述

第一节　服装机械发展概况

服装是人类生存的基本条件之一，在远古时期，我们的祖先已经能用骨针缝合兽皮用以御寒，成为最原始的服装。随着历史的发展，先后出现了铜针、钢针，服装面料也有了织造的棉布和丝绸，但直至18世纪末，服装制作一直是手工作业。

18世纪英国的工业革命大大促进了纺织工业的发展，服装制作机械化也成为当务之急。1790年，英国人托马斯·逊特（Thomas Hudson）发明了单线链式缝纫机，开了机械缝纫的先河。1882年，美国胜家（Singer）兄弟发明了双线梭缝缝纫机，至1890年电动机问世，之后出现了用电动机驱动的缝纫机，开创了服装工业和服装机械工业发展的新纪元。

随着社会经济、政治、文化和科学技术的发展，人类对服饰衣着的要求也越来越高，从而极大地推动了服装机械的发展，尤其是20世纪中期以来，新技术、新材料、新工艺不断地应用于服装机械的生产制造中，世界各国的服装机械制造厂商不断推出性能更佳、效率更高的新设备，极大地改变着服装生产各工序传统的加工工艺和生产组织形式，并形成了从裁剪、黏合、缝纫、整烫、包装乃至各工序间制件传输的完整的生产设备体系。

服装机械工业的迅猛发展最明显的例证是缝纫机械的令人惊异的更新速度，近年来缝纫机不断地推陈出新，市场上不但出现了多种多功能缝纫机、自动缝纫机，还出现各种可编程全自动缝纫机，如可编程全自动花样缝纫机、可编程全自动口袋缝合机等，使设备适应性更强，调试更为准确便捷，为服装产品优质高效生产提供了更为有利的条件和保证。最新数据表明，当前世界上仅缝纫机种类已经过万，服装机械工业的飞速发展于此可见一斑。

纵观服装机械的发展现状，未来服装机械工业将借助机械、电子、气动、液压、微电脑智能控制等相关高科技于一体，对传统的服装机械技术加以改良，进行结构优化，不断提高性能和自动化水平，在功能上向多能化方向扩展，进一步提高机电一体化水平，以适应服装企业小批量、多品种、短周期、产品贴近个性化的新趋势并满足服装工业日益发展的需要。

第二节　服装机械分类

目前，服装机械分类有三种方法：

1. 按机器动力源分类

分为手摇式、脚踏式和电动式三种。

2. 按服装款式分类

如西服生产线设备、衬衫生产线设备、牛仔服生产线设备等。

3. 按设备的用途和功能分类

一般情况多是按此分类，大体分类如下：

（1）准备机械设备：验布机、预缩机等。

（2）裁剪机械设备：铺布机、断料机、直刀往复式裁剪机、带刀式裁剪机、圆刀式裁剪机、摇臂式裁剪机、压裁机、电热式裁剪机、计算机裁剪系统等。

（3）黏合设备：辊式黏合机、板式黏合机等。

（4）缝纫机械设备：

①家用缝纫机：普通家用缝纫机、多功能家用缝纫机。

②服务性行业缝纫机。

③工业平缝机：低速工业平缝机、中速工业平缝机、高速工业平缝机、高速电脑控制自动切线平缝机、高速双针平缝机、高速针杆离合双针平缝机等。

④锁眼机：平头锁眼机、圆头锁眼机。

⑤包缝机：三线包缝机、四线包缝机、五线包缝机、六线包缝机。

⑥钉扣机：平缝钉扣机、单链钉扣机。

⑦套结机：加固套结机、花型套结机。

⑧其他专用机：裤串带缝纫机、缲袖机、开袋机、缲腰机、缲边机、装饰机、小片机、弯臂型卷接缝双针机及三针机、多针机、绷缝机等。

（5）熨烫设备：熨斗、真空抽气烫台、电热蒸汽发生器、专用蒸汽熨烫机、蒸烫机等。

（6）检测设备：吸线头机、检针机等。

第二章　服装机械常见机构及传动原理

第一节　有关机构的基本概念

在生产中，人们广泛地使用着各种机器，这些机器尽管构造和用途各不相同，但却存在着一些共同的特性，如它们都是由许多不同的机构所组成；组成机器的各个部分都有确定的相对运动关系。此外，它们可以代替人的劳动去转换能量或作有用的功，如内燃机可以将热能转换为机械能；各种缝纫机可以完成特定的缝纫工作。

机构是机器的组成部分，各种机构虽然作用不同、结构各异，但它们之间存在一些共同的特性：

（1）这些机构由人为的实体（机件）所组成。

（2）组成机构的各实体之间均有一定的相对运动，而不是乱动，各实体在完成运动的传递和变换的同时，也完成力的传递和变换。

这就是说，机构是一个具有一定相对运动的实体的组合系统。

图2-1为缝纫机的脚踏动力传递机构，该机构由机架（图中未绘出）、脚踏板1、连杆2、曲轴3及与其固连的皮带轮4组成。工作时踏动脚踏板使踏板绕固定轴 $O—O$ 前后摆动，通过连杆2使曲轴3转动，最后由皮带轮4经皮带带动缝纫机进行缝纫作业。不难看出，各实体不但相对位置确定，相对运动也是确定的。

为了说明机构是怎样组成的，首先要了解组成机构的基本单元——构件及其相互连接的方式。

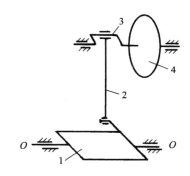

图2-1　缝纫机脚踏驱动机构
1—脚踏板　2—连杆　3—曲轴　4—皮带轮

一、构件

机构是由一些刚性体组成，当机构运动时，这些刚性体之间互相做有规律的运动，机构中这种参与运动的刚性体称为机构的构件。构件与零件是有区别的，构件可以是单一的零件，也可以是由若干个零件连接成的刚性结构。例如缝纫机中，主轴通常是单一的零件（图2-2），而与主轴曲轴部分连接并有相对运动的大连杆（图2-3），则是由连杆体1、连杆头2、螺钉3等零件固定连接而成的一个刚性结构。

图 2 - 2　缝纫机主轴

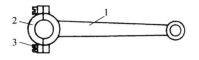

图 2 - 3　缝纫机大连杆结构
1—连杆体　2—连杆头　3—螺钉

　　构件可以用简图表示，在服装机械讲授中，机器的工作原理常通过传动示意图（或称工作原理图）来表示。在这类图中，只要把与运动有关的地方（主要是与其他构件连接的方式）用简单的线条表示出来即可，而不需画出构件的真实外形，图 2 - 4 所示是一些缝纫机的构件及构件组合的实物与对应的空间及平面简图的表示方法。

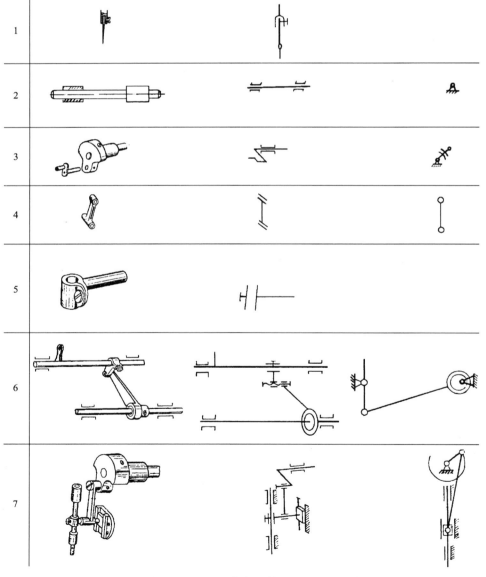

图 2 - 4　缝纫机构件及其空间和平面

二、运动副的种类及代表符号

机构是由若干个构件组成的，这就必须把各个构件通过某种形式可动地连接起来，这种构件间互相接触而又保留一定相对运动的连接称为运动副。例如，缝纫机主轴曲轴与连杆的配合，两齿轮轮齿的啮合，缝纫机针杆与机身导孔的配合等都是一些常见的运动副。

运动副有各种不同的分类方法，常见的方法有：

1. 平面运动副和空间运动副

按构成运动副的两构件是作平面平行运动还是作空间运动，可分为平面运动副和空间运动副，上述各种运动副均是限制相邻两构件只能互作平面平行运动的，因此均属平面运动副。如运动副允许相邻两构件的相对运动不只局限于平行的平面内，该运动副称为空间运动副，如图2-5所示，包缝机的球面副即为空间运动副。

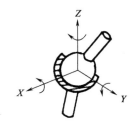

图2-5　球面副

2. 高副和低副

按两构件的接触情况，运动副可分为高副和低副，面接触的运动副称为低副，点接触或线接触的运动副称为高副。转动副、移动副及图2-5所示的球面副均为低副，而轮齿啮合则为高副。

第二节　传动原理图

由于服装机械大多具有结构紧凑、可视性差、运动复杂的特点，绘制传动原理图有助于了解机器各机构的构造、传动方式、运动特性及调试部位，各章中广泛地利用传动原理图进行讨论。

由于机构的运动仅与机构中所有构件的数目和构件所组成的运动副的数目、种类、相对位置有关，因此，对实际机构运动的讨论，可以不考虑构件的复杂外形和运动副的具体构造而仅用简单的线条和符号表示构件和运动副。在本节讨论中由于仅限于运动特征的描述，不必考虑构件尺寸及各运动副之间的尺寸关系，这种仅表示机构各构件间相对运动关系的简单图形称为传动原理图。图2-6为工业平缝机的机针机构、挑线机构的结构图和传动原理图。

不难看出，传动原理图是对实际结构的抽象简化，使人对机构的工作原理、调节位置甚至调节方法一目了然。图2-6所示，针杆3在针杆套筒4、8所确定的导路中做直线往复运动，在缝纫中对针杆的工作位置要求极严，可以依靠螺钉5调整并紧固。

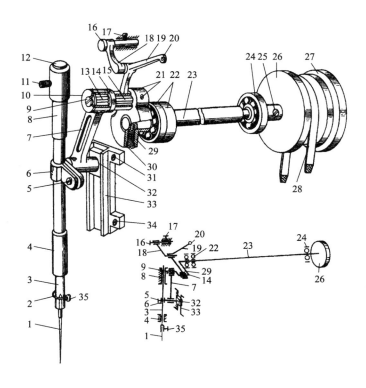

图2-6　工业平缝机机针机构、挑线机构及其传动原理

1—机针　2—过线环　3—针杆　4—针杆套筒（下）　　5、11、17、21—紧固螺钉　6—针杆连接柱

7—针杆连杆　8—针杆套筒（上）　9—针杆曲柄销　10—压盖　12—密封毡垫　13、15、22、24—轴承

14—挑线曲柄　16—摆杆销　18—摆杆　19—挑线杆　20—挑线杆孔　23—主轴　25—螺钉

26、27—皮带轮　28—皮带　29—曲柄盘　30—曲柄盘紧固螺钉

31、34—滑槽座固定螺钉　32—滑块　33—滑槽座　35—紧针螺钉

第三节　服装机械常见机构

服装机械是各种机构的组合，常见有连杆机构、凸轮机构、齿轮机构等。

一、平面连杆机构

最简单的平面连杆机构是两杆机构，如电动机、风机等，图2-7是两杆机构的示意图，由于只有一个运动构件，不能起转换运动的作用，一般不予讨论。低副连接的三杆形成一个桁架（图2-8），它不是机构，所以要能满足运动转换的要求，必须用四杆机构以及四杆以上多杆机构。由于多杆机构以四杆机构为基础，所以我们只就四杆机构进行讨论。四杆机构的基本形式有以下四种。

图2-7 两杆机构

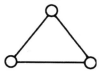

图2-8 桁架

（一）曲柄摇杆机构

图2-9为缝纫机脚踏板机构的传动原理图。在该机构中，脚踏板3往复摆动称为摇杆，通过连杆2传动曲轴1完成整周回转。曲轴1也称为曲柄，曲轴和摇杆均与机架构成转动副，在此机构中，摇杆为主动件。某些机器曲轴为主动件，通过连杆使摇杆往复摆动，这类机构均称为曲柄摇杆机构。

在曲柄摇杆机构中，当曲柄很短时，常采用偏心轮，图2-10所示为工业平缝机的抬牙机构（送布牙上下运动机构），紧固在主轴1上的抬牙偏心轮2随轴转动，通过大连杆3带动摇杆4摆动，通过抬牙轴5、摇杆6、小连杆7使送布牙8获得上下运动。

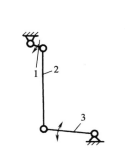

图2-9 踏板机构

1—曲轴 2—连杆 3—脚踏板

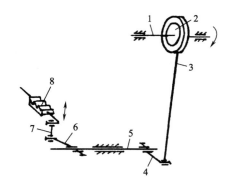

图2-10 工业平缝机抬牙机构

1—主轴 2—抬牙偏心轮 3—大连杆 4、6—摇杆
5—抬牙轴 7—小连杆 8—送布牙

（二）双摇杆机构

图2-11所示为GN1-1型包缝机双弯针机构。大弯针架1绕轴O_1往复摆动，通过连杆2传动小弯针架3绕轴O_2摆动，大弯针架1、连杆2可视为摇杆，这类机构称为双摇杆机构。

（三）曲柄滑块机构

图2-12所示为缝纫机机针机构。针杆曲柄

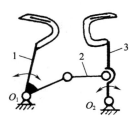

图2-11 GN1-1型包缝机双弯针机构

1—大弯针架 2—连杆 3—小弯针架

1 的转动通过连杆 2 传动针杆 3 沿固定导路作直线往复运动，通常将作直线往复运动的构件称为滑块，此类机构即称为曲柄滑块机构。

（四）摆动导杆机构

图 2 - 13 所示为缝纫机摆梭机构传动原理图。摆轴 1 上连接的叉形摆杆 2 在往复摆动中传动滑块 3，滑块在叉形摆杆的导槽中滑动，因此叉形摆杆 2 又称导杆，导杆 2 绕轴心 $O_1—O_1$ 摆动，通过与之相对滑动的滑块 3 及与滑块铰连的摆杆 4 传动摆梭轴 5 往复摆动，最终通过执行机件摆梭托 6 推动摆梭（图中未绘出）完成摆动，图中（a）、（b）分别为该机构的空间和平面传动示意图。

图 2 - 12　机针机构
1—针杆曲柄　2—连杆　3—针杆

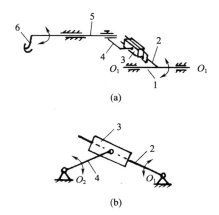

图 2 - 13　摆梭机构
1—摆轴　2—叉形摆杆　3—滑块
4—摆杆　5—摆梭轴　6—摆梭托

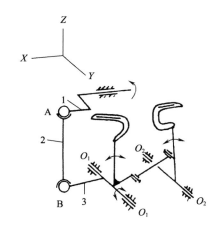

图 2 - 14　GN1 - 1 型包缝机双弯针机构传动原理
1—弯针球曲柄　2—球副连杆　3—摇杆

二、空间连杆机构

图 2 - 14 为 GN1 - 1 型包缝机的双弯针机构传动原理图。主轴左端的弯针球曲柄 1 通过球副连杆 2 传动摇杆 3，完成绕大弯针架轴 $O_1—O_1$ 的往复摆动。显然，运动副 A 与运动副 B 的运动分别在互相垂直的平面内，所以均为球面副，此机构即为空间曲柄连杆机构。

各类包缝机及装饰机广泛采用了空间连杆机构，实现了复杂的运动，并使传动更加灵活、轻快。

三、凸轮机构

缝纫设备中，许多构件要求完成复杂、精确的运动，而凸轮机构利用凸轮特定的轮廓曲面，可推动从动件完成预定的运动。因此，凸轮机构在各类缝纫机中得到广泛的应用。

图2－15为缝纫机的凸轮挑线机构。固连在主轴1上的挑线凸轮2的圆柱面上加工有特定的凸轮沟槽，挑线杆4与机架上的O点铰接，挑线杆上可转动的滚柱3嵌入凸轮槽内，主轴转动时，凸轮槽将通过滚轮传动挑线杆4，使挑线杆支点K完成预定的运动规律，在一次缝纫中与其他机构配合，分阶段完成送线、收线、抽紧线迹、拉出新线，使缝纫得以顺利进行。

凸轮机构的形式很多，通常按凸轮类型、从动件类型及锁合方式进行分类。

（一）凸轮的类型

1. 平面凸轮

凸轮和从动件互作平行平面的运动。缝纫机的送布凸轮机构见图2－16，它是由送布凸轮1驱动叉形连杆2作往复摆动而组成的平面凸轮机构。

2. 空间凸轮

凸轮和从动件的运动平面不相互平行。图2－15所示的缝纫机凸轮挑线机构为空间凸轮机构。

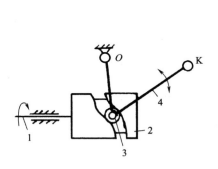

图2－15　凸轮挑线机构

1—主轴　2—挑线凸轮　3—滚柱

4—挑线杆　K—挑线杆支点

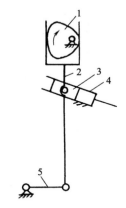

图2－16　送布凸轮机构

1—送布凸轮　2—叉形连杆　3—滑块

4—针距调节器　5—送布摆杆

（二）从动件的类型

1. 尖端从动件

如图2－17（a）所示，尖端与凸轮是点接触，只用于轻载低速的少数场合。

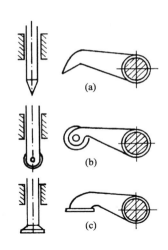

图 2 - 17 凸轮从动件类型

2. 滚子从动件

如图 2 - 17（b）所示，是服装机械中常用的一种形式，从动件端部装有可自由转动的转子，以减少摩擦和磨损，并可以用滚动轴承，因此可承受较大的负荷。

3. 平底从动件

如图 2 - 17（c）所示，从动件与凸轮表面接触的端面为平面，由于有效推力较大且接触面易形成油膜，故可用于高速。

（三）凸轮与从动件的锁合方式

为了保证凸轮轮廓与从动件始终相接触，这种作用称为锁合。锁合的方式有两类：

1. 力锁合

依靠重力或弹簧力来保证锁合，如图 2 - 18 所示。

2. 结构锁合

依靠凸轮和从动件的结构来实现，如图 2 - 19 所示。从动件端部的转子嵌在凸轮槽内，从而保证两者始终接触，此类凸轮机构在套结机、钉扣机、锁眼机等缝纫机械中应用非常广泛。

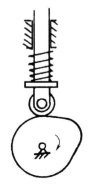

图 2 - 18　力锁合

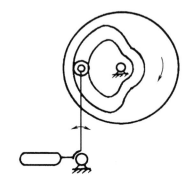

图 2 - 19　结构锁合

四、齿轮机构

齿轮机构传递运动准确可靠，在服装机械中有较多的应用。

按照两轴的相对位置和轮齿的方向，大致为以下两大类。

（一）两轴线平行的齿轮机构

此类齿轮机构常称为圆柱齿轮机构，如图 2 - 20 所示。按照轮齿和轮轴的相对方向又可分为直齿圆柱齿轮［图 2 - 20（a）］，斜齿圆柱齿轮［图 2 - 20（c）］，人字齿轮［图

2-20（d）]。此外按照轮齿排列在圆柱体的外表面、内表面或平面上，又可分为外啮合齿轮［图2-20（a）、（c）、（d）]，内啮合齿轮［图2-20（b）]及齿条［图2-20（e）]。

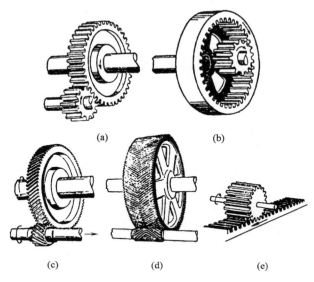

（a）　　　　　　　　（b）

（c）　　　　　（d）　　　　　（e）

图2-20　圆柱齿轮机构

（二）两轴线不平行的齿轮机构（属空间齿轮机构）

1. 两轴线相交的齿轮机构

常称为圆锥齿轮机构，亦称伞齿轮机构（图2-21）。按轮齿方向的不同，有直齿、斜齿和曲齿之分，该机构在缝纫机中得到广泛应用。图2-22所示为工业平缝机主轴通过两对伞齿轮传动旋梭轴的传动示意图。

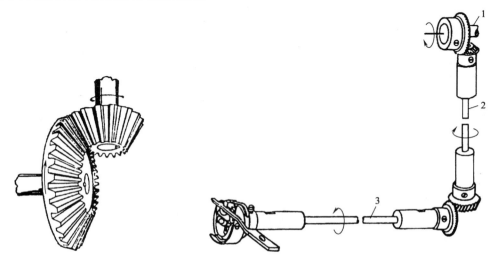

图2-21　伞齿轮机构　　　　　　图2-22　工业平缝机旋梭传动示意

1—上轴　2—竖轴　3—下轴

2. 两轴线交错（既不平行又不相交）的齿轮机构

（1）螺旋齿轮（图2-23），只能传递小功率，一般用于传递运动。

（2）蜗杆蜗轮（图2-24），两轴的交错角通常为90°。由于可以获得较大的传动比，在套结机、钉扣机、锁眼机等专用缝纫机中应用非常普遍。蜗杆1为主动件，传动蜗轮2以获得减速运动。

图2-23　螺旋齿轮机构

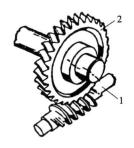

图2-24　蜗杆蜗轮机构

1—蜗杆　2—蜗轮

复习思考题

1. 熟悉本章示例中各构件的简图表示方法。

2. 什么叫运动副？试举5例。

3. 熟悉图2-6由结构图转化为传动原理图的方法。

4. 平面四杆机构有哪些基本形式？各举一例。

5. 凸轮机构有何特点？观察家用缝纫机在哪些部位采用了凸轮机构？

6. 常用的齿轮机构有哪几种类型？各有什么特点？

第三章 裁剪工程设备

裁剪工程是服装生产的重要环节之一，裁片的质量将直接影响缝纫能否顺利进行以及服装的质量。

该工程的工艺内容通常包括：铺布、断料、划样、裁剪、裁片打标记、打号等。

第一节 铺布设备

铺布的任务是按生产所确定的铺布长度、层数，将面料按"三齐一平"（即头齐、尾齐、一边齐，表面平）的要求铺在裁剪台上。

一、铺布台

服装厂普遍使用专业厂家生产的标准裁剪台进行拼装组合，通过支脚的调节，使组合的铺布台平直，以保证裁剪机在台面上顺利移动进行裁剪作业。

铺布台的宽度和长度随面料幅宽及生产需要而定，常见宽度是 1.2 ~ 1.8m。铺布台高度一般为 85cm 左右。

二、铺布机

铺布机大致可分为简易铺布机和自动铺布机两类。图 3 - 1 所示为简易铺布机，由带导轨的铺布台和带轮子的拉布小车组成。小车上有放置面料的平台及布轴，因此，匹装布和卷装布均可使用。简易铺布机铺布时要有较多的操作人员整理面料的头尾、布边及表面，但由于价格相对较低，目前服装厂应用较多。

近年来，由电脑控制的铺布机发展很快，各国纷纷推出性能先进的自动铺布机，图 3 - 2 所示为日本生产的 XL - 1 型电脑全自动铺布机。

这类铺布机具有多种装置，可设定铺布长度、铺布层数，其铺布速度可自动调到最佳状态，实现无张力、无松弛铺布，其自动对边装置可保持面料一边平齐，自动切断装置又可保证铺布的首尾边缘整齐，提高了生产效率和面料利用率。

图 3 - 1　简易铺布机

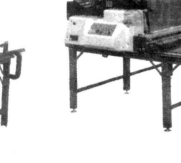

图 3 - 2　全自动铺布机

第二节　裁剪设备

裁剪设备的任务是：在裁剪台上按展示在面料上的裁剪图样，将多层面料裁成合格的裁片。

裁剪设备按结构和工作原理有直刀往复式裁剪机、带刀式裁剪机、圆刀式裁剪机、摇臂式直刀裁剪机、压裁机、电热裁剪机等。

一、直刀往复式裁剪机

图 3 - 3 所示为自动磨刀直刀往复式裁剪机。该类裁剪机工作原理如图3 - 4 所示，电动机驱动曲柄轮 1 上的曲柄销 2 随轮转动，与连杆 3、滑块 4 构成曲柄滑块机构；直刀 5 固连在滑块上并在立柱 6 中的狭槽中作高速往复运动，刀刃露出立柱外。机器开动后，人推动机器，依靠装在底座 7 下面的四只小滚轮 8 在裁剪台上沿裁剪图运动；刀片的垂直往复运动和水平推进合成对面料的切割运动，机上的压脚依靠自重压在面料上，防止面料因直刀的往复切割而引起抖动。

由于机器重心较高，需要一个较大的底座和较宽的立柱予以支持，因而在裁剪中转弯时阻力较大，所以该机适于裁剪较大的裁片或形状较为简单的裁片。该机的最大裁剪厚度受刀片长度限制，考虑到刀箱体积，最大裁剪厚度一般为刀片长度减 40mm。

在裁剪低熔点面料时，由于刀片高速往复运动所产生的切割热将影响裁片质量，对此，可通过减薄铺布厚度和更换特种刀刃的刀片（如波形刀刃）及多方向进刀的方法予以改善，有条件的也可使用双速直刀裁剪机的低速挡进行切割。

尽管该机对操作工人的技术水平有较高要求，但由于直刀裁剪机结构简单、易于维护、价格较低，目前仍是服装厂的基本裁剪设备之一。表 3 - 1 为国产直刀往复式裁剪机主要技术规格。

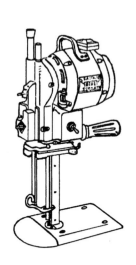

图 3 - 3 直刀往复式裁剪机

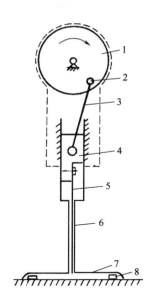

图 3 - 4 直刀往复式裁剪机工作原理

1—曲柄轮 2—曲柄销 3—连杆 4—滑块

5—直刀 6—立柱（刀鞘） 7—底座 8—滚轮

表 3 - 1 国产直刀往复式裁剪机主要技术规格

机 型 参 数	CB - 3	Z12	Z12 - 1	Z12 - 2	Z12 - D	DJ1 - 3	DJ1 - 4	DJ1 - 4D	CJ71 - 1	DJ1 - 2
最大裁剪厚度/mm	30	100	150	200	200	100	70 ~ 160	70 ~ 160	100	100
功率/W	40	350	350	350	350	370	550	370	400	500
电压/V	380	380	380	380	380	66	66	220	62	66
刀片往复次数/次·min^{-1}	2800	2800	2800	2800	2800	2800	2800	2800	2800	2800

二、带刀式裁剪机

在带刀式裁剪机中，环形单边开刃的钢带环绕在三（四）只转轮上并适当张紧，电动机驱动转轮，使带刀作单向循环运动。

图 3 - 5（a）所示为四轮带刀式裁剪机，（b）为传动示意图。由于带刀始终垂直于台面，大大提高了多层面料裁剪时裁片尺寸的一致性，带刀由上而下进行单向切割运动，裁剪更为平稳。在该机中带刀无须像直刀往复式裁剪机中那样，刀片需要立柱导槽导引，其宽度、厚度大为减小，适应切割小片和形状复杂的裁片，如领子、袋盖、口袋等。

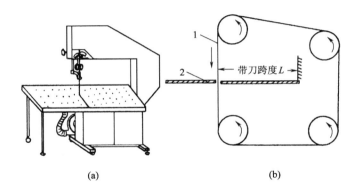

(a)   (b)

图 3 - 5　带刀式裁剪机

1—带刀　2—工作台

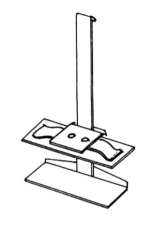

图 3 - 6　带刀式裁剪机专用布夹

带刀式裁剪机在工作前，一般先用直刀往复式裁剪机或圆刀式裁剪机在裁床上将待裁的多层铺料中小片较为集中的部分开断，再用专用布夹（图 3 - 6）夹持，送至带刀机的工作台，解除夹持，由人工推动面料进行切割。带刀机大多有气垫装置，工作时开动气泵，空气由喷嘴喷出，在工作台与面料间形成气垫，大大减小了面料的推送阻力，使操作更为轻松自如。

带刀式裁剪机一般均配备磨刀装置，可实现边工作边磨刀，由于带刀长度较长，散热条件良好，切割速度高，最大裁剪厚度可达 300mm。

表 3 - 2 为国产部分带刀式裁剪机主要技术规格。

表 3 - 2　国产部分带刀式裁剪机技术规格

参　数 型　号	裁剪厚度/ mm	钢刀跨度/ mm	钢带速度/ $m \cdot min^{-1}$	电动机功率/ kW	台面尺寸/ mm	带刀规格/ mm
DZ - 3	250	820	570 或 700	1.1	1200 ×2300	0.5 ×13 ×（3900 ~4150）
DZ - 3A	250	1200	665 或 850	1.1	1200 ×2965	0.5 ×13 ×（4670 ~4870）
DCQ - 1	300	—	570 ~936 可调	0.75	1200 ×2400	0.6 ×13 ×4770
DCQ - 1200	250	1200	660 ~950 可调	1.1	1200 ×2400	0.5 ×13 ×（4525 ~4605）

三、圆刀式裁剪机

圆刀式裁剪机如图 3 - 7 所示，工作时由人工推动，单向旋转的圆刀刀刃旋向面料进行裁剪。目前大尺寸的圆刀式裁剪机［图 3 - 7（a）］在服装行业中使用较少，多用于对地毯、麻布等硬质材料的直线裁剪。微型手持式圆刀裁剪机在单件或小批量生产中得到广泛应用，图3－7（b）所示的微型圆刀式裁剪机的刀片有圆形和多边形之分。电动机通过伞齿轮将动力传给刀片，由于刀片作单向旋转切割运动，切割平稳，无须压脚。该机备有砂轮磨刀装置，使刀片经常保持锋利，图3－7（c）所示的圆刀式裁剪机多用于铺料的断料。由于该机沿铺布定长导轨推动裁剪，不但断口整齐而且各层面料断料位置统一，大大提高了面料利用率。表3－3为国产部分圆刀式裁剪机主要技术规格。

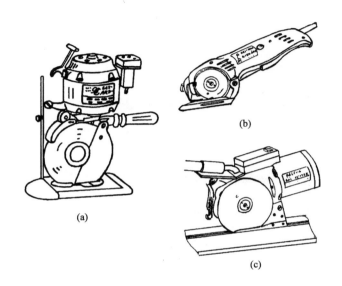

图3－7　圆刀式裁剪机

表3－3　国产部分圆刀式裁剪机技术规格

参数 型　号	最大裁剪厚度/ mm	电动机功率/ kW	电压/V	刀片转速/ r·min^{-1}	重量/kg
凯固牌 YC70－M	70	0.2	220	3000	9
凯固牌 WD－1	8	0.045	220	2500	—
西湖牌 WD－1	8	0.056	220	2400	0.8
大连牌 WDJ1－1	7	0.04	220	1300	0.6

四、摇臂式直刀往复裁剪机

摇臂式直刀往复裁剪机是在直刀往复式裁剪机的基础上发展起来的新型裁剪机械，图3－8为单立柱摇臂式直刀往复裁剪机，裁剪机由裁剪台8、摇臂行走机构6和自动磨刀直刀往复式裁剪机组成。在裁剪台一侧，导轨上运行的行走机构与立柱5成一体，二级摇臂4与立柱及一级摇臂3分别铰接，可自由回转；一级摇臂末端与直刀机1相连，一级摇臂自身又可实现升降动作，其自动高度调整功能可以轻易地抵消台面的微小不平整度，同时又使垂直切割运动在各裁剪位置互相平行，一级摇臂的升降动作还可以使直刀机越过面料从铺料的任何位置开始裁剪。

摇臂式直刀往复裁剪机是我国服装企业理想的更新换代裁剪设备，该类设备具有以下特点：

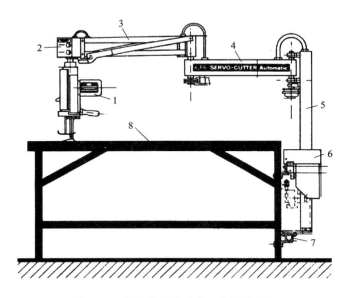

图 3 - 8　单立柱摇臂式直刀往复裁剪机

1—直刀机　2—升降控制装置　3——级摇臂　4—二级摇臂　5—立柱　6—行走机构　7—导轨　8—裁剪台

（1）由于摇臂系统和行走机构系统的刚性，可靠地保证直刀在不同的裁剪位置始终垂直于裁剪台面，直刀宽度、直刀支撑件（直刀机立柱）截面面积及底座尺寸大为减少，从而减少了裁剪阻力和转弯阻力，使大小裁片及形状复杂的裁片在一机上均能完成裁剪。

（2）裁剪时只要轻推直刀机手柄沿裁剪图裁剪，就能获得尺寸和形状一致的多层裁片。安装在立柱与摇臂及两摇臂铰接轴上的控制凸轮随摇臂的转动而转动，当摇臂间夹角超过最佳定位角 α 时（图3-9），控制凸轮即触动行程开关，行走机构自动行走，当摇臂间夹角又处于最佳定位角内时，行走停止，以保证直刀机始终处于灵活省力的工作状态。

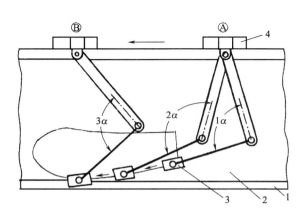

图 3 - 9　摇臂式直刀裁剪机行走机构工作示意

1—裁剪台　2—布层　3—直刀机　4—行走机构

（3）对工人的技术要求较低，劳动强度小，生产效率高，工人稍加培训即可上机操作。

表3-4为杭州缝纫机厂生产的西湖牌摇臂式直刀裁剪机技术规格。

表3-4　杭州缝纫机厂生产的西湖牌摇臂式直刀裁剪机技术规格

参　数 型　号	裁剪厚度/mm	速度/ m·min⁻¹	工作台宽度/ mm	电压/V	电动机功率/ kW	适用范围
YC09	90	15~25	1200~2000	220/380	0.85	棉、毛、丝、麻、化纤、皮革等
YCl4	140	15~25	1200~2000	220/380	0.85	
YC19	190	15~25	1200~2000	220/380	0.85	
YC24	240	15~25	1200~2000	220/380	0.85	

五、压裁机

压裁机是利用压力裁剪的特种裁剪设备，图3-10（a）为机械压裁机，（b）为油压压裁机。对于衣领、口袋、袋盖、袖口等形状特殊的小型裁片，按裁片加缝份的外形尺寸制作特殊的刀具，切割刃呈封闭形，其内腔即为裁片的形状。工作时，多层面料放在工作台面的衬板上，刀具置于其上，压裁机的压臂施压于刀具上，一次即可冲裁出外形美观、尺寸准确的多层裁片。

由于刀具制作费用昂贵，所以压裁机仅用于超大批量或常年生产的固定品种的服装生产中。

六、电热裁剪机

电热裁剪机是专门用于裁剪化纤面料及其他热熔性织物的裁剪设备。图3-11为上海利浦服装机械厂生产的DRJ电热裁剪机，它利用电热丝的温度，将化纤面料及其他热熔性织物进行切割。该机裁剪速度快、操作方便，工作电流可根据所裁面料进行调节，以得到合适的电热丝工作温度。该机对用作服装衬里的热熔性织物切割时，由于边缘形成一热熔带，可以有效地防止织物纱线脱散。

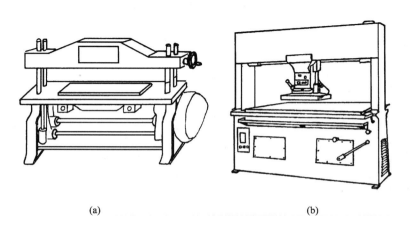

(a)　　　　　(b)

图3-10　压裁机

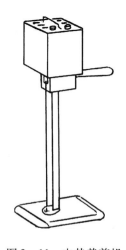

图3-11　电热裁剪机

第三节　裁剪辅助设备

裁剪辅助设备是指在对多层铺布进行裁剪后，对裁片进行必要技术处理的设备，主要有以下几种。

一、钻布机

在多层铺布上划样时，第一层面料上显示出零件在衣片上的缝制位置以及打褶部位、锁眼的终点、钉扣位置、线缝起始位置等。钻布机则是通过钻孔的方法将以上位置转移到各层裁片上，为缝纫工序标示缝纫基准。图3－12为上海利浦服装机械厂生产的DZ－1型调温钻布机，该机可对钻针加热，提高钻孔的效率和质量，加热温度可根据面料进行调节。钻孔时应根据被加工孔的深度调节定尺，以确定厚度，防止钻针钻入工作台面。该机可按实际需要调换合适的钻套和钻针，分别可钻 ϕ1.2、ϕ1.8、ϕ2.2 孔，钻孔深度可达200mm。

二、电热切口机

图3－13为上海黎明服装机械厂生产的DK200型电热切口机。该机用于在多层裁片边缘的特定位置烙出V型切口，以示出缝纫位置。该机有三级加热温度控制，可适应不同的面料。

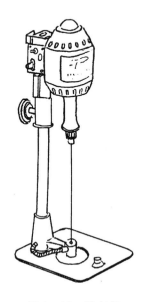

图3－12　钻布机

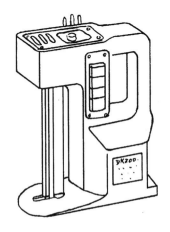

图3－13　电热切口机

三、打号机

在服装批量生产中，为了避免色差及裁片规格的错乱，可用打号机在每片裁片上通过一组数字标出该裁片属于哪一床铺布及所在的铺布层数、规格号等，为衣片的组合缝纫提供方便。

在现代服装生产中，使用了工作效率很高的热封标签机。该机可印刷和裁切涂有一层薄封漆的白色专用标签，并能把它们送至裁片，在加热和加压中使之贴附于裁片上，标签标示出裁片的床号、层数、规格等内容。该机工作速度为每分钟贴附 150 个标签，大大减轻了劳动强度。

复习思考题

1. 简述直刀往复式裁剪机的工作原理和性能特点。
2. 带刀式裁剪机的工作原理和直刀机有何异同？简述其性能及特点。
3. 圆刀式裁剪机有哪些类型？各有什么用途？
4. 为什么说摇臂式直刀裁剪机是我国服装企业理想的更新换代裁剪设备？
5. 压裁机和电热裁剪机各有什么特点？适应什么情况下的裁剪？
6. 服装厂常用的裁剪辅助设备有哪些？各有什么作用？

第四章 黏合设备

黏合是把表面涂有热熔性黏性树脂（如聚乙烯、聚酰胺、聚氯乙烯等）的衬布在一定温度、压力的作用下，通过一定的时间与面料黏在一起的工艺过程。黏合衬的使用简化了服装加工，有利于服装的工业化生产，而且制成的服装挺括美观、轻薄柔软、穿着舒适，具有良好的保型性能，因此黏合已成为服装生产的重要工艺之一，黏合机就是完成黏合工艺的专用设备。

第一节 黏合机分类及表示方法

一、黏合机的分类

黏合机的种类较多，一般情况下可按热源、加压方式和冷却方式等分类。

1. 按热源分

有电热式、汽热式、微波热源式等，目前以电热式为多。

2. 按加压压力源分

有弹簧加压式、液压式及气压式等。

3. 按加压方式分

有板式加压和辊式加压两大类。

4. 按冷却方式分

有抽风冷却、水冷和自然冷却三类。

二、黏合机的型号表示方法

为直观地表示黏合机的类型、规格、性能等，国产黏合机的型号分为三部分。

（1）黏合机系列用"黏合"的汉语拼音字母的第一个大写字母表示为"NH"。

（2）加压方式代号：B 表示"板式"，C 表示"辊式"，在字母后面的数字则表示技术规格，板式表示加热板面积，辊式则表示传送带宽度。

（3）冷却方式代号：抽风冷却式以 F 表示，水冷式即工件在冷凝器表面冷却的方式以 S 表示，自然冷却式则省略不予表示。

型号表示示例：

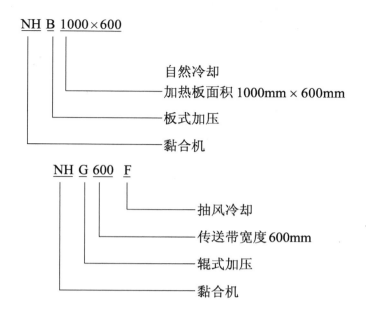

第二节　黏合机理及黏合的主要工艺参数

一、热熔黏合衬布黏合剂性能

热熔黏合衬布是由底布（机织物、针织物或非织造织物）涂敷热熔胶而成。热熔胶是一种高分子化合物（烯烃类、聚酰胺类、聚氨酯类及聚酯类等），作为黏合剂主要性能有：具有热塑性；在熔融状态下具有一定的黏度；有一定的耐水洗、耐干洗以及抗老化性能。前两种性能是黏合的基本条件，其他性能则影响着黏合后的使用效果。

二、黏合机理和主要工艺参数

高分子热熔胶能黏结在纤维织物上并具有理想的黏合牢度，其机理有各种解释，因而提出了各种黏合理论，讨论较多的是机械黏合说和由物理化学作用产生的扩散黏合说。机械黏合说认为面、底布的黏合是由于热熔胶在熔融到重新冷却固化的过程中镶嵌在纤维缝隙之间，并和纤维连接在一起，这种黏合称为机械黏合，结合力的大小由黏合剂微粒与织物纤维接触面的大小决定。扩散黏合说则认为黏合是由于在一定温度下，热熔胶和纤维分子链段运动加快，互相扩散渗透，导致两固体局部互熔为一体。

温度、压力、时间是黏合的主要工艺参数，各参数与考核黏合效果的主要物理指标——剥离强度有密切关系。

1. 黏合温度

（1）黏合温度 T_p：是从黏合机温度表上读出的加热器温度，它不代表黏合的实际温度。

（2）熔压面温度 T_f：指面料和黏合衬布之间的温度，它代表实际黏合温度。由于热量的传递损失，熔压面温度 T_f 一般低于黏合温度 T_p，两者之差 ΔT 因黏合机的不同而不同，如板式黏合机 ΔT 一般在 $24 \sim 28\text{℃}$。而通过传送带连续工作的辊式黏合机的熔压面温度 T_f 和辐射源与织物的垂直距离有关，应在黏合前预先测定 ΔT 值。

（3）胶黏温度 T_a：这是指使热熔胶获得最佳黏合效果的熔压面温度范围，它只取决于热熔胶的熔点范围和熔融黏度，常用热熔胶的胶黏温度范围见表 4-1。

表 4-1 常用热熔胶的胶黏温度范围

热熔胶种类	熔点范围/℃	胶黏温度/℃
高压聚乙烯	$100 \sim 120$	$130 \sim 160$
低压聚乙烯	$125 \sim 132$	$150 \sim 170$
聚醋酸乙烯	$80 \sim 95$	$120 \sim 150$
乙烯 - 醋酸乙烯共聚物	$75 \sim 90$	$80 \sim 100$
皂化乙烯 - 醋酸乙烯共聚物	$100 \sim 120$	$100 \sim 120$
外衣衬用聚酰胺	$90 \sim 135$	$130 \sim 160$
裘皮、皮革用聚酰胺	$75 \sim 90$	$80 \sim 95$
聚酯	$115 \sim 125$	$140 \sim 160$

由胶黏温度和测定的 ΔT 值可以计算出黏合温度：

$$T_p = T_a + \Delta T$$

（4）黏合温度与剥离强度的关系：图 4-1 表示了在压力、时间不变的情况下两者的相关关系。

在黏合开始，由于熔压面温度低于热熔胶熔点，不发生黏合，温度升至热熔胶的熔点 T_m 后开始发生黏合。随着温度提高，剥离强度迅速提高，温度达到胶黏温度 T_a，剥离强度达到最高值，在胶黏温度范围内，剥离强度不变。温度超过胶黏温度后，热熔胶熔融黏度降低，部分渗出布面，剥离强度降低。

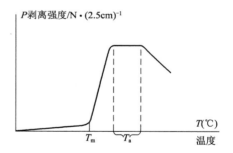

图 4-1 黏合温度与剥离强度相关关系

温度过高时，容易引起面料变质发黄，热缩性大，黏合剂老化，黏合后脆裂。因此，黏合时熔压面温度应控制在胶黏温度范围内，以获得最佳的黏合效果。

2. 黏合压力

（1）黏合压力的作用：

①使衬布与面料紧贴，以便于传热。

②给予热熔胶以切向应力，降低热熔胶的熔融黏度，促进热熔胶的流动与渗透。

③减小热熔胶与面料之间的间隙，便于热熔胶嵌入织物内部，提高黏合强度。

（2）黏合压力的确定：黏合压力大小决定着热熔胶的热流动性，压力小，黏合剂和织物纤维接触面较小，剥离强度低；压力过大会造成渗料现象，在面料上会出现云斑，面料手感较差，甚至造成织物表面极光。黏合衬布的黏合压力范围为：衬衫用黏合衬（PE 胶）200 ~ 300kPa；外衣用黏合衬（PA、PET 胶）30 ~ 50kPa；裘皮用黏合衬（PA、EVA 胶）20 ~ 30kPa。

3. 黏合时间

黏合过程所需的时间包括升温时间 t_1、黏着时间 t_2 和固着时间 t_3，由于固着是在去除压力后进行的，所以通常将黏合时间看作 t_1、t_2 的和（$t = t_1 + t_2$）。

升温时间 t_1 与织物的厚度、密度、导热性、热熔胶熔点有关，也与黏合机的传热方式有关，一般需要 5 ~ 10s。

黏着时间 t_2 取决于热熔胶的浸润时间和扩散速率，一般黏着时间6 ~ 12s。

各种黏合衬料的黏合时间 t 为：衬衫用黏合衬（PE 胶）15 ~ 25s；外衣用黏合衬（PA、PET 胶）12 ~ 20s；裘皮用黏合衬（PA、EVA 胶）10 ~ 15s。

三、黏合质量的检验

1. 黏合面积

黏合衬布和面料黏合附着面积应达95% 以上。

2. 剥离强度

取 40mm 宽、200mm 长的试样，衬布按经向45°截取，面料按经向截取，黏合定型后，在试样宽度中间截取 25mm 的测试试样，在试验机上以 100 ~ 150mm·min⁻¹ 的速度剥离，所需拉力应不小于9.8N。

3. 耐洗性

在洗衣机内荡涤 30 次不起泡，不脱胶。

4. 缩水率

缩水率在 1% 以下，面料不起皱，不变形。

5. 表面质量

黏合衬和面料黏合定型后，不应出现黏合剂渗到织物表面的现象。

第三节　黏合机的结构、性能与使用

一、黏合机的结构和性能

图 4 - 2 为典型的板式黏合机，加热板 1 内装有电热装置，并固装在机架 6 上，活动加压顶板 2 由加压顶板 3 与液压缸 4 控制升降；活动顶板在上升中与加热板吻合加压。加热板的温度、顶板与加热板的接触压力以及加压时间，先由试验确定并在电气控箱 5 上设

定，达到设定的时间时，顶板下降，取出工件自然冷却，完成一次黏合过程。

板式黏合机的特点是面接触加压，压力大，黏合中工件静止，加压时间长，压力、温度、时间三个工艺参数在较大范围中连续可调，适应性广。

图4-3为日本生产的HP—90LD辊式黏合机的结构示意图。工作时，在机前的工作台7上将衣片铺好衬布（胶面朝向衣片反面）送入机内，上、下同速运动的宽式传送带5、6共同将衣片送入由上、下两组加热器1、2组成的加热区，将衣片和衬布加热到一定温度，使衬布上的黏合剂熔融（呈胶状），为衣片和衬布黏合在一起作准备，随后衣片由传送带输送到由加压辊3、4组成的加压区进行辗压，完成加压黏合，并由传送带输出机外进行自然冷却定型。机器配有返回条状输送带8，黏合好的衣片由输送带送到机前操作者位置，由操作者取下置放于料架上。

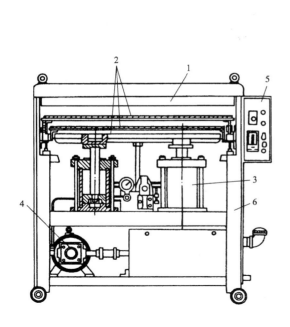

图4-2　板式黏合机

1—加热板　2—加压顶板

3—液压缸　4—液压泵

5—电气控制箱　6—机架

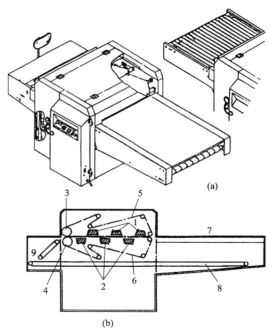

图4-3　HP-90LD辊式黏合机结构示意

1—上加热器　2—下加热器　3—上压辊

4—下压辊　5—上传送带　6—下传送带

7—工作台　8—返回输送带　9—剥离装置

机上的控制操纵盘控制加热温度、传送带速度（即加热时间）及加热器的分组使用等。根据被加工材料的差异，加压辊之间的压力可通过手轮进行调整。机后的衣片剥离装置9可使黏合好的衣片顺利地从宽式传送带传送到条状输送带8上。

该机的主要技术规格如下，最大带宽：900mm；最大带速：10.2m·min^{-1}（全程用时5~35s）；最高温度：200℃；最大压力：400kPa（常用200~300kPa）。

图4-4为中国香港生产的NS-2610辊式黏合机。该机传送带宽600mm，结构紧凑，

适合衣领等小件黏合。由于该机发热板采用了弧形面设计，加大了与传送带的接触面，提高了热传导效率，同时设有两次气动辊式加压，黏合效果良好，工作时可以坐姿操作，一人即可完成送料和收料，生产效率较高。

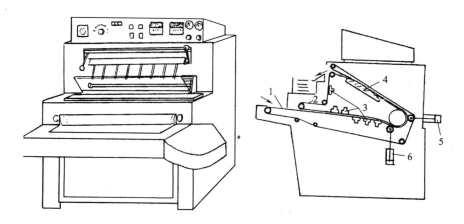

图4-4　NS-2610辊式黏合机

1—下传送带　2—上传送带　3—加热器　4—冷却器　5、6—气压缸

图4-5为NHG-500辊式黏合机，适合小型工厂和服装专业户使用。该机采用了单边开口的设计，特别适合前身门襟贴边部位的黏合，不需要黏合的部分则不进入机内加热，这种小型黏合机也很适合领衬、袖衬等小件黏合作业。

NHG-500辊式黏合机见图4-5，其加压辊为悬臂式，可通过丝杠

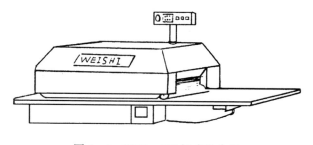

图4-5　NHG-500辊式黏合机

调节加压压力。该机的主要技术规格如下，黏合压力：0～200kPa；传送带宽度：500mm；加热器最高温度：200℃；传送带速度：0～7.5m·min^{-1}（无级调速）；电加热器功率：3.9kW；外形尺寸：1900mm×1100mm×1345mm。

二、黏合机的使用和保养

当机器调试正常后即可进行试黏合，黏合时一定要使衬布边沿略小于衣片，并且胶面朝向衣片反面，双手轻按衣片送入机内，待衣片冷却定型后可采用撕裂和目测法检查黏合质量。在撕裂的过程中即可感到黏合的牢度，观察黏合面，如果黏痕密而均匀，胶未渗出面料或衬布表面，说明黏合质量较好。有条件的可通过仪器定量测试试片剥离强度，以确定最佳的黏合工艺参数。

试片合格后，便可正式进行黏合作业，其间如遇停电等故障，可通过机外的手动轴传

动传送带将衣片送出。

工作结束后，应将压力调至零位，把定时停车控制旋钮定在 15～20min，关闭加热器，打开机盖，使传送带自然冷却，停车后关闭总电源。

传送带的保养至关重要，工作中切勿有异物进入以免损伤，要随时注意传送带的净化清洗及清除热态黏合残渣，清洗时用专用洗涤剂以免腐蚀带面。

复习思考题

1. 温度、压力对黏合质量有什么影响？确定原则是什么？
2. 板式黏合机和辊式黏合机各有什么特点？
3. 黏合机使用和保养应注意哪些事项？

第五章 缝纫设备

第一节 缝纫机分类及型号表示法

一、概述

缝纫是服装加工的主要工序，在该工序中要完成诸如拼、合、包缝、缲边、缲袖、锁、钉、嵌条、缲拉链、装饰……繁多的作业。近年来随着面料品种越来越多，服装款式变化越来越快以及服装种类的不断更新，对缝制提出了更高的要求，因此各种制造精良、性能优越的缝纫设备不断推出。当今，缝纫设备已成为高度专业化、高科技含量的机种，据有关统计在全世界已有四千多种型号，与此同时，各国竞相推出了大量缝纫机辅件（亦称车缝辅件），不但扩大了缝纫机的使用范围而且提高了缝纫质量，大大降低了工人的劳动强度。

二、缝纫设备分类

由于各类缝纫设备的性能、构造、外形差异较大而且数量繁多，因此首先应该了解其分类。

1. 按使用对象分类

大致可分为：家用缝纫机，即主要供家庭使用的缝纫机；工业用缝纫机，主要指服装工业化生产所使用的各种缝纫机；服务性行业用缝纫机以及其他缝纫机。

2. 按驱动方式分类

有手摇式、脚踏式和电动式三类。

3. 按缝纫机转速分类

有低速缝纫机（$n < 2000\text{r} \cdot \text{min}^{-1}$）、中速缝纫机（$n = 2000 \sim 3000\text{r} \cdot \text{min}^{-1}$）、高速缝纫机（$n = 3000 \sim 5000\text{r} \cdot \text{min}^{-1}$）、超高速缝纫机（$n > 5000\text{r} \cdot \text{min}^{-1}$）。

4. 按缝纫完成的线迹分类

有双线梭缝线迹缝纫机、单线链缝线迹缝纫机、双线链缝线迹缝纫机、包缝线迹缝纫机、绷缝线迹缝纫机、仿人工线迹缝纫机、无线迹缝纫机等。

5. 按线迹用途分类

有单线迹缝纫机、复线迹缝纫机、曲折线迹缝纫机、刺绣缝纫机、钉扣机、锁眼机、套结机、饰边缝纫机、包缝缝纫机、暗缝缝纫机、封口机等。

6. 按缝纫机机头外形分类

目前各种缝纫机外形差异较大，大致可分为：

（1）平板式机头缝纫机：这是最常见的机头类型，如图5-1所示。此种类型分为短平型和长平型两种，其主要特点是机器工作平面与缝纫机台板在同一平面上。各类平缝机多属此类机头。

（2）悬筒式机头缝纫机：如图5-2所示，这类机头的工作部位呈筒形并在台板之上，便于车缝袖口之类的圆筒形部位。

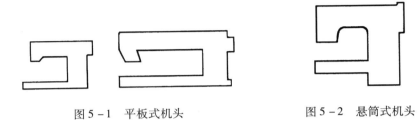

图5-1　平板式机头　　　　　　　　图5-2　悬筒式机头

（3）箱体式机头缝纫机：如图5-3所示，其特点是工作部位高出台板面，而且外形如箱状。这类机头以包缝机为多，可以方便地进行各弯针的穿线。锁眼机等也基本属箱体式机头，从而可较方便地进行底线穿换。

（4）立柱式机头缝纫机：如图5-4所示，该类缝纫机工作部位呈高台柱形，便于缝制凸凹部位，多为制帽、制鞋缝纫机。

（5）肘形筒式机头缝纫机：如图5-5所示，其机头下部呈弯曲形状，工作部位为筒形，可用以车缝筒形制品侧接缝的卷接缝纫，如牛仔裤侧缝的双针链缝线迹的卷接缝纫。

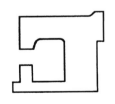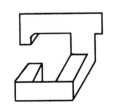

图5-3　箱体式机头　　　图5-4　立柱式机头　　　图5-5　肘形筒式机头

三、缝纫机型号表示方法

我国轻工业部于1958年颁布了国产缝纫机的部颁标准，规定了国产缝纫机的统一命名和分类，后几经修改，于1975年1月颁布了QB 159—75试行标准，实施近10年中，随着服装工业的迅速发展，我国服装机械工业也得到长足发展，QB 159—75《缝纫机产品编号规则》已不能适应发展形势的需要，于是在1984年6月30日发布了GB 4514—84《缝纫机产品型号编制规则》，并于1985年3月1日正式实施，原部颁标准QB 159—75随即作废。

按 GB 4514—84 规定，缝纫机头型号采用汉语拼音大写字母和阿拉伯数字为代号，表示使用对象、特征、设计顺序以及型号基础上的派生号。代号字体大小相同。

缝纫机机头的型号表示方法以及各代号的具体含义请参阅 GB 4514—84《缝纫机产品型号编制规则》。

缝纫机型号表示举例：

示例1：　J　A　1－1型

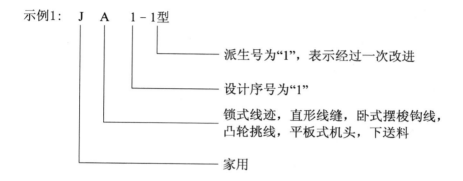

示例2：　G　N　1－2型

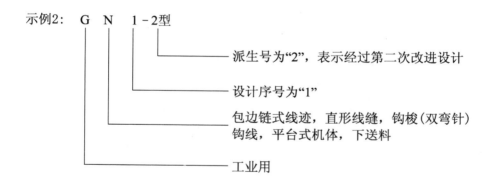

示例3：　G　F　1　1　01－1型

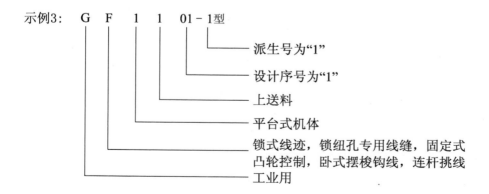

第二节　缝纫机线迹及其形成原理

一、概述

1. 基本定义和术语

（1）针迹：缝针穿刺缝料所形成的针眼。

（2）线迹：沿送料方向在缝料上相邻两针迹间的缝线组织。

（3）线数：构成线迹的缝纫线根数。

（4）线迹结构：缝纫线在线迹中相互配置关系。

（5）线迹密度：单位长度内（通常为2cm）的线迹个数。

（6）线缝：若干连续的线迹。

（7）面线：穿在机针针孔内的缝线。

（8）底线：从梭芯引出的缝线。

（9）跳针：在缝纫时，底、面线不能交织构成线迹。

（10）浮线：因构成线迹的底、面线张力不匀，在缝料的正面或反面缝线显著隆起。

（11）张力：在构成线迹过程中，缝线所承受的拉力。

（12）线环：在缝纫过程中，面线在机针孔的浅槽一侧形成的环形线圈。

2. 线迹的用途

（1）将衣片连接缝合成服装，这是线迹的主要用途。

（2）保护面料边缘不脱散。

（3）对服装的某些部位进行加固，以保持该部位形状的稳定性。

（4）装饰、美化服装。

（5）完成钉扣、锁眼等特定作业。

二、线迹分类和标准

按照国际标准化组织1981年拟订的线迹类型国际标准（ISO—4915—1981），线迹共分6大系列88种，其中：100系列——单线链式线迹，7种；200系列——仿人工线迹，13种；300系列——锁式线迹，亦称梭缝线迹，27种；400系列——多线链式线迹，17种；500系列——包缝链式线迹，15种；600系列——覆盖链式线迹，9种。

图5-6所示为100系列单线链式线迹的4种形式，它们都是由一根缝线往复循环穿套而成的链条状线迹，这种线迹用线量不多，拉伸性一般，拉线迹的终缝一端或缝线断裂均会引起线迹的脱散，所以应用不广泛。但目前相当数量的钉扣机采用了这种线迹，因为钉扣时缝线的相互穿套是在纽扣的扣眼间完成，缝线的叠加和挤压提高了线迹的抗脱散性能。103号线迹为单线链式缲边线迹，此外，服装生产中还采用101号线迹作为衣片间暂

时性的连接。

图 5 - 7 所示为 200 系列仿人工手缝线迹，它是由一根缝线穿进缝料，模拟手针完成的线迹。

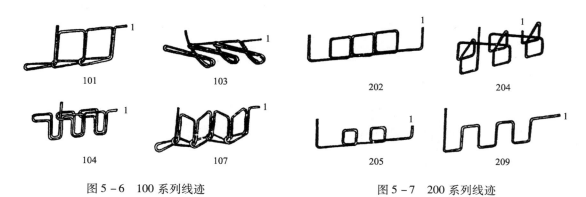

图 5 - 6　100 系列线迹　　　　　图 5 - 7　200 系列线迹

图 5 - 8 所示为 300 系列锁式线迹，它是由两根线（面线与底线）在面料上锁套而成的线迹，GC 型平缝机、曲折缝机、平头锁眼机、套结机的线迹均属此种类型。这种线迹的特点是结构简单、坚固，线迹不易脱散，用线量少。在服装缝制中由于面料正反面线迹完全一样而无须分正反面，给生产带来很大方便。这种线迹的缺点是弹性差，抵抗拉伸能力较小，容易被拉断；梭体容量较少，生产中要经常换底线，但是这种线迹仍是当前服装生产使用最为广泛的基本线迹。

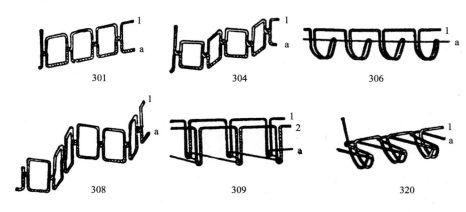

图 5 - 8　300 系列线迹

图 5 - 9 所示为 400 系列多线链式线迹。它是由两根缝线（一根弯针线和一根直针线）或多根缝线（一根弯针线和多根直针线）在缝料中往复穿套而形成。这种线迹用线量较多，正面线迹形态与锁式线迹相同，拉伸性和强力均比锁式线迹好，有一定的耐磨性，缝线断后不易脱散，该线迹适用于针织服装加工，而且在机织面料服装加工中得到了越来越广泛的应用。我国习惯将两根缝线形成的链式线迹称为双线链式线迹，如图 5 - 9 中 401 号及 404 号；由多根缝线形成的链式线迹则称为绷缝线迹，如图 5 - 9 中 406 号线迹为两

针三线绷缝线迹，407号线迹为三针四线绷缝线迹。

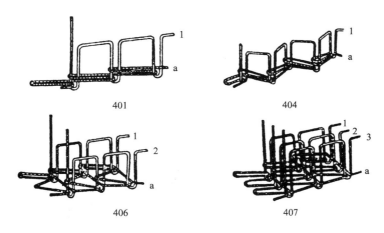

图 5 - 9　400 系列线迹

图 5 - 10 所示为 500 系列包缝链式线迹。它是由一根、两根或多根缝线相互循环穿套在缝料边缘上所形成的线迹。这类线迹拉伸性较好，能有效地防止缝料边缘脱散，因此在服装加工中应用非常广泛。GN 型包缝机形成的就是这类线迹，其中最常用的是三线、四线和五线包缝线迹。504、505、509 号线迹均为三线包缝线迹；507、512、514 号线迹是由两根直针线 1、2 及两根弯针线 a、b 组成，故称为四线包缝线迹，其中直针线 2 和其他缝线的交织使整个线迹牢度和抗脱散能力提高，故又称"安全缝线迹"。五线包缝线迹如图 5 - 11 所示，实际上是由三线包缝线迹和双线链式线迹复合而成，由于是在一台机器上同时完成两种独立的线迹实现平包联缝，可以简化工序，提高缝制质量和生产效率。如果双线链式线迹和四线包缝线迹同时在一台机器上完成，就构成了六线包缝线迹。

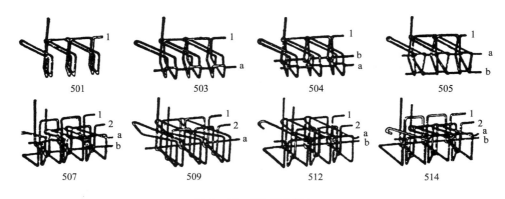

图 5 - 10　500 系列线迹

图 5 - 12 所示为 600 系列覆盖链式线迹。它是由两根或两根以上的直针线和一根弯针线（底线）互相循环穿套，并在缝料表面配置一根或多根装饰线而形成。这类线迹的特点是强力大，拉伸性好，同时还能使缝迹平整。在缝料上覆盖的装饰线（见图中 Z、Y 所示，一般用光泽好的人造丝线或彩色线）可以美化缝迹外观，似有花边效果。我国习惯上

将这种类型的线迹也称为绷缝线迹，它与 400 系列绷缝线迹的区别在于缝料正面加有装饰线。

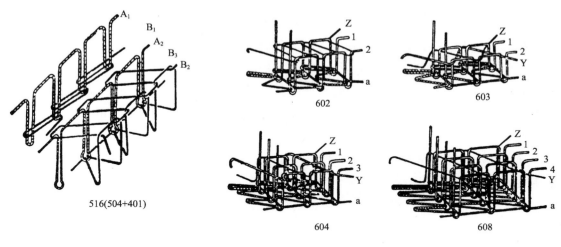

图 5 - 11　五线包缝线迹　　　　　　　图 5 - 12　600 系列线迹

三、常用线迹的形成原理

（一）锁式线迹的形成原理

双线锁式线迹是由面线和底线组成，其交织点位于缝料厚度中央。该线迹是由带面线的机针上下直线运动和带底线梭子的摆动（摆梭）或旋转（旋梭）准确的运动配合实现。

图 5 - 13 示出摆梭与机针配合实现锁式线迹的过程，摆梭除家用缝纫机使用外，还在套结机、低速工业平缝机中广泛应用。

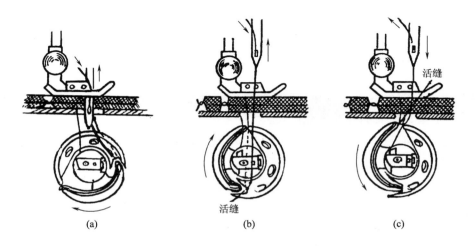

图 5 - 13　摆梭形成锁式线迹过程

（1）图 5 - 13（a）所示，机针带面线穿刺缝料运动到下死点位置后回升，由于缝料对机针浅槽一侧缝线的摩擦，面线不能顺利随针上升，被滞留在缝料下方，在机针回升 2 ~ 2.5mm 时，滞留的面线形成最佳形态的线环，并随即被向右转动的摆梭梭尖钩住，线环被拉长扩大，从摆梭与摆梭托的间隙中滑入梭尖根部。

（2）摆梭继续向右转动，梭根推动线环绕过摆梭并接近摆梭的下回转点〔图 5 - 13（b）〕。

（3）挑线杆向上运动，拉动线环从摆梭翼上脱出，套住底线，与此同时，摆梭反转；摆梭托与摆梭在上方出现间隙，挑线杆将面线和被套住的底线从此间隙抽出，线迹开始收紧〔图 5 - 13（c）〕。

随后摆梭返回到起始位置，挑线杆收紧线迹，使交织点位于缝料中央，送布牙推送缝料完成一个针距。

图 5 - 14 示出旋梭与机针配合实现锁式线迹的过程。

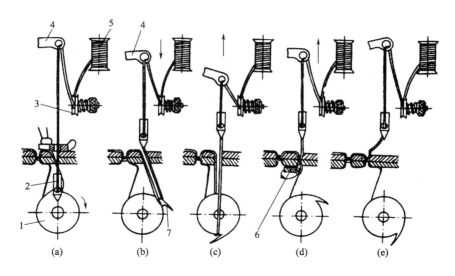

图 5 - 14　旋梭形成锁式线迹原理

1—旋梭　2—直针　3—夹线器　4—挑线杆　5—线轴　6—送布牙　7—梭尖

（1）图 5 - 14（a）所示，机针带着缝线穿过缝料运动至最低位置后回升约 2mm 时形成最佳线环，旋梭旋转钩住线环并拉长扩大。

（2）图 5 - 14（b）所示，机针上升，旋梭继续转动扩大线环，挑线杆向下运动供应扩大线环所需要的面线。

（3）图 5 - 14（c）、（d）所示，梭尖带面线环绕过梭轴中心时，挑线杆迅速上升拉动面线，使线环从旋梭上滑落并与底线交织。

（4）图 5 - 14（e）所示，机针上升至最高点二次下降，挑线杆继续上升抽紧线迹，使面、底线交织于缝料中央，送布牙推送缝料完成一个针距，其间旋梭正在转第二圈（空转），大约在机针重返最低位置时转完第二圈。

（二）单线链式线迹的形成原理

单线链式线迹是由一根缝线自身往复循环穿套而成的链条状线迹。它的形成是由带线机针的上下往复运动和不带线的旋转线钩的转动运动配合实现，图5-15所示为线迹形成过程。

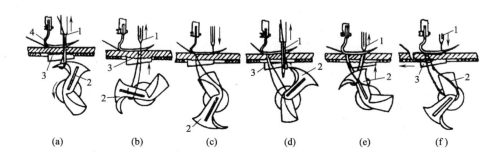

图5-15 单线链式线迹形成过程
1—直针 2—旋转线钩 3—送布牙 4—压脚

（1）机针穿刺缝料，运动至最低位置回升时形成线环，线环随即被逆时针旋转的旋转线钩钩取 [图5-15（a）]。

（2）机针上升退出缝料，旋转线钩扩大拉长线环，并使线环滑至中部，送布牙上升，开始推送缝料 [图5-15（b）]。

（3）送布牙推送一个针距，机针二次穿刺缝料，此时旋转线钩转过180° [图5-15（c）]。

（4）机针再次从最低位置回升开始形成线环，旋转线钩继续运动，准备再次钩取直针线环 [图5-15（d）]。

（5）旋转线钩转过360°时，第二次钩入线环并拉长扩大，新线环穿入旧线环 [图5-15（e）]。

（6）旋转线钩继续旋转，旧线环从旋转线钩上滑脱并套在被钩住的新环上 [图5-15（f）]，挑线杆上升收紧旧线环完成单线链式线迹的一个单元，如此周而复始就形成了连续的单线链式线迹。

（三）双线链式线迹形成原理

双线链式线迹是一根直针线和一根弯针线相互循环往复穿套而成的链条状线迹，它的形成是由一根带线直针和一个带线弯针相互运动准确配合而实现的。图5-16所示为双线链式线迹形成过程，图5-16（a）为弯针针尖的运动轨迹。

（1）直针穿刺缝料，运动至最低位置后回升，开始形成线环，弯针沿轨迹Ⅰ向左方运动，穿入直针线环中 [图5-16（b）、（c）]。

（2）直针上升，弯针由沿轨迹Ⅰ运动转为沿轨迹Ⅱ运动，送布牙推送缝料前进一个针距。弯针从机针后侧移向机针前侧（即让针），机针二次下降穿刺缝料并穿过弯针头部形成的弯针三角线环［图 5 - 16（d）、（e）］，此时弯针已开始沿轨迹Ⅲ回退。

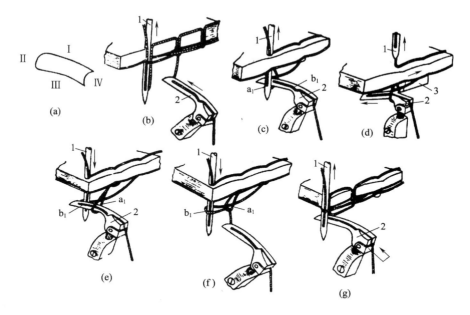

图 5 - 16　双线链式线迹形成过程

1—直针　2—带线弯针　a_1—直针线　b_1—弯针线

（3）直针二次形成线环，此时弯针已按轨迹Ⅳ完成复位，弯针又沿轨迹Ⅰ运动并再次穿入直针线环中，同时拉紧前一个线迹，如此反复完成连续的双线链式线迹。

（四）三线包缝线迹形成原理

三线包缝线迹是由一根直针和两根带线弯针的运动配合，使三根缝线相互循环穿套在缝料的边缘而形成，图 5 - 17 所示为三线包缝线迹的形成过程。

（1）直针 1 带面线 A 穿过缝料，从最低位置回升，形成直针线环。小弯针 2 带线 C 从左向右穿入直针线环［图 5 - 17（a）、（b）］。

（2）直针退出缝料，直针线环被继续向右摆动的小弯针拉长，同时，大弯针 3 带线 B 沿图示方向向左上方摆动，穿入小弯针线，与小弯针形成三角线环［图 5 - 17（c）］。

（3）送布牙将缝料推送一个针距后，直针再次下降，此时大弯针已运动至左上方极限位置并开始回退，直针下降首先刺入大弯针线环中再刺入缝料［图 5 - 17（d）］。

（4）大、小弯针同时向相反方向运动，大弯针线留在直针上，大、小弯针脱下各自穿套的线环，三线分别交织。直针继续下降，收紧了直针线，大小弯针线分别被各自的收线器抽紧，形成三线包缝线迹［图 5 - 17（e）］。

（五）绷缝线迹形成原理

绷缝线迹有双针、三针、四针……之分，但无论针数多少，其成缝原理基本相同，都

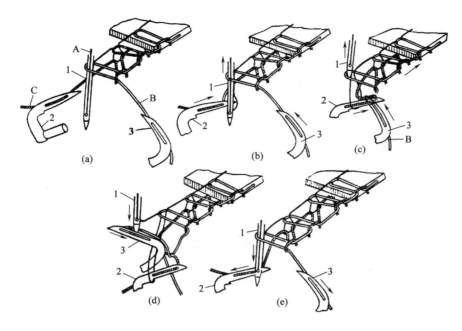

图 5 - 17　三线包缝线迹形成过程

1—直针　2—小弯针（下线弯针）　3—大弯针（上线弯针）

A—直针线　B—大弯针线　C—小弯针线

是基于双线链式线迹的基础。弯针的运动与双线链式线迹形成中弯针的运动极相似，但是，由于一个弯针要依次穿过几根直针的线环，所以各直针安装高低不同，弯针先穿入的直针安装最高，其余的依次降低一定的距离。图 5 - 18 为三针四线绷缝线迹的形成过程。

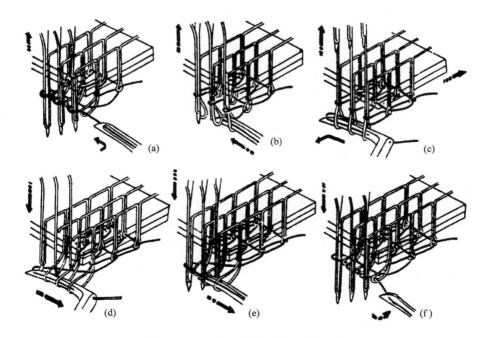

图 5 - 18　三针四线绷缝线迹形成过程

复习思考题

1. 试述缝纫机型号表示中各代号的含义。
2. 缝纫线迹分为几种系列？试述各种系列的名称、线迹特点及适用范围。
3. 试述摆梭缝纫机形成锁式线迹的过程。
4. 试述旋梭缝纫机形成锁式线迹的过程。
5. 试述三线包缝线迹形成过程。
6. 在完成双线链式线迹时，弯针运动有何特点？

第三节　缝纫机的主要成缝构件

在缝纫机复杂的运动中，直接参与线迹形成的基本构件称为成缝构件，它主要包括：机针、成缝器、缝料输送器和收线器。

一、机针

1. 机针的构造

机针是主要的成缝构件，它的作用是带线穿刺缝料，在回升时形成线环以便成缝器钩取线环，最终形成线迹。

机针主要有直针和弯针两种类型，如图 5 – 19（a）、（b）所示，大多数缝纫机都使用直针，暗缝机、绗缝机则使用弯针。直针结构如图 5 – 20 所示。

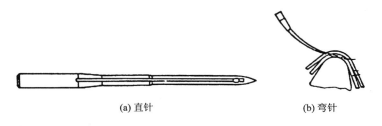

(a) 直针　　　　　　　　　(b) 弯针

图 5 – 19　机针类型

（1）针柄：是机针与缝纫机针杆相连接的部位。为了通用，相同型号机针的针柄长度和直径均相等。工业缝纫机机针针柄均为圆柱形，家用缝纫机机针针柄一侧为平面，以便和针杆上的装针槽配合安装。

（2）针杆：从针孔的上沿至针柄下方一段长度。

（3）针刃：从针尖至针孔的上沿部分，缝纫中该部分将挤开缝料并穿引面线。

（4）针尖：是穿刺缝料的重要部分，不同用途的机针有不同形状的针尖。

（5）针孔：供穿线用的小孔。

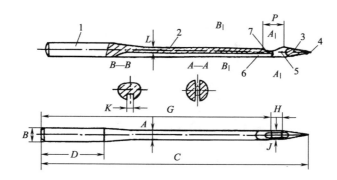

图 5 – 20　直针结构

1—针柄　2—针杆　3—针刃　4—针尖　5—针孔　6—长针槽　7—短针槽

（6）长针槽：指针柄下方至针孔处的凹槽。长针槽深度和宽度均应大于缝线直径，缝纫时面线容纳于槽内减少了缝料对面线的摩擦力。

（7）短针槽：在针孔上方与长针槽相对。该槽浅而且短，其作用是在机针穿刺缝料时导引面线。在机针回升时由于面线部分露出槽外，缝料对其产生较大的摩擦力，阻止面线随针上升，起到促进线环形成的作用。

2. 机针的型号规格

在选用机针时，必须根据所使用的缝纫机型号选择机针的型号，根据缝料的性质和厚薄选择机针的规格（针号）。表 5 – 1 列出了几种常用缝纫机所使用的国产机针与进口机针型号对照。

表 5 – 1　国产机针与进口机针型号对照

缝纫机种类 \ 生产地	中国	日本	美国	德国
平缝机	88 × 1	DA × 1	88 × 1	1128/SY1361
	96 × 1	DB × 1	16 × 231	1738/SY2254
包缝机	81 × 1	DC × 1	81 × 1	621/SY1225
	DM13 × 1	DM × 13	82 × 13	886/SY1246
锁眼机	71 × 1	DL × 1	71 × 1	431A/SY1526
	136 × 1	DO × 1	142 × 1	1778/SY1413
	557 × 1	DL × 5	71 × 5	18070/SY1526
	DP × 5	DP × 5	135 × 5	134 × 797/SY1945
钉扣机	566 平面	TQ × 7	175 × 7	2091/SY4531
	566 四眼	TQ × 1	175 × 1	1985/SY2851

我国常用的机针针号有"号制""公制""英制"三种表示方法。

（1）号制：用若干号码表示，号码越大，针杆越粗。

（2）公制：公制针号的表示方法是针杆直径 d（mm）乘以 100，即 $100d$，公制针号每档间隔为 5。

（3）英制：英制针号的表示方法是将针杆直径 d（英寸）乘以 1000。

表 5 – 2 为三种针号的近似对应关系。

表 5 – 2　三种针号的近似对应关系

号制	6	7(或 8)	9	10	11	12	13	14	15	16
公制	55	60	65	70	75	80	85	90	95	100
英制	022	—	025	027	029	032	034	036	038	040

二、成缝器

成缝器是摆梭、旋梭、旋转线钩、带线弯针及不带线弯针等基本成缝构件的总称。其作用均是钩取机针形成的线环并拉长扩大，在和其他成缝构件的运动配合中实现缝线的相互交织，形成各种线迹。图 5 – 21 所示为各种常见成缝器。

摆梭　　　　旋梭　　　　带线弯针　　叉针(不带线弯针)　旋转线钩

图 5 – 21　成缝器

1—针尖　2—针杆　3—线槽　4—针柄　5—穿线孔

1. 梭子

梭子是常见的成缝器，主要用在锁式线迹缝纫机上，根据运动特性，又分为摆梭和旋梭两大类（图 5 – 21）。摆梭由于在工作中作往复摆动，所以惯性冲击较大，因此主要用于家用缝纫机以及少数低速工业缝纫机；旋梭为匀速旋转，运转平稳，噪声小，广泛用于现代高速工业缝纫机。

2. 带线弯针

带线弯针由针尖 1、针杆 2、针柄 4、线槽 3 及穿线孔 5 组成，如图 5 – 21 所示。针尖用来穿过直针或其他成缝线钩所形成的线环，线槽用以导引弯针线，针柄用来将弯针固装在弯针架上。带线弯针是形成包缝、双线链缝和绷缝线迹的主要成缝构件。

3. 叉针（不带线弯针）

如图 5 – 21 所示，叉针本身不带缝线，只是把其他弯针上的缝线叉送到直针的运动位置，使直针穿入。它是形成双线包缝线迹必不可少的成缝构件。

4. 旋转线钩

如图 5 -21 所示，旋转线钩本身不带缝线，其钩尖用来钩取直针线环并拉长扩大，以便直针二次穿刺缝料后穿入，形成单线链式线迹。它是单线链缝机和钉扣机的主要成缝构件。

三、缝料输送器

缝料输送器的作用是在一针缝纫结束后推送缝料前进或后退（即倒缝）一个针距。针距的长度由缝料输送器的送布量决定，各种缝纫机均可对送布量进行调节，以满足不同的缝纫要求。送布一般由送布牙与压脚配合实现，有些机种缝针或其他构件也参与送布，以满足不同性质的面料对送布机构的要求。

面料输送方式很多，概括起来主要有以下几种送布方式，如图 5 -22 所示。

1. 单牙下送式送布

如图 5 -22（a）所示，这是一种最为常见的送布方式。工作时压脚将面料压在缝纫机针板上，送布牙在送布机构的驱动下完成上升、送布、下降、回退（近似椭圆）的循环运动，推送面料实现送布。这种送布方式适于车缝中等厚薄的面料，对过厚或过薄的面料及多层面料缝纫，容易产生皱缩或移位，但由于结构简单，造价低廉，在一般缝纫机中仍被广泛地采用。

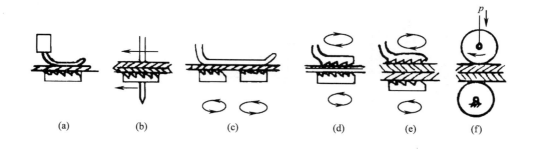

图 5 -22　送布方式类型示意

2. 针牙同步式送布

如图 5 -22（b）所示，这种送布方式的特点是机针刺入面料后和送布牙同步运动，共同实现送布。这种方式特别适合车缝粗厚面料和多层面料，可以有效地防止各面料间的错移。

3. 差动下送式送布

如图 5 -22（c）所示，在针板下有两个分开传动的送布牙，沿缝纫方向分别装在机针前面和后面。送布牙的送布速度可单独调节，当车缝伸缩性大的面料时，可将后牙速度调得比前牙速度稍快，以达到推布缝纫的目的，防止面料被拉长；而在车缝轻薄面料时，可将后牙速度调得比前牙速度稍慢，形成拉布缝纫，防止面料形成皱缩，当需要在面料上缝出均匀的皱褶时，只需将后牙速度调得明显快于前牙速度即可。这种送布方式广泛用于高速包缝机中。

4. 上下送布式送布

如图5-22（d）所示，这是一种带牙送布压脚与下牙共同夹住面料的送布方式，可以使面料上下平衡输送，还可以防止线迹歪斜。

5. 上下差动式送布

如图5-22（e）所示，在这种送布方式中，类似压脚的上送布牙，也参与送布运动。上下送布牙的送布量均可单独进行调节，因此可以车缝任何不同性质的面料，既可上下同速，防止起皱，又可通过调节进行"缩缝"，如绱袖可使袖山部位产生少许的"缩缝"，所以绱袖机多采用这种送布方式。

6. 滚筒式送布

如图5-22（f）所示，上滚轮为主动轮，其作用是将缝料压在下被动滚轮上，上滚轮由送料机构传动完成步进送布运动。这类送布方式多用于多针机和装饰缝纫机。

四、收线器

收线器的作用是供给机针或弯针形成线环所需要的缝线并能收紧线迹。缝纫机的收线器种类很多，如图5-23所示，图5-23（a）为连杆式收线器，图5-23（b）为滑杆式

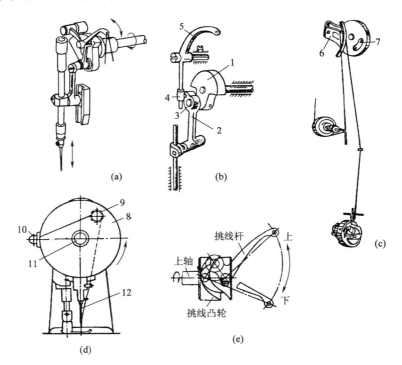

图5-23 收线器类型

1—主轴曲柄 2—连杆 3—曲柄销 4—滑套 5—挑线杆 6—异形轮 7—平衡块
8—旋转轮 9—导线销轴 10—导线器 11—主轴 12—机针

收线器，图 5 – 23（c）为异形旋转轮收线器，这三种收线器多用于高速缝纫机中。图 5 – 23（d）为轮式收线器，图 5 – 23（e）为凸轮式收线器，多用于低速缝纫机，凸轮式收线器虽然难以适应高速，但因结构简单、造价低，尤其是挑线杆的运动与缝针、摆梭机构的运动配合较理想，所以家用缝纫机仍然广泛使用。

复习思考题

1. 缝纫设备中主要成缝构件有哪几类？它们在缝纫中各有什么作用？
2. 试述机针结构及机针线环的成环原理。
3. 成缝器有哪些类型？各用在哪些线迹的形成过程中？
4. 缝料输送器有哪些送布方式？各有什么特点？

第四节 工业平缝机

一、概述

（一）功能及特点

工业平缝机是服装生产中使用数量最多的机种。在服装加工中承担着拼、合、缉、纳等多种工序任务，安装不同的车缝辅件，可以完成卷边、卷接、镶条等复杂的作业，因此工业平缝机是服装企业最主要的缝纫设备。

工业平缝机完成的是双线锁式线迹，也称梭缝缝纫机，图 5 – 24 为工业平缝机外观图。

（二）类型及技术规格

工业平缝机种类繁多，大致可按以下方式分类：

1. 以工作速度分类

工业平缝机可分为低速平缝机（缝速在每分钟 2000 针以下），中速平缝机（最高缝速在每分钟 3000 针），高速平缝机（最高缝速每分钟 4000 针以上）。国产的 GB1 – 1 型、GB7 – 1 型平缝机属低速平缝机，GC1 – 1 型、GC1 – 2 型属中速平缝机，GC15 – 1 型、GC6 – 1 型、GC40 – 1 型属高速平缝机，由于高速平缝机都采用了自动润滑系统，各运动连接部位普遍采用了滚动轴

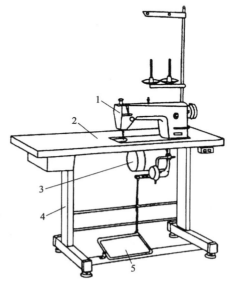

图 5 – 24 工业平缝机

1—机头 2—台板 3—离合式电动机

4—机架 5—脚踏板

承，机件加工精密，缝纫平稳，噪声小，性能好，受到服装企业普遍的欢迎。

2. 以同时缝纫的机针数分类

以同时缝纫的机针数，可将工业平缝机分为单针机和双针机，双针机根据两个机针的运动配置又分为双针联动平缝机和双针针杆可分离平缝机。双针机可在一次缝纫中使两道锁式线迹平行配置在缝料上，大大提高了生产效率和缝制外观品质，是缝制外衣、运动衣、牛仔服、绱拉链的理想机种，而针杆可分离的双针机在衣片上缝制口袋等制件时，由于在转角缝纫时可控制其中一个针杆抬起，转角过后再控制该针杆落下参与缝纫，使缝纫的两条线缝转弯清晰美观，如图5-25所示。

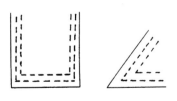

图 5 – 25　双针针杆可分离平缝机缝纫效果图

3. 以缝纫机送料方式分类

以送料方式的不同，可将平缝机分为单牙下送式、差动下送式、针牙同步式、上下差动式等机种。差动下送式送料可以适应各种性质面料的缝纫，尤其在缝制弹性面料时，效果更为理想。针牙同步式是在机针刺入面料后和送布牙同步一起送料的送布方式，适于多层面料的缝纫或较厚、容易滑动的面料缝纫，可以避免面料错移、起皱。

4. 以操作方式分类

以操作方式不同，可将平缝机分为普通平缝机和电脑控制平缝机（亦称自动平缝机）。电脑控制平缝机可以设定线缝式样，装有自动剪线、自动倒缝、自动缝针定位、自动压脚提升等装置，提高生产效率约20%以上，而且大大减轻了劳动强度。

5. 国内外部分工业平缝机的技术参数

如表5-3所示。

表 5 – 3　工业平缝机的技术规格

型号（国名）生产厂\项目	GC6 – 1 型（中国）陕西标准缝纫机厂	GC8 – 1 型（中国）上海工业缝纫机厂	DLD – 432 型（日本）东京重机工业	591D200G 型（美国）胜家	DLM – 522 型（日本）东京重机工业	LH – 1152F 型（日本）东京重机工业	DM – 275 – 10 型（日本）三菱	GB6 – 1 型（中国）上海缝纫机四厂
机器转数/ $r \cdot min^{-1}$	5500	4500	4500	5500	4800	4000	3500	1600
机针数	1	1	1	1	1	2	2	1
针间距/mm	0	0	0	0	0	3.2, 4.8, 6.4, 7.1, 7.9	4.76 6.35, 7.93 $\left[\frac{3}{16}, \frac{1}{4}, \frac{5}{16}\right]$ （英寸）	0
最大针距/mm	4.5	4	5	4.2	4	4	5	4.5

续表

型号（国名）生产厂 / 项目	GC6-1型（中国）陕西标准缝纫机厂	GC8-1型（中国）上海工业缝纫机厂	DLD-432型（日本）东京重机工业	591D200G型（美国）胜家	DLM-522型（日本）东京重机工业	LH-1152F型（日本）东京重机工业	DM-275-10型（日本）三菱	GB6-1型（中国）上海缝纫机四厂
用针型号	88×1	88×1	DB×1	1901	DB×1	SG1965	DP×17	44
线迹类型（ISO）	301	301	301	301	301	301/301	301/301	301
线数	2	2	2	2	2	4	4	2
压脚升距/mm	手动6，膝动10	6	手动5，膝动10	7.1	手动5，膝动10	手动6，膝动10		6.5
电动机功率/W	370	370	367.75（0.5马力）	400	367.65（0.5马力）	367.75（0.5马力）	400	370
性能、用途说明	适用于缝制薄型及中等厚度的针织、化纤等面料，自动加油	高速平缝机自动加油	差动送布，最大缩缝比1:3；自动切线，适用针织物和弹性织物缝制	高速平缝机自动加油，自动切线	带刀修边平缝机，刀宽10mm，刀冲程7mm	自动倒缝；挑线簧左右分离，可分别调节两根针线的张力	缝制口袋拐弯处单针自停，线迹美观	工作空间较大，长260mm，高132mm，适合缝制较厚缝料及曲线缝纫

二、工业平缝机的整机构成

工业平缝机由机头、工作台板、机架、离合式电动机、脚踏控制装置、底线绕线架、线架和电动机开关组成，如图5-24所示。

工业平缝机的机架高低可以调节，可以使操作者处于比较舒适的工作姿态。

离合式电动机结构如图5-26所示，电动机输出轴安装着主动摩擦盘1，与电动机联为一体的离合器壳体（虚线所示）内，安装着可左右移动的滑套4，轴5通过轴承与滑套配合连接。轴5与电动机轴处于同一轴线，轴5左端安装着被动摩擦盘2，摩擦盘左右面均黏附着摩擦系数较大的摩擦材料。轴5右端安装着三角皮带轮6，工作时，踏下脚踏板，通过拉杆8、杠杆7拨动滑套4及轴5左移，两摩擦盘加压接触，电动机动力通过皮带轮6和三角皮带传动机头主轴，缝纫机即可工作。脚踏力量的改变将会改变两摩擦盘的压力，从而使缝纫速度出现变化。缝纫结束时，

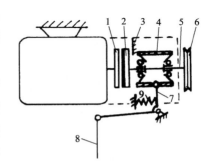

图5-26　离合式电动机结构示意
1—电动机主动摩擦盘　2—被动摩擦盘
3—刹车板　4—滑套　5—轴　6—皮带轮
7—拨动杠杆　8—拉杆　9—压簧

两脚松开踏板，两摩擦盘在压簧9的压力下脱开，被动摩擦盘2右侧的摩擦面与刹车板3摩擦，制动皮带轮停转。

三、高速工业平缝机的主要机构及基本工作原理

GC6－1型高速工业平缝机的结构如图5－27所示。其工作原理如图5－28所示，以GC6－1型平缝机为例简要介绍高速工业平缝机主要机构及工作原理。

高速工业平缝机多为平板式结构，是一种由数百或近千个零件组成的精密机器，由于各机构极其准确的运动配合，它能在一秒钟内完成近100个锁式线迹。

高速工业平缝机的主要机构包括机针机构、钩线机构、挑线机构和送料机构，除此以外还有旋钮式针距调节装置、杠杆式倒顺缝控制装置及自动润滑系统，这些机构和装置都安装在缝纫机机头内。

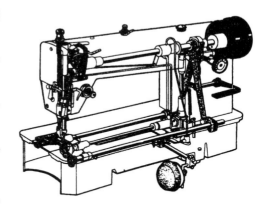

图5－27 GC6－1型高速工业平缝机结构示意

（一）机针机构

高速工业平缝机的机针机构属平面曲柄滑块机构，如图5－28所示，主轴1旋转时，

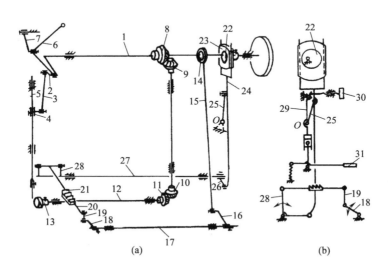

图5－28 GC6－1型高速工业平缝机工作原理

1—主轴 2—针杆曲柄 3—针杆连杆 4—针杆连接柱 5—针杆 6—挑线杆 7、26—摆杆
8、9、10、11—伞齿轮 12—旋梭轴 13—旋梭 14—抬牙偏心轮 15—抬牙连杆 16、18—摇杆 17—抬牙轴
19—小连杆 20—送布牙架 21—送布牙 22—送布偏心轴 23—滑块 24—牙叉 25—针距连杆 27—送布轴
28—送料摆杆 29—针距调书器 30—针距调节旋钮 31—倒顺缝手柄

由针杆曲柄 2，通过针杆连杆 3 和针杆连接柱 4 带动针杆 5 在机壳的固定导孔中作上下直线往复运动，使紧固在针杆上的直针完成刺布动作。针杆连接柱与针杆连杆铰接，并用螺钉与针杆紧固。

高速工业平缝机机针机构的作用是在运动中带线穿刺缝料，形成线环，在钩线、挑线和送布机构的准确配合下使面、底线交织、收紧而形成 301 线迹。

（二）钩线机构

钩线机构的作用是使旋梭尖在特定的时间穿入机针线环并拉长扩大，使之绕过梭芯，完成面、底线互套，为挑线机构抽紧线迹做好准备。

旋梭转动如图 5 - 28 所示，主轴 1 旋转时，通过伞齿轮 8、9 传动竖轴，再通过下方的伞齿轮 10、11 传动旋梭轴 12 转动，从而使固装在该轴前端的旋梭 13 转动，由于机构运动配合的要求，在机器设计中旋梭轴转速是主轴转速的 2 倍，工作时，每两转中，一转钩线，另一转空转。

旋梭的构造如图 5 - 29 所示，图中 5 为梭床，梭床安装在梭壳 1 中。梭床与机壳相连接由定位钩 4 固定位置，定位钩与梭床凹口周围留有 0.45 ~ 0.65mm 的过线间隙，如图 5 - 30 所示。成缝时，梭床 5 不转，由梭壳 1 上的梭尖钩取机针线环，面线环在绕过梭子表面时从此间隙通过。

图 5 - 29 中 2 为梭芯，梭芯中装有纱管 3，纱管上绕有底线。梭芯与纱管一起套在梭床的梭芯轴上，梭芯与梭床保持静止不动，纱管由于底线被抽动而绕着梭芯轴旋转松线，在梭芯上装有弹簧片，用来压住底线，使底线在抽出时形成底线张力，底线的张力直接影响缝纫质量，可通过弹簧片上的螺钉调节。

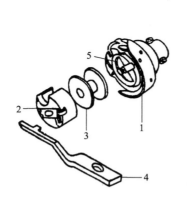

图 5 - 29　旋梭的构造
1—梭壳　2—梭芯　3—纱管　4—定位钩　5—梭床

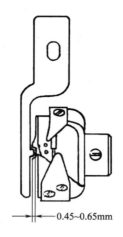

图 5 - 30　旋梭与定位钩的配合

旋梭的工作原理与摆梭工作原理不同，如图 5 - 31 所示，旋梭钩线机构是由紧固在旋梭轴上的梭壳作连续的逆时针旋转而实现钩线、分线和脱线的。

1. 钩线

机针1从下极限位置回升一段距离后，形成最佳线环，此时，梭壳上的梭尖逆时针转到机针中心线位置，并进入面线线环，如图5－31（a）所示。

2. 分线

梭尖3钩住面线环后，继续逆时针转动，面线环沿梭尖的楔形角（一般为42°）滑向梭根部，此时面线环顶端部分被梭床上的导齿6截住，随着梭壳的继续转动，位于旋梭皮5下方的短线段8被旋梭皮的凸缘从后边逐渐拨到前边，而长线段7被导齿挂住并推向后方，整个线环被扭转了180°，如图5－31（b）、（c）所示，随着梭壳的继续转动，面线环在梭根的带动下进一步拉长、扩大，旋梭皮拨开线环，使线环绕过梭床及梭芯表面并通过定位钩与梭床凹口之间的过线间隙。在这个过程中面线环把底线套在其中，如图5－31（d）、（e）所示。

3. 脱线

梭壳继续逆时针转动，梭根引导面线环绕过梭床，此时挑线杆迅速上升，使面线环迅速从梭根部脱出，并过渡到旋梭板11的尖尾上，随着挑线杆继续上升收线，面线环在旋梭板尖尾的引导下逐渐收缩，最后从尖尾处脱出，如图5－31（f）所示。

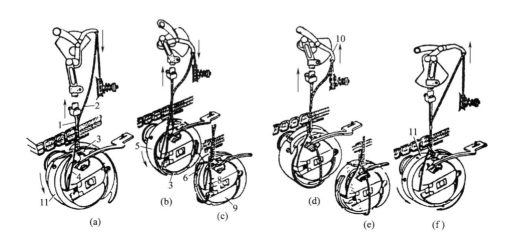

图5－31　旋梭工作原理

1—机针　2—面线　3—梭尖　4—底线　5—旋梭皮　6—导齿　7—线环后段（长线段）
8—线环前段（短线段）　9—梭芯　10—挑线杆　11—旋梭板

随后，挑线杆继续上升，和夹线器配合把面、底线的交织点收紧在面料中，由于旋梭在工作中作匀速转动，运动非常平稳，振动、噪声、磨损都比摆梭运动小，使用寿命长，特别适于高速运转，因此广泛应用于高速工业平缝机中。

（三）挑线机构

挑线机构的作用是在线迹形成过程的每个工作周期中，控制挑线杆供应和回收适量的面线，并使面、底线的交织点在缝料中间抽紧，然后从线团中抽取缝下一线迹所需要的面线。

如上述，这个动作是由挑线杆和面线夹线器配合完成的。

挑线机构为平面曲柄摇杆机构，如图 5-28 所示，它是由与针杆曲柄 2 做成一体的挑线曲柄带动挑线杆 6 作平面运动，随着挑线杆 6 的上下运动，完成供线和收线动作。

（四）送料机构

送料机构的作用是在线迹形成过程中，与机针机构、钩线机构及挑线机构的运动协调配合，适时适量地向前或向后移送缝料。

送料机构的动作是通过送布牙和压脚的配合来实现的，由于压脚的动作，使缝料与送布牙之间、上层缝料与下层缝料之间产生了摩擦力，缝料就是靠着摩擦力的作用，在送布牙的推动下向前运动的。

送布牙的运动轨迹近似椭圆形，它是由送布牙的上下运动（即抬牙运动）和前后运动（即送布运动）复合而成。

1. **送布牙的上下运动机构**

如图 5-28 所示，装在缝纫机主轴 1 上的抬牙偏心轮 14 通过抬牙连杆 15，摇杆 16 带动抬牙轴 17 往复摆动，抬牙轴左端的摇杆 18 通过小连杆 19 传动送布牙架 20，使安装在上面的送布牙 21 实现了上下运动。

2. **送布牙的前后运动机构**

如图 5-28 所示，送布偏心轴 22 与抬牙偏心轮 14 做成一体，但轮径、偏心距、偏心方向不同（为表达清晰，图中分开绘制），当主轴转动时，送布偏心轴 22 通过牙叉滑块 23 传动牙叉 24 往复摆动，牙叉与针距连杆 25 铰连，针距连杆另一端与针距调节器铰连于 O 点，缝纫中 O 点位置固定。在 O 点的制约作用下，牙叉在往复摆动的同时获得上下运动，通过摆杆 26 使送布轴 27 获得往复摆动，该轴左端的送料摆杆 28 拉动送布牙架和送布牙实现前后运动。

O 点位置可通过针距调节装置上的调节旋钮予以改变，缝纫针距也随之改变，因此，O 点通常称为关键点，该点对针距的调节原理分析如下：如图5-32所示，图中 A 点为送布轴的摆动中心，也是送料摆杆 AB 的摆动中心，O 为针距连杆摆动中心（即关键点，此点位置可调）；C 为针距连杆与牙叉的铰接点，B 为牙叉与送料摆杆的铰接点。当主轴转动时牙叉在送布偏心轮（图中未绘出）的驱动下作平面运动，C 点以 O 为摆动支点，在 C、C_1 间往复摆动，其垂直方向的位移 X 使送料摆杆 AB 摆动 θ 角，如图 5-32（a）所示。当通过针距调节旋钮将 O 点调至 O_1 点时，如图 5-32（b），由于 O_1 点离牙叉的摆动中心线较近，因此牙叉在垂直方向上的位移 $X_1 < X$，对应的送料摆杆的摆角 $\theta_1 < \theta$，因此针距变小。当 O 点位置正好调至牙叉摆动中心线上时，如图5-32（c）中的 O_2 点，牙叉绕 B_3 点摆动，垂直方向的位移 $X_2 = 0$，因而摆角 $\theta_2 = 0$，即针距为零，当按下倒顺缝手柄 31

（图 5 – 28）时，O 点位于牙叉摆动中心线的右边，如图 5 – 32（d）中的 O_3 点，送料摆杆摆动 θ_3 角，而且与上述摆动方向正好相反，为倒送布。

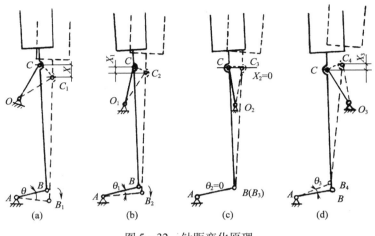

图 5 – 32　针距变化原理

四、GC6 – 1 型高速工业平缝机各机构的运动配合与调整

高速工业平缝机在形成一个线迹的工作周期中，其四个成缝构件与它们所属机构的运动都要密切配合和协调。它们之间的运动时间配合对平缝机的正常运转及线迹的完美形成关系极大。因此，在缝纫过程中，除了要求各机构本身能可靠地工作外，对它们之间的运动配合也有严格要求。

在上述四大运动机构中，挑线机构的运动是不可调的，因此，实际上的配合调整是指对机针机构、钩线机构和送料机构的调整。

1. 针杆高低位置的调整

在 GC6 – 1 型高速工业平缝机的针杆上加工了两条标志刻线，上刻线用以确定机针的高低位置，针杆高低位置的调整方法是：转动机轮，使针杆运动至下极限位置，松开针杆紧固螺钉使针杆的上刻线 2 与机头上固装的针杆上套筒 1 的下端面平齐，此时紧固针杆连接柱螺钉可使针杆处于正确的工作位置，如图 5 – 33（a）所示。

2. 旋梭工作位置的调整

在针杆高低调整正确的前提下，就可进行旋梭工作位置的调整。调整方法和要求是：转动机轮，使机针从最低位置回升，当针杆上的下刻线 3 与针杆下套筒下端面平齐时，旋梭梭尖应恰好运动至机针中心线，处于钩线环状态，由于上、下刻线的间距为 2.2mm，该距离正是机针形成最佳线环所必需的机针回升量，这就意味着，当机针从下极限位置回升 2.2mm 形成最佳线环时，恰好旋梭梭尖钩入线环，从而为准确实现钩线环运动提供了最佳的时间配合。

若旋梭安装未能满足上述要求，将会引起跳针，此时，需要松开旋梭与旋梭轴的紧固螺钉，按上述要求调整后再紧固螺钉即可。

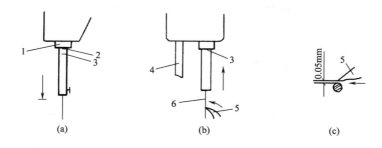

图 5 - 33　针梭配合调整要求

1—针杆套筒　2—针杆上刻线　3—针杆下刻线　4—压脚杆　5—旋梭尖　6—机针

但调整中必须注意，正确安装的旋梭在运动至机针中心线时，还必须保证梭尖和机针间有约 0.05mm 的间隙，间隙过大，易引起跳针，而间隙为负值则会引起梭尖与机针碰撞造成断针或梭尖损坏。

3. 机针与送布牙同步关系调整

机针与送布牙同步关系是指当机针尖端下降至针板平面时，送布牙也下降至其牙尖与针板面相平，如送布牙尖仍高于针板面，不稳定的缝料会影响机针穿刺缝料，严重时会引起断针，当牙尖低于针板面过多，则意味着送布时间偏早，会引起毛巾状浮线等故障。

调整的方法是打开机壳后盖板，旋松送布凸轮紧固螺钉 5，按住送布凸轮 4，缓缓转动机轮，使主轴油孔的上端与送布凸轮基准孔的下端处在同一水平线上，调整时，应注意使送布凸轮与牙叉滑块之间有 0.3 ~ 0.5mm 的间隙，最后紧固送布凸轮固定螺钉 5 即可（图 5 - 34）。

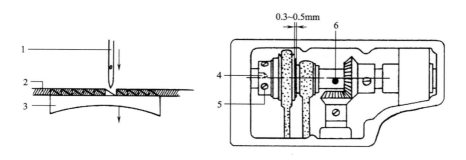

图 5 - 34　针牙同步关系及其调整

1—机针　2—针板上平面　3—送布牙　4—送布凸轮基准孔　5—送布凸轮紧固螺钉　6—主轴油孔

五、高速工业平缝机的使用

（一）机针的选择和安装

机针是重要的成缝机件之一，GC6 - 1 型高速工业平缝机应选用 DB × 1 型、DA × 1 型、16 × 231 型机针，同时，根据缝料选用合适的针号。

在一般情况下，缝制薄、脆、密的缝料应选用小号（细）针，而缝制厚、柔、疏的缝料则宜选用大号（粗）针。若用粗针缝制薄料，因机针与缝料摩擦较大，机针上升时缝料会随机针在压脚槽内上升，延缓了线环的形成，从而引起跳针；缝制厚料时如选用了细针，则会引起机针弯曲或断针。

在高速缝纫时，机针和缝料的剧烈摩擦会导致机针针温过高，严重的会在化纤织物中形成熔洞或造成化纤缝线熔融，针孔过线阻力增加，使面线成环条件恶化而引起跳针或断线，因此，应对机针进行特别的选择和冷却。

在高速缝制低熔点的化纤织物时，可采用双节机针或高速机针。双节针上节粗可增加机针刚度，下节细可减少针与缝料摩擦，从而使针温降低；高速机针的针尖部和针孔两侧尺寸比针杆直径粗5% ~7%，可减少针杆与缝料的摩擦生热。

用缝线上加硅油及风冷的方式也可有效地降低针温，硅油无色、透明、易于挥发，高速缝纫时能带走机针部分热量。

安装机针时，应使机针向上顶住针杆装针孔底并使机针长槽朝向机器正左方，以使浅槽一侧形成的线环平面与梭尖运动方向正交，实现准确钩取线环。

（二）缝纫线的选择

在选用缝纫线时首先应考虑其可缝性、强度和均匀性，这样才能保证缝合牢度。高速工业缝纫机使用的面线应选左旋线，而且捻度适中，底线左、右旋线均可使用。缝线旋向的鉴别，可按图5-35所示方法进行，双手捏住缝线，右手按箭头方向搓转缝线，若线股越搓越紧，即为左旋线。

为了取得良好的缝纫效果，还应做好缝针、缝料、缝线的匹配选择，表5-4列出了三者常用的配合关系。

图5-35 缝线捻向的判别

表5-4 缝针、缝线、缝料的关系

机 针 号	缝线（tex）	缝 料
9#	12.5 ~10（80 ~100公支）	极薄料，绉纱、乔其纱、透明硬纱等
11#	16.67 ~12.5（60 ~80公支）	薄料，绸、印花布、府绸等
14#	20 ~16.67（50 ~60公支）	普通料，棉、毛织物等
16#	33.33 ~20（30 ~50公支）	中厚料，毛织物、防雨布、薄皮革等

（三）送布牙工作高度和压脚压力的调节

1. 送布牙工作高度调节

送布牙工作高度是指送布牙上升至最高位置时，露出针板面的高度。缝制较厚或较硬

的缝料，送布牙工作高度要高，反之则低些。在缝制一般面料时，送布牙工作高度约为
0.7～0.9mm，缝厚料可调至1mm，而缝薄料则可调至0.5mm。

调节时松开抬牙摆杆紧固螺钉，再调节抬牙摆杆，达到合适高度时拧紧螺钉即可。

2. 压脚压力调节

通常缝制薄料，压脚压力应小些，缝厚料则大些。压力调节，应先松开机头顶部调节
螺钉上的锁紧螺母，如若要压力大些，旋入调节螺钉即可，旋出则压力减小。调节合适
后，应旋紧锁紧螺母，以防高速缝纫时调节螺钉松动，压力改变。

（四）缝纫机润滑

由于GC6-1型高速工业平缝机最高缝速可达5500r·min⁻¹，而且各运动机构要求相
互配合准确，为使机器能长期保持应有的工作精度和性能，能有较长的使用寿命，使用中
有较好的运动平稳性及较低的噪声，润滑是重要环节。GC6-1型高速工业平缝机有全自
动润滑系统，润滑油大多采用7#高速机械油或专用高速缝纫机油。

自动润滑系统是由油泵、油池、量油阀及油路组成，缝纫时油泵以相当的压力把润滑
油输送到各个润滑部位，润滑后的油靠重力流回油池，机头上方的透明油窗可以观察润滑
系统的工作情况。油池中标示了合理油位，在定期更换润滑油时应保持规定的油量。

（五）新机器的磨合

在开始使用新机器时，应降速使用，此时可换用随机带来的较小直径的皮带轮，运行
一段时间后，再换用大直径皮带轮，即可高速使用。新机器经过磨合后，运转更为轻快，
而且有利于提高机器使用寿命。

六、工业平缝机常见的故障及维修

工业平缝机常见的故障有：断线、断针、跳针、浮线、噪声等，表5-5列出了常见
故障的产生原因和维修方法。

表5-5　工业平缝机常见的故障分析

故障现象	发 生 原 因	排 除 方 法
跳针	机针尖发毛、弯曲，机针槽不光滑	更换新针
	机针安装歪斜，线环不易被梭尖钩住	校正机针位置
	缝线粗细不匀，影响成环	按标准选择缝线
	压脚压力小，缝料抖动，影响成环	增加压脚压力
	压脚槽太宽，当机针刺布退出时，缝料上升影响线环形成，这种情况缝薄料时影响最大	根据缝料，将压脚移左或移右，或将宽槽用焊锡填满再开较窄的槽，并抛光，或另换压脚
	挑线簧太低	适当调高挑线簧

续表

故障现象	发 生 原 因	排 除 方 法
跳针	针板孔太大，缝薄料时使缝料随机针下降，延迟线环的形成	换新针板
	梭尖与机针左右距离太远	根据安装标准，调整机针与梭尖定位间距
	旋梭定位不标准	按标准适当调整
	针杆偏高或偏低	按标准适当调整
	缝料、针、线匹配不当	按配合表选用针、线和缝针
断面线	针孔边缘不光滑或针槽有毛刺	抛光后使用或更换新机针
	挑线簧太紧、太高不灵活或夹线器压力不匀	调整挑线簧高低，适当调节夹线器压力
	针板容针孔边缘有毛刺、尖角，以致碰伤缝线	用砂布条拉磨光滑，但不能磨得过大，以免引起跳针
	旋梭内槽不光滑有锐角，将缝线碰伤，抽纱断线	用抛光膏将旋梭内槽抛光，然后试装或者更换新的
	面线过线孔处部分拉毛，缝线运动时受阻	用砂布条拉磨光，再用线涂上抛光膏拉磨光滑或抛光
	梭门底簧太短，失去弹性，旋梭运转时梭门翘起，缝线受阻，轻则浮线，重则断线	将梭门底簧拉长或换新的梭门底簧
	旋转定位钩与梭架凹口配合不当	调整旋梭定位钩与梭架凹口的配合
	缝线质量太差	换线
断底线	送布牙边缘有锐角	用砂布擦光或抛光
	梭皮压线口由于磨损而出现缺口	更换新梭皮
	梭芯绕线太满，出线不爽快	绕底线不得高出梭芯
	梭芯太松	可适当在梭子里垫一片薄布
	旋梭皮边缘发毛，擦断底线	修磨旋梭皮边缘不光处
断针	机针与缝料、缝线选配不当	按标准选配机针、缝料和缝线
	缝纫时，用力拉缝料	按操作规程、操作方法正确使用
	机针变形	更换新针
	夹针螺钉松动	旋紧夹针螺钉
	送布牙与刺布运动不同步	调整凸轮位置
浮底面线	底线、面线张力过大或过小	调整夹线螺母及梭皮调节螺钉
毛巾状浮线	旋梭尖嘴及平面毛糙、有伤痕	用油石修磨光滑
	定位钩凸头上绕有余线	清除余线
	梭芯套圆顶的过线圆弧面生锈或有毛刺	用油石修磨掉铁锈及毛刺
	面线夹线器失灵	合理调整夹线器松线钉的位置
	面线未进入夹线器	将面线送入夹线器
	送布牙送布偏早	调整送布凸轮位置

续表

故障现象	发 生 原 因	排 除 方 法
时浮时 不浮	梭芯与梭芯套配合不好	选配较佳梭芯
	梭皮和梭芯套外圆平整度配合不佳	调整梭皮和梭芯套外圆配合的平整度
	压脚趾板下的出线槽太短或太浅	用细砂布条拉深、拉长压脚趾板下的出线槽
缝料停 滞不前	送布牙尖变钝，送布牙过低	适当抬高送布牙或更换送布牙
	送布牙紧固螺钉松动	旋紧紧固螺钉
	缝针与送布之间配合不好	调整其配合
	压脚压力太小或压脚底部不光洁	适当加大压脚压力或修光压脚底部
润滑 不良	油池油位过低	按要求加油至两油线之间
	油路堵塞	疏通油管
	滤油网堵塞	清洗
	吸油线太短	更换新线

复习思考题

1. 工业平缝机由哪些机构组成？各有什么作用？
2. 试述工业平缝机离合式电动机工作原理。
3. 试述旋梭的工作原理。
4. 试述 GC6-1 型高速工业平缝机针距调节机构和倒顺缝控制机构的工作原理。
5. 高速工业平缝机如何确定针杆和旋梭的工作位置？
6. 什么是高速工业平缝机的针牙同步关系？它对缝纫有何重要关系？如何调整？
7. 简析为什么针板孔过大，缝薄料容易跳针？
8. 试对表 5-5 中毛巾状浮线的成因进行简单分析。

第五节　包缝机

一、功能与特点

包缝机是服装企业的主要缝纫设备之一，在服装加工中用来切齐、缝合面料边缘，以特定的线迹对面料边缘进行包裹，防止织物的纱线脱散，由于服装面料大多是机织物或针织物，因此包缝机是服装生产中必不可少的缝纫设备。

包缝机的机头结构与平缝机截然不同，其外形属箱形结构。由于它仅对衣片边缘进行缝纫加工，因此结构小巧紧凑，不需要平缝机那样大的工作空间，包缝机零件短小，运转时惯性较小，工作平稳，特别适合高速运转。另外，由于线迹形成方法及其成缝器的形式与平缝机不同，生产中不用频繁地更换梭芯，因此生产效率高。

二、包缝机的类型

包缝机发展至今种类繁多，一般按以下两种方式进行分类：

1. 按线数分类

包缝线迹有单线、双线、三线、四线、五线及六线等多种形式，因此，相应有以下形式的包缝机。

（1）单线包缝机：采用一根直针和两根叉针（即不带线弯针），用一根缝线，形成501 号单线包缝线迹，主要用于缝合毛皮和布匹接头。

（2）双线包缝机：采用一根直针、一根弯针和一根叉针，用两根缝线，形成 503 号双线包缝线迹，主要用于缝合布匹接头，针织弹力罗纹衫的底边也常用这种线迹缝合。

（3）三线包缝机：采用一根直针、两根弯针，用三根缝线形成 504、505 号三线包缝线迹，这种线迹美观、牢固耐用，拉伸性较好，因此，三线包缝机是服装加工使用较多的包缝机。

（4）四线包缝机：采用两根直针、两根弯针，用四根缝线，形成 507、512、514 号四线包缝线迹，这种线迹与三线包缝线迹不同，其中靠近布边的一条机针线，在穿过缝料的同时和两条弯针线在面料正反面再分别交织，大大提高了线迹牢度和抗脱散能力，因此称为"安全缝线迹"，一般用于针织物包缝或服装受摩擦较为剧烈的肩缝、袖缝等处的包缝。

（5）五线包缝机：采用两根直针、三根弯针，用五根缝线，形成 516、517 号复合线迹，它实际上是由双线链式线迹和三线包缝线迹复合而成。这种包缝机可包缝、合缝同时进行，不但减少了设备和工序，而且缝出的线迹美观、牢固。因此，五线包缝机已成为服装厂普遍应用的机种。

（6）六线包缝机：采用了三根直针、三根弯针，用六根缝线，形成了由双线链式线迹和四线包缝线迹组成的复合线迹，它也可实现连包带缝，与五线包缝机相比，这种机器形成的线迹更为坚牢，使用也日益增多。

2. 按缝纫速度分类

（1）中速包缝机：最高缝速为 $3000 \mathrm{r} \cdot \mathrm{min}^{-1}$ 的包缝机，如国产的 GN1 – 1 型、GN1 – 2 型均属中速包缝机。此类包缝机结构简单紧凑，人工润滑，价格低廉，在小生产中广泛应用。

（2）高速包缝机：最高缝速达到 $5000 \sim 7000 \mathrm{r} \cdot \mathrm{min}^{-1}$ 的包缝机，如国产的 GN2 – 1M 型、GN5 – 1 型、GN6 系列及 GN20 系列等均属高速包缝机。这类包缝机比中速包缝机在结构上有很大改进，有些零件材料选用轻质合金，采用强制全自动润滑方式，运转更为轻滑、稳定，适于高速包缝。

（3）超高速包缝机：缝速超过 $7000 \mathrm{r} \cdot \mathrm{min}^{-1}$ 的包缝机。这类包缝机在结构和工作原理上与高速包缝机并无明显差别，但由于采用了机针针尖和缝线的冷却装置，静压式主轴轴承及风扇空冷的多级压力油泵，主要运转零件均采用轻质合金，可以适应更高的缝纫速度。国产的 GN11004 型五线包缝机、GN32 - 3 型三线包缝机、GN32 - 4 型四线包缝机和目前大部分进口包缝机均属于超高速包缝机。

包缝机的主要技术参数包括缝纫速度（$r \cdot min^{-1}$）、最大缝厚（mm）、最大针距（mm）、线迹类型（ISO 标准）、缝线根数等。表 5 - 6 列出了部分国产和进口三线包缝机的主要技术参数，表 5 - 7 列出了部分国产和进口四线和五线包缝机的主要技术参数。

三、包缝机的构造、工作原理及使用

包缝机的主要机构包括：机针机构、钩线机构、挑线机构、送料机构以及切边刀机构，前四种机构的作用和平缝机相应机构的作用相同，但具体构造有较大的区别，切边刀机构的作用是切去缝料的毛边，保证线缝宽度相等，线迹松紧度一致，整齐美观。下面将以 GN1 - 1 型中速三线包缝机、GN20 - 3 型高速三线包缝机、GN20 - 4 型高速四线包缝机及 GN20 - 5 型高速五线包缝机作为典型机型，分别介绍。

（一）GN1 - 1 型中速三线包缝机

1. 主要机构及工作原理

GN1 - 1 型中速三线包缝机外形如图 5 - 36 所示，图 5 - 37 所示为其工作原理图。

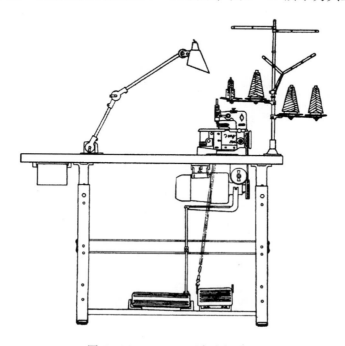

图 5 - 36　GN1 - 1 型中速包缝机

表5-6 三线包缝机主要技术参数

型号 参数	GN1-1 （中国） 双工	GN6-302 （中国） 双工	GN6-3 （中国） 上工	GN20-3 （中国） 标准	GN32-3 （中国） 双角	9652-134 （德国） PFAFF	627-00-ISD （意大利） EMOLDI	MO-2504-OC4 （日本） JUKI	E52-130/504 （日本） PEGASUS
机器转速/r·min^{-1}	3000	5500	5500	7000	7500	8000	9500	8500	8000
最大针距/mm	3.2	4	4	3.6	3.8	3.6	3	2~4	3.8
压脚升距/mm	2.5~3.8	5~6	3~4	4	4	3~6	2~3.5	2.4	3~6
缝边宽度/mm	2.5~3.8	5~6	3~4	4	4	3~6	2~3.5	2~4	3~6
机针型号	81×7#~14#	81×9#~20#	81×9#~16#	DC×27(9#~14#)	DC×27(11#)	UY154GAS	RJM27	DC×27	DC×27
送料差动比	1:0.8~1:1	1:0.8~1:1.5	1:0.75~1:1.65	1:0.7~1:2	1:0.7~1:2	—	1:0.6~1:1.7	1:0.7~1:2	1:0.7~1:2
电动机功率/W	250	370	370	370	400	—	—	—	—
线迹类型(ISO)	504	504	504 505	504	504	504	504	504	504
性能、用途	中速三线包缝机	用于针织内衣的包边、下摆卷边	适用于针织服装、巾被、毛衫的包边、包缝用，并可进行卷边、包缝	适用于薄、中厚的棉、毛、化纤、针织面料服装的包缝、包边	适用于缝制薄、中厚的棉、毛、麻、化纤等各种面料	适用于连接经织及纬织布料及布边的包缝	专用于缝制经编或纬编轻薄料，如衬裙、装饰内衣等	用于中厚缝料的包缝。采用新式挑线杆，可随意调整	适用于套头衬衫装领衬带用，并附有上输送带

表5-7　四线、五线包缝机的主要技术参数

参数　　型号	GN6-5（中国）双工	GN20-5（中国）标准	GN20-4（中国）标准	GN6-4（中国）上工	GN16-4（中国）天工	9632-430/16-233（德国）PFAFF	629-00-2CD（意大利）RIMOLDI	MO-2514-BD6-300F（日本）JUKI	E32-542/516-253（日本）PEGASUS
机器转速/r·min⁻¹	4500	6000	6500	5500	6000	7500	7500	8000	7000
最大针距/mm	3.5	3.2	3.8	4	3.2	5	3	2.5	3.2
压脚升距/mm	4	5	5	4	6	6	4	6.5	5
缝边宽度/mm	5~6	2、3、4、5	2、3、4、5	5.5~6.5	3~6	3~6	3.7~5.5	5.2	3~6
机针型号	81×8#~18#	DC×27	DC×27	81×9#~16#	81×11#~14#	—	—	DC×27（14#）	—
送料差动比	1:0.8~1:1.5	1:0.7~1:2	1:0.7~1:2	1:0.75~1:1.65	1:0.5~1:2	1:0.7~1:2	1:0.6~1:1.3	1:0.7~1:2	1:0.8~1:2.8
电动机功率/W	370	370	370	370	370	—	—	—	—
线数/根	5	5	4	4	4	5	5	—	5
线迹类型（ISO）	401/505	401/505	514	514	514	401/504	401/504	504	401/504
性能、用途	供针织内衣、服装等联装等平包联缝	适用于缝制薄到中厚的棉、毛、麻、化纤等各种面料	高速四线包缝机，作用同前	适用于针织内衣、服装等联缝、包缝用		适用于车缝薄到中厚缝料的外衣、内衣	适用于薄料衬衫料的包缝	适用于毛料工作服等中厚料的接缝、包边	适用于薄到中厚料的围裙、睡裙、窗帘的打褶、缝制

包缝机与平缝机不同，包缝机的主轴位于机器下部，主轴按图示箭头方向旋转时，将传动各机构作准确的运动配合，实现包缝作业。

（1）机针机构：如图5-37所示，当主轴旋转时，轴右端的直针球面曲柄1带动大连杆2上下运动，通过球副连接使摆杆3和上轴4摆动，固连在上轴另一端的摆杆5随之摆动，再通过与之铰接的链节形小连杆6和针杆夹头7，使针杆在机壳上的上下同轴导孔中作上下运动。为了确保弯针能顺利地穿套直针线环，并使缝纫有较宽畅的工作空间，包缝机的针杆一般与针板面有约67°左右的夹角，图5-38为机针机构示意图。

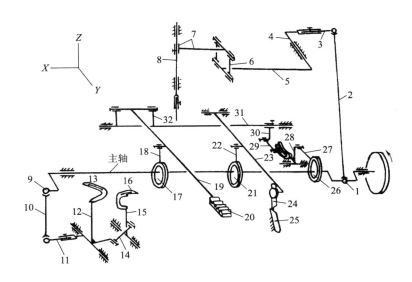

图5-37　GN1-1型包缝机工作原理

1—直针球面曲柄　2—大连杆　3、11—可调摆杆　4—上轴　5—摆杆　6—链节形小连杆　7—针杆夹头
8—针杆　9—弯针球曲柄　10—球副连杆　12—大弯针架　13—大弯针　14、29—连杆　15—小弯针架
16—小弯针　17—抬牙偏心轮　18—抬牙连杆　19—送布牙架　20—送布牙　21—切刀偏心轮
22—切刀连杆　23—上刀架　24—上切刀　25—下切刀　26—送布偏心轮　27—送布连杆
28—针距调节器　30—送布轴后摆杆　31—送布轴　32—送布轴前摆杆

由图5-37可以看出，GN1-1型中速三线包缝机的机针机构是由一组空间曲柄摇杆机构和一组平面摇杆滑块机构串联而成，其中摆杆3的长度可调，用以改变针杆上下运动动程，显然，摆杆3调长、针杆动程将减小，反之增大。另外，旋松针杆夹头上的紧固螺钉，可以进行针杆上下工作位置的调整，当包缝机相关的成缝机件配合失常造成缝纫故障时，可通过上述调节达到规定的配合要求。

（2）钩线机构：GN1-1型中速三线包缝机的钩线机构又称为双弯针机构，运转时，主轴左端的弯针球曲柄9通过球副连杆10，带动可调摆杆11往复摆动，构成空间曲柄摇杆机构。摆杆11与大弯针架12连为一体，使安装在大弯针架上的大弯针13（亦称上线弯针）作约36°左右范围的摆动，大弯针架和定轴摆动的小弯针架15与连杆14分别铰接，构成双摇杆机构，安装在小弯针架上的小弯针16（亦称下线弯针），实现约32°～34°左右的往复摆动。

如图 5-37 所示，摆杆 11 的长度可调，摆杆长度的改变将改变大、小弯针的摆动范围，此调节位置用于当弯针与直针配合失常时的调整。

图 5-39 为双弯针机构图，图中调节螺钉 4 用于上述调整。

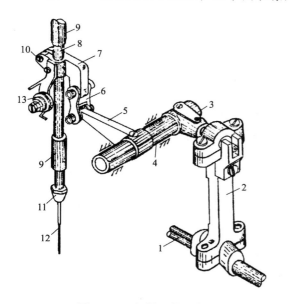

图 5-38　机针机构示意

1—主轴直针球曲柄　2—大连杆　3—可调摆杆
4—上轴　5—摆杆　6—链节形小连杆　7—针杆夹头
8—针杆　9—上、下套筒　10—针杆夹紧螺钉
11—紧针螺母　12—机针　13—小夹线器

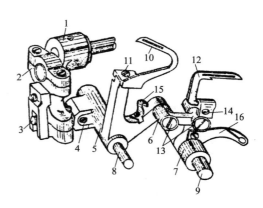

图 5-39　双弯针机构示意

1—弯针球曲柄　2—弯针球副连杆　3—可调摆杆
4—调节螺钉　5—大弯针架　6—链节形连杆
7—小弯针架　8—大弯针架短轴　9—小弯针架短轴
10—大弯针　11、14—紧固螺钉　12—小弯针
13—连接螺钉　15—小弯针缝线收线器
16—大弯针缝线收线器

（3）挑线机构：在包缝机工作时，参与缝纫的线数较多而且每根缝线都要有合适的张力才能实现理想的线迹，因此，在包缝机中直针与弯针的挑线装置是相互独立。

①针杆挑杆装置，如图 5-38 所示，GN1-1 型中速三线包缝机的针杆夹头 7 上装有小夹线器 13，并随针杆 8 作上下往复运动，小夹线器配合直针运动完成供线和收线，因此称之为针杆挑线。

②大、小弯针挑线装置，如图 5-39 所示，在大弯针架 5 上安装着小弯针缝线收线器 15，在小弯针架 7 上安装着大弯针缝线收线器 16，当大、小弯针相互摆动时，大、小弯针收线器也摆动，而且摆动的方向和对应的弯针摆动方向正好相反，这样分别和大、小弯针夹线器及过线装置配合完成了供线、收线和抽新线的工作。

（4）送料机构：GN1-1 型中速三线包缝机的送料机构工作原理和平缝机相似，也是由送布牙的上下运动和前后运动复合成为送布牙近似椭圆形的运动轨迹，与压脚配合完成送布运动。

包缝机上的针距调节装置可实现针距在一定范围内的变化，以适应不同面料的包缝要求。

①送布牙上下运动机构，如图 5 - 37 所示，主轴上的抬牙偏心轮 17，通过抬牙连杆 18 传动送布牙架 19 和安装在前端的送布牙实现上下运动。

②送布牙前后运动机构，如图 5 - 37 所示，主轴上的送布偏心轮 26 随轴转动，通过送布连杆 27 传动针距调节器 28 作定轴摆动，经连杆 29 及固连于送布轴 31 上的摆杆 30，使送布轴 31 获得往复转动，通过摆杆 32 使送布牙实现了前后运动。

③针距调节装置，图 5 - 37 所示的针距调节器 28 与连杆 29 的铰接点是可调的。图 5 - 40 示出针距调节装置，松开调节螺钉 3，使铰接点在针距调节器的弧形滑槽内移动，紧固螺钉 3 后，即得到了一种针距，需要大针距时可将铰接点向机外方向移动，反之向机内方向移动。

（5）切边刀机构：如图 5 - 37 所示，该机构为平面曲柄摇杆机构。当主轴旋转时，固连于主轴的切刀偏心轮 21 通过连杆 22 带动上刀架 23 定轴摆动，安装在上刀架前端的上切刀 24 与固定于机壳上的下切刀 25 配合，在缝料移动中连续切去缝料的余边。图 5 - 41 为切边刀机构的结构示意图，上刀 11 安装在上刀夹头 8 的槽孔中，并以螺钉 7 紧固在合理位置上，弹簧 9 通过夹紧套 6 对上刀施压，使上刀紧贴下刀完成切布工作（图中的下刀 12 和下刀座 13 为侧视图）。

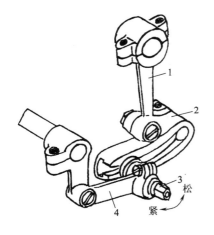

图 5 - 40　针距调节装置示意

1—送布连杆　2—针距调节器

3—调节螺钉　4—连杆

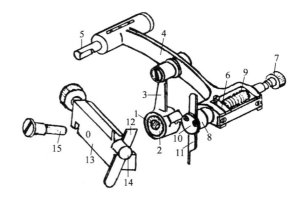

图 5 - 41　切边刀机构结构示意

1—主轴　2—刀偏心轮　3—刀架连杆

4—上刀架　5—轴　6—上刀架夹紧套

7—上刀紧固螺钉　8—上刀夹头　9—弹簧

10—上刀压板　11—上刀　12—下刀

13—下刀座　14—下刀夹紧杆　15—下刀座紧固螺钉

2. GN1 - 1 型中速三线包缝机主要成缝构件的配合

（1）直针与小弯针的配合：如图 5 - 42 所示，直针运动至最低位置时，小弯针运动至左极限位置，为了确保小弯针向右运动至直针中心线时，直针恰能形成最佳线环，使小弯针准确穿入直针线环。必须使小弯针在左极限位置时，其针尖与直针中心线保持 3.5～4.8mm 的距离，如图 5－42（a）所示。当小弯针处于钩直针线环位置时，则应使小弯针针尖与直针针孔上沿保持 2mm 的距离，如图 5－42（b）所示，此时小弯针针尖与直针之间应保持 0.1～0.2mm 的间隙，如图 5－42（c）所示。以上三个方向的尺寸中任一尺寸的超差，都有可能造成直针线跳针，三个尺寸的配合应按有关调节方法进行调整。

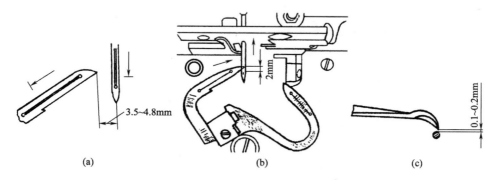

图 5－42　直针与小弯针配合要求

（2）大、小弯针的配合：当小弯针右摆，大弯针左摆，大弯针针尖运动到小弯针颈部时，大弯针将穿套小弯针线环。为了确保准确穿入，此时，应使两弯针之间保持 0.1～0.2mm 的间隙，如图 5－43 所示，否则会引起小弯针线跳针。大、小弯针的配合可通过弯针紧固螺钉予以调节。

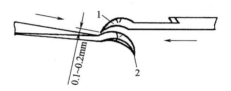

图 5－43　大、小弯针配合要求

1—大弯针　2—小弯针

（3）直针与大弯针的配合：为了保证在运动中，直针不碰大弯针线环，使大弯针线环顺利形成，并使直针顺利穿入大弯针线环，有以下运动要求配合，如图 5－44 所示。

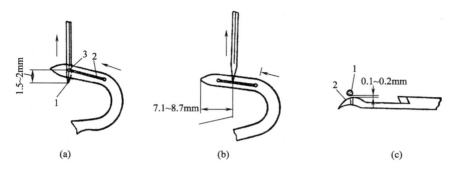

图 5－44　直针与大弯针配合要求

1—直针　2—大弯针　3—大弯针第一穿线孔

①当大弯针左摆，第一穿线孔与直针运动线处于同一位置时，应保持直针针尖与穿线

孔在垂直方向上有 1.5～2mm 的距离，如图 5-44（a）所示。

②当大弯针运动至左极限位置时，要求直针中心线与大弯针针尖的水平距离保持在 7.1～8.7mm，如图 5-44（b）所示。

③当大弯针弧形背面与直针相遇时，应保证两者之间有 0.1～0.2mm 的间隙，如图 5-44（c）所示。

保证上述三个尺寸的要求，就可避免包缝中的大弯针线跳针，如尺寸失准，可按规定的标准分别进行直针高低位置调节、弯针摆幅调节、弯针安装位置的微调。

3. GN1-1 型中速三线包缝机的使用

（1）使用转速：为了延长机器的使用寿命，新机器在开始使用时的转速不应超过 2500r·min^{-1}，以使机器充分磨合。经过一段时间的使用后，可根据工作性质提高到 3000r·min^{-1}，使用时应注意机器轮盘按规定方向转动（轮盘应顺时针方向转动）。

（2）机针针号及缝线的选择：缝制薄缝料时，一般用 81×1 型 7$^{\#}$～9$^{\#}$机针；缝制坚厚的缝料时，用 81×1 型 11$^{\#}$～14$^{\#}$机针。

选择机针前，应先根据缝料选好缝线，然后根据缝线的粗细选择机针的号数，或根据缝纫的质量要求选好机针号数，再根据机针选用合适的缝线。缝线应能非常轻滑地通过机针和大、小弯针的针孔，机针和大、小弯针都必须使用软线。表 5-8 列出了一般缝料选用的缝线和机针规格，以供参考。

表 5-8　缝料、缝线和机针选配表

面　料	缝　线（tex）	机　针
薄料：80 支汗衫布、的确良、丝绸等	16.67～12.5（60～80 公支）	9$^{\#}$
中厚料：棉毛布、涤卡等	16.67（60 公支）	11$^{\#}$
厚料：坚厚缝料、绒衣等	23.8（42 公支）	14$^{\#}$

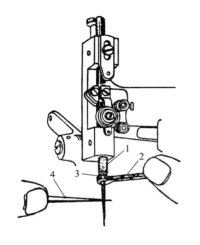

图 5-45　机针安装
1—针杆　2—扳手　3—紧针螺母　4—镊子

（3）安装机针：GN1-1 型中速三线包缝机所使用的机针型号应为 81×1 型，根据表 5-8 选好针号后，即可进行机针安装。安装时，转动机轮，使针杆升至最高位置，用随机供应的专用扳手 2 松开紧针螺母 3，取下原有机针换装所需要的机针，如图 5-45 所示。为了确保各成缝机件的配合，安装时要注意以下事项：机针针柄必须向上装足，使针柄碰到针杆装针孔底；机针的长槽应正对操作者；最后，必须用扳手将紧针螺母旋紧。

（4）调节针迹长度：针迹长度可根据缝料的性质和缝纫质量的要求作相应的调节，由于包缝线迹主要作用是防止织物边缘纱线脱散，因此对纱线易脱散的光滑面料、松薄面料，应调小针迹长度，增加线迹密度，利用包缝线迹和缝料增多的交织点提高抗脱散能力，这是缝纫中常用的措施。

（5）调节针迹宽度：合理地调节针迹宽度（亦称包缝宽度）不但可以提高线迹的抗脱散能力，也可以使线迹更为美观。针迹宽度的调节可根据缝料的性质和缝制的需要进行，调节时，首先旋松拦刀架螺丝 1（图 5－46），将拦刀架 2 连同拦刀板一起向右移动，然后用螺丝起子旋松下刀架螺丝 3，再用手旋转下刀架调节螺丝 4，使下刀架向左或向右移动，达到需要的位置，将下刀架螺丝 3 旋紧；最后将拦刀架 2 向左移动，使拦刀板的左端轻靠上刀片，并将拦刀架螺丝 1 旋紧。

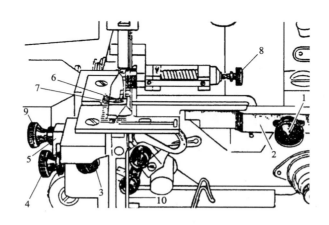

图 5－46　针迹宽度调节示意

1—拦刀架螺丝　2—拦刀架　3—下刀架螺丝　4—下刀架调节螺丝　5—下刀架　6—编结导块螺丝
7—编结导块　8—上刀紧固螺丝　9—下刀紧固螺丝　10—下刀

要放大针迹宽度时，应使下刀架向右移动，要缩小时则应向左移动。

切边刀的位置调节完毕后，应进一步调节编结导块，编结导块的位置应根据切边刀的位置来确定，通常使其靠近上刀运动线，其间隙为 1～2mm。

调节时，首先将压脚上的编结导块螺丝 6 旋松，然后根据切边刀的位置将编结导块 7 在压脚的槽子里向右或向左移动，在距上刀 1～2mm 的位置将编结导块螺丝 6 旋紧。

如果在缝制物切齐后，形成的包缝线迹清晰整齐，说明编结导块的位置已经正确。

（6）调换切边刀片：切边刀片经过一定时期的使用，就会变钝，影响切布和线迹的正常形成，此时需要研磨或更换切边刀片，参见图 5－46。

首先拆除上刀片，拆除前，应先松开拦刀架并右移，然后向右推开上刀片，同时旋松上刀紧固螺丝 8，即可将上刀片从上刀座中抽出。

拆除下刀片时只要旋松下刀紧固螺丝 9，即可将下刀片 10 抽出。

研磨刀片时必须保持原有的刀刃角度，同时要防止发热退火。磨损过于严重时则应更换新刀片。

安装切边刀时应先安装下刀片，如图 5－47 所示，下刀刀刃必须与针板面平齐，切勿

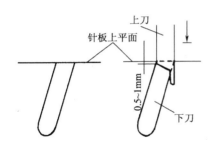

图 5 – 47　上、下刀安装要求

高出。在安装上刀时，应注意在上刀片运动至最低位置时和下刀片重叠 0.5mm，最后，将拦刀架向左移动，使拦刀板轻靠上刀并紧固，在调节中，应使两刀紧贴，压力适当。

（7）包缝机的穿线方法：图 5 – 48 绘出了 GN1 – 1 型中速三线包缝机的穿线示意图。

（8）包缝线迹的调节：三线包缝线迹所缝制的交叉线结，一般应该交织在缝料边缘的中间，如图 5 – 49 所示。如果线结交织在缝料上表面，说明大弯针线

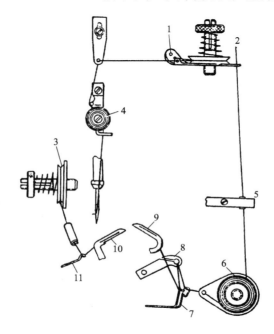

图 5 – 48　GN1 – 1 型中速三线包缝机穿线示意

1—直针线　2—大弯针线　3—小弯针线夹线器　4—小夹线器　5—拦刀架过线孔　6—大弯针线夹线器
7—双过线钩　8—大弯针线收线器　9—大弯针　10—小弯针　11—小弯针收线钩

（缝料上面的缝线）太紧或小弯针线（缝料反面的缝线）太松。如果线结交织在缝料下表面，则说明大弯针上的缝线太松或小弯针上的缝线太紧，每根缝线的松紧都可通过相关夹线器的调节螺母进行调节。

图 5 – 49 所示为 504 号线迹，称包缝线迹。505 号线迹也是 GN1 – 1 型中速三线包缝机常用线迹，称包边线迹，如图 5 – 50 所示。505 号线迹直针线在缝料正面呈直线，而在背面呈三角形，大、小弯针线和直针线交织于缝料边缘，该种线迹是通过各夹线器的调节来实现的。

（9）机器的润滑：机器要延长使用寿命并能正常工作，润滑是非常重要的一环。在正常使用时，各加油孔及有相对运动的部位应每 4h 加油一次，必须使用洁净的缝纫机油，切勿用其他油品代替，以免影响使用寿命。

图 5 – 49　包缝线迹　　　　　　　　　　　图 5 – 50　包边线迹

（10）常见故障及处理方法：见表 5 – 9。

表 5 – 9　包缝机常见故障及排除方法

可能出现的故障	产生原因	排除方法
针迹不均匀或不整齐	机针、大弯针、小弯针上的缝线松紧配合没有调好	重新调整三线张力
	各种夹线板之间积有纤维或污垢	拆开夹线板，将纤维和污垢清除
	过线钩或过线板孔生锈	用细砂布将铁锈擦掉磨光滑
	线的粗细不均匀	换用质量好的线
跳　针	针杆位置安装不准确或机针没有上到顶	重新调整针杆位置或重新安装机针
	机针装反	重装机针
	大、小弯针变形或紧固螺钉松动产生移位，或三针配合不良	更换变形弯针，按要求旋紧松动的紧固螺钉，重新调整三针配合关系
	机针尖部弯曲、磨钝或机针型号选用不当	更换新机针，选用适当的机针
	刀片磨钝	研磨上、下刀片
断　针	针杆位置太低	将针杆调节到正确位置
	大弯针或小弯针移位	校正大、小弯针位置
	操作者用力推拉缝件或用力拉线辫子	机器工作时应让缝件自然前进，包缝结束时，用剪刀（或机器上的刀子）剪断线辫子
断　线	针号和线号不适应	换用适当的针和线
	机针孔毛糙，机针质量差	用细砂布（或条）打光毛糙处，更换新针
	线的质量太差	更换质量较好的线
	穿线顺序错误	重新按正确顺序穿线
	夹线器太紧	适当调松有关夹线器
	过线处有毛刺	用细砂布磨光毛刺
	刀片磨钝	研磨上、下刀片
缝制较狭窄的针迹时损坏编结导块	机针弯曲后，和编结导块碰撞	换用新机针
针缝边缘毛糙不整齐	切边刀变钝，编结导块位置没调整好	研磨上、下刀片，重新调整编结导块的位置

（二）GN20－3 型高速三线包缝机

高速三线包缝机与中速三线包缝机相比虽然成缝原理相似，但构造上做了较多的改进，如主要机件的轴孔、轴承由滑动改为滚动，大大减小了摩擦，运转更为轻快，延长了使用寿命；往复运动的针杆改为沿固定导杆往复运动的轻质针夹，大大减小了往复运动的惯性；将中速机的大、小弯针联动改为大、小弯针分别传动，使负荷合理，调节更为方便；送料机构改为前后差动式送料，对各种性质的缝料均能实现高质量的包缝；采用了全自动供油润滑，附有降低针温的硅油装置等。因此，在生产效率和质量要求越来越高的现代服装企业中，广泛地使用着各种高速包缝机。

1. GN20－3 型高速三线包缝机的主要机构及工作原理

图 5－51 为 GN20－3 型高速三线包缝机，图 5－52 为该机的工作原理图。

（1）机针机构：如图 5－52 所示，GN20－3 型高速三线包缝机采用了针夹在固定导杆上往复运动的方式，该机构由一组曲柄摇杆机构与一组双摇杆机构串联组成。

主轴 1 上的直针曲柄 4 随主轴转动时，通过连杆 5，摆杆 6 与摆轴 7 组成一组曲柄摇杆机构；摆轴左端的偏置销 8 与针杆杠杆 9 及定轴摆动的摆杆 10 组成一组平面双摇杆机构；针杆杠杆前端与针夹 11 铰接，而针夹活套固装在机壳上的导杆 13 上，这样，主轴的连续旋转，通过上述两组机构的运动传递，最终使装在针夹上的直针 12 实现直线往复运动。

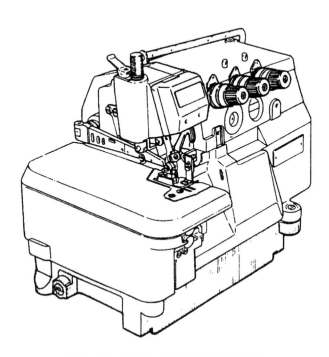

图 5－51　GN20－3 型高速三线包缝机

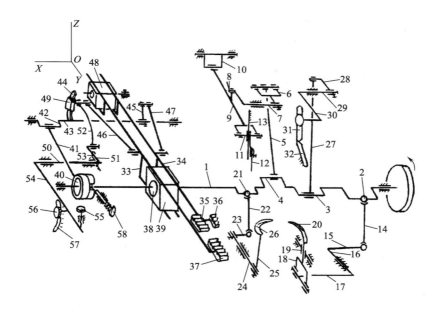

图 5-52　GN20-3 型高速三线包缝机的工作原理

1—主轴　2—上弯针球曲柄　3—切刀曲柄　4—直针曲柄　5、14、22、27、41、46、47—连杆

6、10、15、17、23、28、42、51—摆杆　7、16、24、29—摆轴　8—偏置销　9—针杆杠杆　11—针夹

12—直针　13—导杆　18—上弯针滑杆　19—上弯针滑套　20—上弯针　21—下弯针球曲柄　25—下弯针架

26—下弯针　30—上刀架　31—上刀　32—下刀　33—差动送布牙架　34—主送布牙架　35—主送布牙

36—送线牙　37—差动送布牙　38—抬牙偏心轮　39—抬牙滑块　40—送布偏心轮　43—送布轴

44—弧形送布摆杆　45—送布摆杆　48—滑块　49—滑套　50—差动调节轴　52—差动调节拉杆

53—扭簧　54—差动扳手　55—微调螺杆　56—差动调节螺母　57—差动刻度板　58—针距调节按钮

（2）弯针机构：GN20-3 型高速三线包缝机的上弯针（大弯针）和下弯针（小弯针）的运动是由主轴 1 上的两个球曲柄 2 和 21 分别传动的。

①上弯针机构：如图 5-52 所示。主轴上的弯针球曲柄 2 随主轴转动时，通过连杆 14、摆杆 15 和摆轴 16 构成空间曲柄摇杆机构，摆轴实现往复摆动。摆轴 16 前端紧固连接的摆杆 17 与上弯针滑杆 18 铰接，上弯针滑杆穿入上弯针滑套导孔中，该滑套结构如图 5-53 所示，滑套两端的轴颈与固定在机壳上的前后两轴套配合，使滑套可绕自身轴线旋转，此轴线与上弯针滑杆穿入滑套的导孔正交。当摆杆

图 5-53　上弯针滑
套结构

17 摆动时，用紧固螺钉固装在上弯针滑杆 18 上的上弯针 20 的针尖运动实质上是滑杆 18 沿滑套 19 导孔的上下运动及因滑套 19 自身旋转造成的上弯针左右摆动相复合的弧线运动。

②下弯针机构：如图 5-52 所示。主轴上的下弯针球曲柄 21 随轴转动时，通过连杆 22、摆杆 23 与摆轴 24 构成空间曲柄摇杆机构，摆轴 24 前端固装的下弯针架 25 上安装着下弯针 26，下弯针因此获得左右摆动。

（3）切刀机构：GN20-3 型高速三线包缝机的切刀机构由上刀架机构和下刀架机构

组成，下刀架机构不作机械运动，上刀架机构推动上刀上下运动，与固定在下刀架上的下刀形成剪口，在缝纫时缝料输送的同时连续剪下多余的布边。

如图 5-52 所示，主轴上的切刀曲柄 3，通过连杆 27、摆杆 28 与摆轴 29 构成曲柄摇杆机构，摆轴左端的上刀架实现往复摆动，用螺钉固装在上刀架上的上刀 31 上下运动。下刀 32 安装在下刀架上，依靠下刀架弹簧的作用力，使上、下刀紧贴（图中未绘出），上、下刀均可在各自的刀架上进行调节，使两者的配合达到最佳的切布状态。

（4）送料机构：GN20-3 型高速三线包缝机的送料机构属前后差动式送料，各种类型的高速包缝机送料机构的结构形式和工作原理大致相同。在该机的送料机构中有两个送布牙架，差动送布牙架 33 和主送布牙架 34，主送布牙架上安装有主送布牙 35 和送线牙 36，差动送布牙架上安装有差动送布牙 37，差动送布牙和主送布牙沿送布方向在同一条直线上。

高速三线包缝机的送料机构也是由送布牙的上下运动和前后运动复合为近似椭圆的送布运动。

①送布牙的上下运动机构：如图 5-52 所示。主轴上的抬牙偏心轮 38 随主轴转动时，使套在抬牙偏心轮上的抬牙滑块 39 作平面运动，使与之配合的两牙架 33、34 上下运动，从而实现了主送布牙 35、送线牙 36 和差动送布牙 37 的上下运动。

②送布牙的前后运动机构和针距调节机构：如图 5-52 所示。主轴上的送布偏心轮 40 随轴旋转，通过连杆 41、摆杆 42 驱动送布轴 43 往复摆动。在送布轴上固装的弧形送布摆杆 44 及同轴的另一送布摆杆 45 分别通过连杆 46 和 47，传动差动送布牙架 33 和送布牙架 34 作前后运动，此时，两牙架均在方形滑块 39、48 表面滑动，与滑块 39 传动的送布牙架上下运动复合，实现了差动送布牙 37、主送布牙 35 及送线牙 36 的封闭式椭圆形送布运动轨迹。

在高速包缝机中，送布偏心轮 40 是组合的凸轮机构，其偏心距是可以调节的（由于机构较复杂，图 5-52 中未绘出，调节方法将在针距调节中讲述）。偏心距的改变将直接影响送布轴 43 摆角的大小，因此，也就改变了针距大小。当偏心距调至最大时，针距最长，线迹密度最稀；偏心距调至最小时，线迹密度最密，针距近于零。

③差动送布调节机构及调节原理：如图 5-52 所示。送布轴 43 上的送布摆杆 45 与连杆 47 的铰接点和送布轴 43 的轴心距离是固定的，因此，在某一针距下缝纫时，它所传动的主送布牙和送线牙前后运动的幅度也是固定的。紧固在送布轴 43 左端的弧形送布摆杆 44，通过套在摆杆上的滑套 49 与连杆 46 铰接，滑套在弧形摆杆上的位置可以调节，即铰接点与送布轴 43 的轴心距离是可调的。当此距离与摆杆 45 和连杆 47 铰接点距轴心的固定距离相等时，两牙架前后移动速度相同，称为零差动；而当此距离调节为大于上述固定距离时，差动牙的送布速度大于主送布牙送布速度，称为正差动，反之称为负差动。

差动送布调节机构及调节原理如图 5-52 所示。差动调节轴 50 右端固装的摆杆 51 与差动调节拉杆 52 铰连，而差动调节拉杆的上方又与滑套 49 铰连，在扭簧 53 的作用下，差动调节轴左方固连的差动扳手 54 向上紧靠差动微调螺杆 55 头部，在缝纫时，旋紧差动调节螺母 56，即将差动扳手 54 固装于差动刻度板 57 的弧形槽的某一位置。调节时，松开螺母 56，旋动微调螺杆 55，迫使差动扳手 54 改变位置，同时通过轴 50、摆杆 51 及差动拉杆 52 的动作传递，改变了滑套 49 在弧形送布摆杆 44 上的位置，使滑套和连杆 46 的铰接点与送布轴 43 的轴心距离改变。如上述，此时差动牙的送布速度发生变化，紧固螺母 56，包缝机即在新的差动状态下进行缝纫。

2. GN20 - 3 型高速三线包缝机主要成缝构件的配合

（1）直针与下弯针的配合：如图 5 - 54 所示，当机针上升至最高位置时，针尖到针板上平面的距离为 9.9 ~ 10.1mm［图 5 - 54（a）］；当下弯针运动至左极限位置时，弯针尖到机针中心线的距离为 3.8 ~ 4.0mm［图 5 - 54（b）］；当下弯针向右运动，针尖位于机针中心线时，下弯针针尖与机针间隙为 0 ~ 0.05mm［图 5 - 54（c）］。

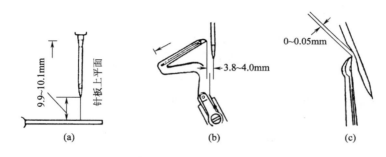

图 5 - 54　直针与下弯针配合要求

（2）上弯针与直针的配合：如图 5 - 55 所示，当上弯针运动到左极限位置时，上弯针针尖到机针中心线的距离为 4.5 ~ 5mm。

（3）上、下弯针的配合：如图 5 - 56 所示，当上、下弯针交叉时，它们之间的间隙为 0.2mm 和 0.5mm。

（4）机针和其他机件的配合：如图 5 - 57 所示，当机针运动至最低位置时，护针板和机针间的间隙为 0.1 ~ 0.2mm。如图 5 - 58 所示，当下弯针尖向右运动至机针中心线时，下弯针护针板与机针的间隙为 0。

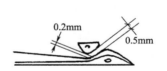

图 5 - 55　上弯针与直针配合要求　　　图 5 - 56　上、下弯针配合要求

图 5 - 57　直针与护针板配合要求

图 5 - 58　直针与下弯针护针板配合要求

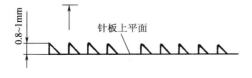

图 5 - 59　送布牙工作高度

（5）送布牙工作高度：如图 5 - 59 所示，当送布牙位于最高位置时，从主送布牙后齿尖到针板上平面的距离为 0.8 ~ 1mm。

（6）压脚提升高度：压脚提升时，从压脚底平面到针板上平面间的距离为 5mm。

3. GN20 - 3 型高速三线包缝机的使用与保养

（1）新机磨合：开始使用机器时，电动机应安装直径较小的皮带轮，使机器以额定转速的 80% 运行，使机器充分磨合，一个月后方可提高转速，正常运行，这样可以提高使用寿命。

（2）机器的润滑：机器应使用特 18# 高速工业缝纫机油进行润滑。注油时，先旋下机头上方的注油盖螺钉，如图 5 - 60 所示，倒入机油，使机内油量显示器杆的顶端在油位计两根红线之间。

在缝纫机使用过程中，供油系统工作正常时，如图 5 - 60 所示，油量监视器应呈绿色，一旦转为红色则表明供油不正常，应及时检查油量是否不足或滤油器是否有问题。滤油器一般应每半年检查一次，堵塞的滤油器将失去滤油作用，引起润滑不良，此时应该调换。调换的方法如图 5 - 61 所示，松开机后滤油器压盖螺钉，更换新的或清洗干净的滤油器，重新紧固好压盖即可。

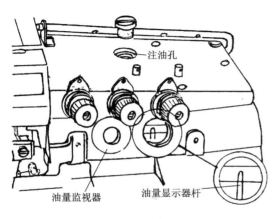

图 5 - 60　油位要求

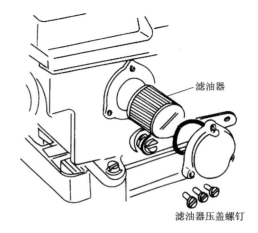

图 5 - 61　滤油器调换

新机器在使用前或机器长期停用重新使用时，务必用油壶在油孔1、针杆滑套2、上弯针夹紧轴3三处各加油2～3滴，如图5-62所示。即使每天使用的机器，在开始运转时也要给油孔1加适量的润滑油。

经常使用的机器每月应换油一次，换油时旋出机后下方的排油螺钉即可排油，再旋紧后即可注入新油。

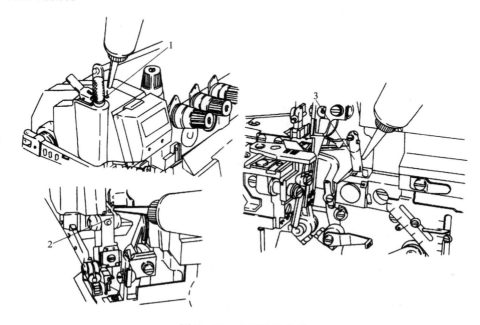

图5-62　人工注油位置

1—油孔　2—针杆滑套　3—上弯针夹紧轴

（3）硅油装置的使用：如图5-63所示，在高速缝纫时，应给图中所示的硅油盒加入硅油，使机针针温降低，并可使直针缝线变得柔软。

（4）机针选用和安装：GN20-3型高速三线包缝机随机所带机针为日本风琴牌DC×27型，必要时，也可根据情况换用其他机针，但需经调整满足配合要求。

安装时，应使机针顶住装针孔孔底，长针槽应对着操作者，然后拧紧螺钉。

（5）穿线及缝线张力调整：该机穿线方法如图5-64所示，缝纫时，通过各缝线的夹线器螺母适当调节张力，使线迹达到要求。当缝料、缝线、包缝宽度、线迹长度等改变时，也应相应调节各线张力，直至达到满意。

（6）压脚压力：机头上方的调压螺钉用以调节压脚压力，如图5-65所示。在保证获得满意线迹的前提下，压脚

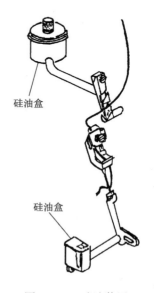

硅油盒

硅油盒

图5-63　硅油装置

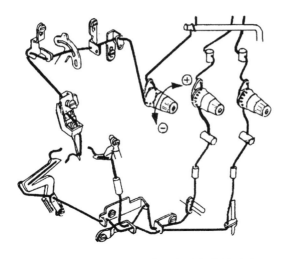

图 5 - 64　GN20 - 3 型高速包缝机穿线示意

压力应保持最小。

（7）针距调节：该机采用了按钮式针距调节，如图 5 - 66 所示。左手按住按钮，右手转动机轮，在感到按钮在某个位置被压入后，继续转动机轮，使机轮上的某一刻线对准机轮罩上的标志线，达到需要的针距时，松开按钮，使其复位，包缝机即可按改变后的针距进行缝纫。其原理如前所述，在此过程中，送布偏心轮的偏心距已经改变。表 5 - 10 是各刻度与机轮罩上标志线对准时对应的针距关系表。

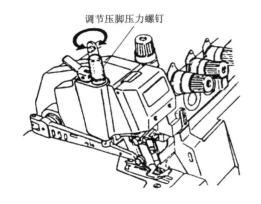

图 5 - 65　压脚压力调节

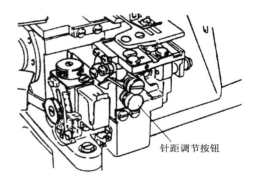

图 5 - 66　针距调节方法

表 5 - 10　刻度与针距的关系

机轮刻度标号	1	2	3	4	5	6	7
对应针距/mm	1	1.5	2	2.5	3	3.5	3.8

注　此表是差动比最大时的情况。

（8）差动比调节：差动送料机构是为防止各种滑性和弹性缝料在包缝时产生滑动或起皱而设计的。差动比是主送布牙送布量与差动送布牙送布量之比，在针距确定后，主送布牙的送布量为定值，通常是改变差动送布牙送布量来达到差动送料的目的。在缝制弹性面料时，应使差动送布牙送布量大于主送布牙送布量，这种送布状态为正差动（亦称顺差动），此时形成推布缝纫，以防缝料被拉长。缝制滑性缝料时应调为负差动（亦称逆差动），此时，差动送布牙送布量小于主送布牙送布量，形成拉布缝纫，避免缝料起皱。在缝制普通缝料时，可使差动送布牙和主送布牙送布量一样，称为零差动。在需要进行打裥包缝时，调为较大的正差动比即可实现。

缝料的性质差异较大，但通过相应的差动调节，均可获得满意的包缝效果。调节的方法如图5-67所示，打开缝台，松开差动调节螺母1，转动微调螺母2，左旋时差动比加大，右旋时差动比减小，达到满意效果后，拧紧螺母1，合上缝台即可。表5-11列出了调节时差动扳手3的上表面对准刻度板4上某刻线时，所对应的差动比值。

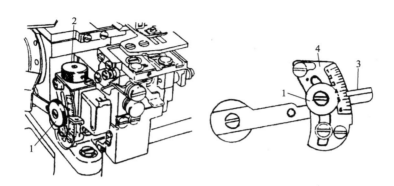

图5-67 差动送布调节方法

1—差动调节螺母 2—微调螺母 3—差动扳手 4—刻度板

表5-11 刻度与差动比的关系

刻度板刻度	1	2	3	4	5
对应差动比	1:0.7	1:1	1:1.4	1:1.7	1:2

（9）包缝宽度调节：调节方法和顺序如图5-68所示。

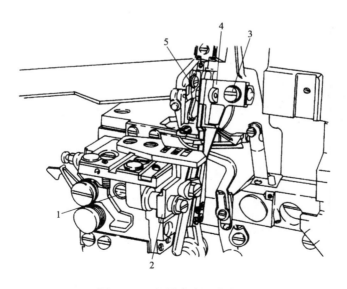

图5-68 包缝宽度调节方法

1—下切刀架紧固螺钉 2—下切刀架 3—上切刀架紧固螺钉 4—上切刀架 5—螺钉

①转动机轮，使上切刀运动至最低位置。

②松开螺钉1，将下切刀架2推至最左边后，用螺钉1暂时紧固。

③松开螺钉3，将上切刀架4移到所希望的位置，将螺钉3拧紧。

④转动机轮，如图5-69所示，使上切刀刃根部高出针板上平面约0~1mm，再松开螺钉1，在弹簧力作用下，使上、下刀紧贴，最后将螺钉1重新拧紧。此时，包缝宽度已经改变，但往往还要通过对缝线的张力调整方可获得满意的线迹。

（10）切刀的更换和安装：长期使用的切刀必然磨损，会影响包缝的正常进行，此时可卸下切刀，经刃磨后重新安装或直接安装新刀。

①上切刀的更换，如图5-68所示，松开螺钉1，将下切刀架2推至最左边位置用螺钉1暂时固定；松开螺钉5，取下切刀予以刃磨，将刃磨好的刀或新刀装上，转动机轮，使上切刀架4处于最低位置，如图5-70所示，上下移动上切刀，使上、下切刀重合量为0.5~1mm，然后拧紧上切刀紧固螺钉，上切刀刃根部高出针板上平面约0~1mm，松开螺钉1，在弹簧力作用下，使上、下刀紧贴，最后拧紧螺钉1。

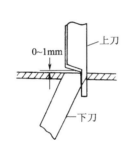

图5-69 上、下刀位置

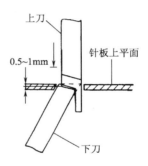

图5-70 上刀安装

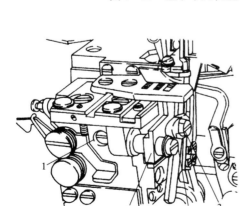

图5-71 更换下切刀

1—下切刀架紧固螺钉 2—下切刀架

3—下刀紧固螺钉 4—下刀

②下切刀的更换，操作方法如图5-71所示。松开螺钉1，将下切刀架2推到最左边后用螺钉1暂时固定，松开螺钉3，取下切刀，换上新刀，使其刀刃与针板上平面平齐，然后拧紧螺钉3。

下切刀架其他的复位操作与上述相同。

（11）弯针出线量的调节：在图5-72中，6为上、下弯针线固定过线器，过线器5、7随机器运转往复摆动，上、下弯针线均从过线孔穿过，在运动中实现缝线的供应和收紧，8为上弯针线可调过线器，9为下弯针线可调过线器。

通常情况下，当下弯针在右极限位置时，

固定过线器 6 的过线孔心与过线器 5 的定位尺寸为 15～16mm，与过线器 7 的定位尺寸为 6～7mm。

当使用伸缩性缝线，并且需要较大出线量时，可按图示将过线器 7 由标准位置向⊕方向调节 2mm 左右。

一般情况下，上弯针线可调过线器 8 固定于位置 B，下弯针线可调过线器 9 固定于位置 E，当使用伸缩性缝线或需增加出线量时，过线器 8 可向 A 方向调节，过线器 9 可向 D 方向调节。

（12）机器的保养：每次使用后应及时做好针板、针夹、送布牙、弯针等部位的清洁。清扫时，只要松开压脚并向左侧转离开工作位置，然后转开缝台即可进行。要特别注意机器的润滑，使机器始终在正常的润滑状态下工作。运转中如发现故障，可按上述的要求进行检查，及时排除保证缝纫质量。

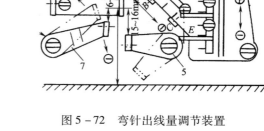

图 5－72　弯针出线量调节装置

5、7—过线器　6—固定过线器

8—上弯针线可调过线器　9—下弯针线可调过线器

4. 常见故障的产生原因与排除

见表 5－12。

表 5－12　包缝机常见故障分析

故障现象	原　因	排除方法
断直针线	线穿错	按规定重新穿线
	线架上方的过线钩与机针线轴不在一条垂线上	调正线架
	线的张力太大	调小
	线质量差	选用强度够、质量好的缝线
	机针针孔堵塞或针尖钝秃	重换新针
	直针线过线零件的过线孔有毛刺	修光或更换新零件
	针板上直针通道周围有毛刺	修光或换新针板
	下弯针有毛刺	修光或换新弯针
	直针与前护针板间距过小	按规定重新调整
断弯针线	线穿错	按规定重新穿线
	线架上弯针线过线钩与弯针线轴不在一条垂线上	调正线架
	线的张力过大	调为合适张力
	线质量差	换强度大、质量好的缝线
	弯针挑线杆位置不好	调至正确位置
	弯针线过线零件的过线孔有毛刺	修光或更换零件
	针板上有毛刺	磨光或更换新针板

续表

故障现象	原因	排除方法
上弯针线跳针	上弯针与机针定位不准	调整上弯针，使上弯针运动至左极限位置时，保证上弯针针尖到机针中心线水平距离为 4.5～5mm
	上弯针与机针间隙太大	调整上弯针，向机针靠拢，使其间隙不大于 0.05mm
下弯针线跳针	上、下弯针交叉时间隙过大	在保证上、下弯针与机针配合的前提下，调整上、下弯针间隙
机针线跳针	机针弯或针尖毛	调换机针
	机针安装不对	重新安装，使机针长槽正对操作者，并且机针要顶住装针孔底
	下弯针定位不准	调整下弯针，保证当下弯针运动至左极限位置时，下弯针尖与机针中心线水平距离为 3.8～4mm
	下弯针与机针间隙太大	将下弯针调近机针，间隙不大于 0.05mm
断机针	下弯针运动中碰撞机针	调整下弯针与机针的间隙为 0～0.05mm
	缝厚料时机针偏细	换大 1～2 号机针
	机针与前护针板间隙过小	调整护针板，当机针运动至最低位置时，前护针板与机针的间隙为 0.1～0.2mm
	缝线质量差，粗细不匀	换质量好的缝线
	压脚槽与机针碰撞	调整压脚位置
缝包边线迹时机针线紧	机针出线量不足，机针线夹线器压力过大，下弯针线出线量过多或夹线器压力过小	调整机针挑线杆位置加大出线量，调整机针夹线器压力，调整下弯针出线量或夹线器压力
缝包边线迹时机针线松	机针夹线器压力太小，出线量过多，下弯针夹线器压力过大	调整机针夹线器压力，调整机针挑线杆减少出线量，调整下弯针夹线器压力
上、下弯针线交织点位于缝料上表面	上弯针线过紧或下弯针线过松	正确调整弯针过线零件位置及夹线器压力
缝制滑性较大的缝料时起皱	无逆差动或逆差动比太小，压脚底面与送布牙齿面接触面偏小	调大逆差动比，调整压脚位置
缝制弹性较大缝料时产生拉伸，造成起皱	顺差动比小	调大顺差动比
缝制弹性较大缝料时产生缩短，造成起皱	顺差动比大	调小顺差动比
缝制两层缝料时上下不齐，下层变短	压脚压力过小，压脚底面不光滑，送布牙齿太粗	调大压脚压力，磨光压脚底面，换用细牙送布牙

（三）GN20-4型高速四线包缝机

GN20-4型高速四线包缝机与GN20-3型高速三线包缝机相比，多了一根直针和相应的夹线器。除针夹、针板、下弯针、送布牙及压脚组件略有不同外，绝大多数零件相同，整机工作原理也无明显的区别。

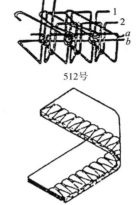

512号

图5-73　512号四线包缝线迹

该机完成的线迹为512号线迹，如图5-73所示，与504号三线包缝线迹相比，除多了一根直针线外，无太大区别。但是，由于新增的这根直针线与上、下弯针线互相穿套并与缝料交织，增加了线迹与缝料的固定点，明显提高了线迹的抗脱散能力，减少了缝料边缘脱散的可能。因此，四线包缝机被广泛地用于针织服装的包缝或服装在穿着中受到摩擦较为剧烈的肩缝、袖缝等部位的包缝。

1. GN20-4型高速四线包缝机的线迹形成

该机成缝过程简述如下（由于三线包缝线迹和四线包缝线迹形成过程相似，可参见图5-17）。

（1）左右直针（左短右长）带线穿刺缝料，运动到下极限点时，下弯针也从右向左回退至左极限位置。

（2）两直针从最低点回升，在形成最佳线环时，下弯针带线从左向右依次穿入两直针线环。

（3）两直针继续上升退出缝料，两直针线环留在继续向右运动的下弯针上并被拉长扩大。同时，上弯针带线向左上方摆动，在与下弯针交会时穿入下弯针头部的三角线环中。

（4）送布牙将缝料推送一个针距，两直针再次下降，此时上弯针已运动至缝料上面，在摆至左上方极限位置后开始向右下方回退，两直针依次穿入上弯针线与上弯针头部形成的三角线环中并随后刺入缝料。

（5）上、下弯针同时向相反方向运动，上弯针线留在左直针上，上、下弯针脱下各自穿套的线环，四线分别交织，在相应机件的运动配合下，各线被收紧，形成512号四线包缝线迹。

2. GN20-4型高速四线包缝机主要构件的配合

（1）直针与下弯针的配合：如图5-74所示，当机针上升至最高位置时，从左直针针尖到针板上表面距离为10.8~11.0mm［图5-74（a）］；当下弯针运动到左极限位置时，弯针尖到左直针中心距离为3.6~3.8mm［图5-74（b）］；当下弯针运动到左直针中心时，两者相距0~0.05mm［图5-74（c）］。

（2）上弯针与左直针的配合：如图5-75所示，当上弯针运动到左上方极限位置时，上弯针尖与左直针中心距离为5.3~5.8mm。

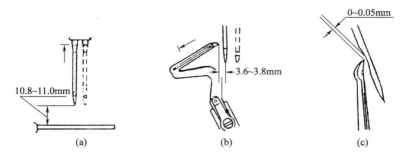

图 5 - 74　直针与下弯针的配合

（3）上、下弯针的配合：如图 5 - 76 所示，当上、下弯针交会时，它们之间的间隙在图示两方向分别为 0.2mm 和 0.5mm。

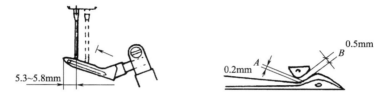

图 5 - 75　上弯针与左直针的配合　　　　图 5 - 76　上、下弯针的配合

（4）左直针与前护针板及与下弯针保针板的配合同 GN20 - 3 型高速三线包缝机，如前所述，此处略。

3. GN20 - 4 型高速四线包缝机的穿线方法

如图 5 - 77 所示，即可进行各线的穿线，试缝时根据线迹情况，适当调节各线张力，可由最弱调起，直至满意。

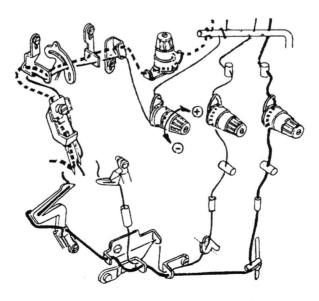

图 5 - 77　GN20 - 4 型高速四线包缝机穿线方法

（四）GN20 - 5 型高速五线包缝机

GN20 - 5 型高速五线包缝机是在 GN20 - 3 型高速三线包缝机的基础上增加了双线链缝线迹（401 号线迹）的形成机构，而其他机构则基本相同。在机器工作时，一机同时形成三线包缝和双线链缝两种独立线迹，如本章第二节中图 5 - 11 所示，由这两种独立线迹复合形成的五线包缝线迹实现了在一机上完成"平包联缝"，从而大大简化了工序，提高了缝制质量和生产效率，因此，五线包缝机在服装生产中获得了广泛地应用。

1. GN20 - 5 型高速五线包缝机的主要机构及工作原理

图 5 - 78 为该机工作原理图。该机的机针机构、上下弯针机构、切刀机构、送料机构等与前述 GN20 - 3 型高速三线包缝机基本相同，在此不再赘述。

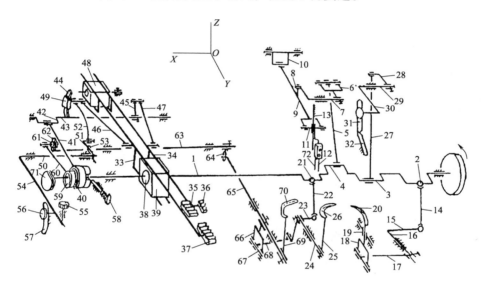

图 5 - 78　GN20 - 5 型高速五线包缝机工作原理

1—主轴　2—上弯针球曲柄　3—切刀曲柄　4—直针曲柄　5、14、22、27、41、46、47—连杆
6、10、15、17、23、28、42、51—摆杆　7、16、24、29—摆轴　8—偏置销　9—针杆杠杆　11—针夹　12—右直针
13—导杆　18—上弯针滑杆　19—上弯针滑套　20—上弯针　21—下弯针球曲柄　25—下弯针架　26—下弯针
30—上刀架　31—上刀　32—下刀　33—差动送布牙架　34—主送布牙架　35—主送布牙　36—送牙牙
37—差动送布牙　38—抬牙偏心轮　39—抬牙滑块　40—送布偏心轮　43—送布轴　44—弧形送布摆杆　45—送布摆杆
48—滑块　49—滑套　50—差动调节轴　52—差动调节拉杆　53—扭簧　54—差动扳手　55—微调螺杆
56—差动调节螺母　57—差动刻度板　58—针距调节按钮　59—前弯针让针偏心轮　60—前弯针让针连杆
61—传动连接销　62—前弯针横轴曲柄　63—前弯针横轴　64—纵轴曲柄　65—纵轴　66—前弯针曲柄
67—前弯针连杆轴　68—前弯针连杆　69—前弯针架　70—前弯针　71—前弯针挑线凸轮　72—链线直针（左直针）

机中增加了链缝机构，该机构运动终端前弯针 70 与安装在针夹上的链缝直针（左直针、链线直针 72）及前弯针挑线凸轮 71 相配合形成 401 号双线链缝线迹。

图 5 - 79 所示为该机完成双线链缝线迹（401 号线迹）过程中的 10 个连续瞬间动作。

图 5 - 79（a）左直针穿刺缝料运动至下极限点后回升，开始形成线环，前弯针沿轨

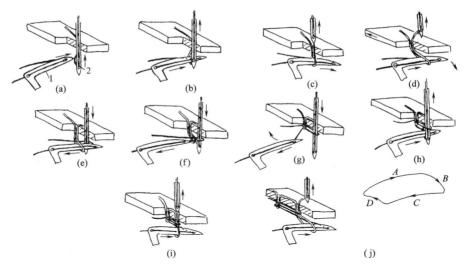

图 5 – 79　五线包缝机前弯针与直针形成双线链缝线迹的过程

1—前弯针　2—左直针

迹 A 向右方运动。

图 5 – 79（b）左直针继续上升，在形成最佳线环的瞬间，前弯针带线从左直针后侧穿入直针线环中。

图 5 – 79（c）左直针继续上升，前弯针也继续向右方运动，左直针线留在前弯针上。

图 5 – 79（d）左直针离开缝料，送料机构工作，推送缝料前进一个针距，前弯针沿轨迹 B 从机针后侧运动至机针前侧，完成让针运动。

图 5 – 79（e）左直针再次下行穿刺缝料并随即穿入前弯针线与前弯针头部形成的前弯针三角线环中，此时前弯针处于左直针前侧并正沿轨迹 C 向左回退。

图 5 – 79（f）左直针继续下行，前弯针继续左行回退，前弯针线留在直针上，原来留在前弯针上的左直针线环亦从前弯针上脱下并与前弯针线形成穿套。

图 5 – 79（g）左直针继续下行，前弯针沿轨迹 C 回退至左极限位置后沿轨迹 D 复位至起始位置。在此过程中，在相应机构的运动配合下收紧了前一线迹单元。

图 5 – 79（h）～（j）重复上述过程。如此循环运动形成连续的双线链缝线迹。

从上述过程不难看出，前弯针按轨迹 A ~ D 所完成的复杂运动是形成双线链缝线迹的关键，而这个复杂运动是由前弯针的左右摆动和前后让针运动复合而成的。

如图 5 – 78 所示，主轴 1 左端的前弯针让针偏心轮 59 通过前弯针曲柄 66 及前弯针横轴曲柄 62 驱动横轴 63 作往复扭转，其右端的纵轴曲柄 64 带动纵轴 65 沿轴向往复移动，从而完成了前弯针 70 沿图 5 – 79 所示轨迹 B 和轨迹 D 的让针运动。

而前弯针的左右摆动即图 5 – 79 所示的沿轨迹 A 和 C 的运动，该运动是按下述路线实现的：主轴 1 上的下弯针球曲柄 21 通过球副连杆 22 和紧固在摆轴 24 上的摆杆 23 驱动摆轴 24 作往复扭动，在带动前端的下弯针 26 左右摆动的同时，通过前弯针连杆 68 带动与之铰连并紧固在纵轴 65 上的前弯针曲柄 66，实现了纵轴 65 前端固连的前弯针 70 的往复摆动。顺便指出，前弯针连杆 68 虽与前弯针连杆轴 67 铰接，但沿轴向有一定的滑移空间，方便前弯针的左右摆动和前后让针运动互不干扰又完美复合。

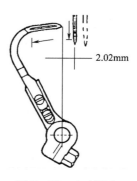

2.02mm

2. GN20 - 5 型高速五线包缝机的主要成缝构件的配合和调整

GN20 - 5 型高速五线包缝机的右直针与上、下弯针的配合要求与 GN20 - 3 型高速三线包缝机相同，此处略。

而左直针与前弯针的配合则应满足下述要求，如图 5 - 80 所示。

图 5 - 80 左直针与
前弯针的配合

（1）左直针运动至下极限点时，前弯针运动至左极限位置，前弯针尖距左直针中心线 2.02mm（图 5 - 80）。

（2）左直针从下极限点回升，前弯针向右摆动，当前弯针尖运动至左直针中心线时，弯针尖应在左直针针孔以上 1.5mm 左右，并与直针有 0 ~ 0.05mm 的间隙，以使前弯针在直针线环形成最佳时钩入。

（3）前弯针运动至右极限位置并完成让针运动后，左直针从前弯针后侧插下，两者之间应有 0 ~ 0.05mm 的间隙。

3. GN20 - 5 型高速五线包缝机的使用方法

（1）如果该机仅对单层缝料进行包缝作业时，则只需完成三线包缝线迹即可。使用时可按图 5 - 64 所示的 GN20 - 3 型高速三线包缝机穿线，而前弯针空置不穿，左直针不予安装即可。

（2）如果要对两层或以上的缝料完成平包联缝，则除了完成上述穿线外，尚需按图 5 - 81 完成左直针及前弯针穿线。

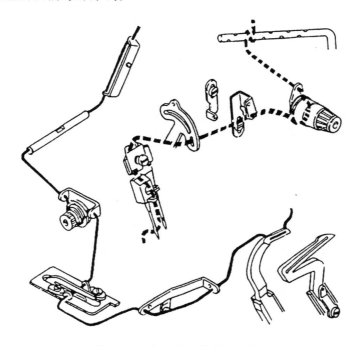

图 5 - 81 左直针和前弯针的穿线

试缝时每根线迹情况可适当调节线的张力（可从最弱调起），直至满意。

使用和保养的其他方面亦如 GN20－3 型高速三线包缝机中所述，此处略。

复习思考题

1. 包缝机在服装生产中有何重要作用？试述包缝机的分类。

2. 三、四、五、六线包缝机的缝纫线迹各有什么特点？

3. GN1－1 型中速三线包缝机主要有哪些机构组成？各有什么作用？

4. GN1－1 型中速三线包缝机直针，大、小弯针有哪些配合要求？它们对线迹形成有哪些影响？

5. GN1－1 型中速三线包缝机三针配合不良时分别如何调整？

6. 包缝机机针安装有何要求？

7. 包缝机切刀机构安装时要注意哪些事项？

8. 与中速包缝机相比，高速包缝机有哪些结构上的改进？

9. 试述高速包缝机送布机构的结构和工作原理。

10. 简述高速包缝机针距调节方法。

11. 高速包缝机如何运用差动送布机构对不同性质的面料进行理想的包缝作业？

12. 熟悉包缝机常见故障及排除方法。

13. 试述 GN20－3 型高速三线包缝机包缝宽度调节方法。

14. 四线包缝机完成的线迹有什么特点？适用于哪些服装的包缝作业？

15. GN20－5 型高速五线包缝机与 GN20－3 型高速三线包缝机相比，在结构上有什么区别？其完成的线迹有何特点？何谓"平包联缝"？在生产中有何意义？

第六节　钉扣机

纽扣是服装上的重要构件并具有装饰作用。由于人工缝钉纽扣质量不高，效率很低，所以钉扣机是服装厂必备的设备之一。

钉扣机主要用于缝钉两眼和四眼圆平纽扣，如果要缝钉带柄纽扣（金属柄扣、塑料柄扣）、子母扣、风纪扣、缠绕扣等则需要配备相应的附件。

目前服装厂使用的钉扣机，有双线锁式线迹钉扣机（通常称为平缝钉扣机）和单线链式线迹钉扣机两大类。双线锁式线迹钉扣机线迹结实美观，并有打结机构，钉扣线迹的抗脱散性能较好，我国引进的美国胜家 269W 型、日本重机公司生产的 LK－981－555 型钉扣机均属于此类钉扣机。单线链式线迹钉扣机结构较为紧凑，调节方便，线迹也有良好的抗脱散能力，因此是我国服装业使用的主要机种，我国生产的 GJ1 型、GJ2 型、GJ3 型、GJ4 型、GT660 型及美国生产的 275E 型、日本生产的 MB－372 系列等均属单线链式线迹钉扣机。

　　在单线链式线迹钉扣机中，线迹是旋转线钩与机针及其他机构的运动配合中实现的，线迹形成过程可参阅本章第二节图 5 - 15。与直线型单线链式线迹不同的是，该类钉扣机完成的单线链式线迹是在纽扣的纽孔间重复完成。由于缝线的相互重叠和挤压，加之缝钉的最后两针刺入同一纽孔中形同打结，使线迹的抗脱散能力大大提高。

　　本节以服装厂使用较普遍的 GJ4 - 2 型单线链式线迹钉扣机和 GT660 型单线链式线迹钉扣机为例进行介绍。

一、GJ4 - 2 型单线链式线迹钉扣机

　　图 5 - 82 为该机外形图。

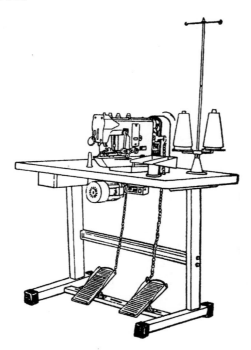

图 5 - 82　GJ4 - 2 型单线链式线迹钉扣机

（一）GJ4 - 2 型单线链式线迹钉扣机主要技术规格（表 5 - 13）

表 5 - 13　GJ4 - 2 型单线链式线迹钉扣机技术规格

速度/ r · min^{-1}	纽扣外径/ r · min^{-1}	机针摆动距离/ mm	纽夹移动位置/ mm	线迹形式	机针型号	缝钉针数	使用缝线
1400	9 ~ 26	2 ~ 4.5	0 ~ 4.5	单线链式	GJ4 × 100 （16#） GJ4 × 110 （18#） GJ4 × 130 （16#）	20 针 （16）线	棉线、 丝线、 涤棉线

（二）GJ4 – 2 型单线链式线迹钉扣机主要机构及工作原理

GJ4 – 2 型单线链式线迹钉扣机工作中机针与旋转线钩左右同步摆动，纽夹在机针摆动方向不动，在缝钉四眼扣时，缝完前两孔，纽夹进行纵向移动（跨针运动），完成后两孔缝钉，20 针缝完后自动停车，切割缝线，抬压脚由操作者踏动踏板完成。

实现缝钉过程是该机针杆机构、钩线机构、摆针机构、纽夹移位（跨针）机构、纽夹压布机构、割线机构及启动、制动机构等相互配合运动的结果。图 5 – 83 所示为 GJ4 – 2 型单线链式线迹钉扣机的工作原理图。

1. 针杆机构

如图 5 – 83 所示，主轴 1 前端的针杆曲柄 2 与针杆连杆 4 通过针杆曲柄销 3 铰接，针杆夹头 5 与针杆 6 紧固连接并与针杆连杆 4 铰接，针杆与针杆摆架 7 的上下同心导孔滑动配合，从而构成曲柄滑块机构。主轴旋转时，针杆完成上下运动，在针杆装针孔中安装的机针完成刺布运动。

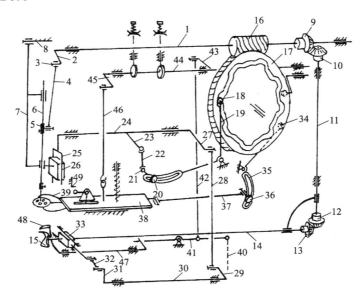

图 5 – 83　GJ4 – 2 型单线链式线迹钉扣机工作原理

1—主轴　2—针杆曲柄　3—针杆曲柄销　4—针杆连杆　5—针杆夹头　6—针杆　7—针杆摆架　8—销轴
9、10、12、13—伞齿轮　11—竖轴　14—线钩轴　15—旋转线钩　16—蜗杆　17—蜗轮　18、34—滚轮
19—摆针调节曲柄　20、36—调节螺母　21—球节　22—摆针大连杆　23—摆针中曲柄　24—摆针上轴
25—摆针前曲柄　26—摆针架凸块　27—摆针后曲柄　28—摆针弯连杆　29—摆针下曲柄　30—摆针下轴
31—拨杆　32、37—连杆　33—轴承座　35—跨针调节曲柄　38—纽夹座　39—纽夹　40—链条　41—抬压脚杠杆
42—拉杆　43—摆杆　44—抬压脚轴　45—吊钩曲柄　46—吊钩　47—割线刀轴　48—割线刀　49—纽夹开启碰块

2. 钩线机构

如图 5 – 83 所示，主轴上固定的伞齿轮 9 通过与之啮合的伞齿轮 10 使竖轴 11 转动，再通过竖轴下方的伞齿轮 12、13 使安装在线钩轴 14 前端的旋转线钩 15 实现与主轴同速

的转动，旋转线钩与机针相配合完成钩取机针线环的动作。

3. 针杆与旋转线钩同步摆动机构

GJ4-2 型单线链式线迹钉扣机的机针在纽扣孔间的反复缝钉，是机针往复摆动准确地在两孔中上下穿刺并与旋转线钩相互配合运动的结果，这就要求机器在运行中保证机针与旋转线钩的同步摆动。如图 5-83 所示，机针的摆动是通过摆针机构实现的。主轴 1 上安装的蜗杆 16 在随主轴转动时传动蜗轮 17，蜗杆与蜗轮传动比为 20∶1，蜗轮每转一周，即完成一个纽扣 20 针的缝钉。

蜗轮 17 的图示正面为摆针凸轮，背面为纽夹移动凸轮（亦称跨针凸轮），在背面边缘的特定位置上安装停车凸块。该蜗轮控制针杆与旋转线钩的同步摆动、纽夹移位（跨针）及缝钉结束时的自动停车，因此蜗轮可视为机器的控制中心。在蜗轮正面的凸轮槽内，嵌入与摆针调节曲柄 19 转动连接的滚轮 18，在凸轮槽的驱动下，摆针调节曲柄绕转动支点按规律摆动，在摆针调节曲柄的调节槽中用调节螺母 20 紧固着球节 21，摆针大连杆 22 分别与摆针中曲柄 23 和球节 21 球副连接，通过运动传递，摆针调节曲柄 19 的往复摆动变为摆针上轴 24 绕固定轴线的往复转动。

针杆摆架 7 的上下同心孔是针杆 6 的上下运动导孔。机针摆架下方的方形凸块（与针杆摆架为一体）的两侧工作面与摆针前曲柄 25 的导槽呈滑动配合，摆针前曲柄的摆动驱动针杆摆架 7 绕销轴 8 实现了摆动。

为了保证在机针交替刺入相邻的纽孔后，旋转线钩均能准确地钩取机针线环，旋转线钩必须与机针同步摆动，其工作原理仍如图 5-83 所示。摆针上轴 24 后端固连的摆针后曲柄 27 与摆针弯连杆 28 铰接，而摆针下轴 30 后端的摆针下曲柄 29 又与摆针弯连杆 28 铰接，组成双摇杆机构。获得往复摆动的摆针下轴 30 上紧固的拨杆 31，通过连杆 32 使轴承座 33 与旋转线钩轴 14 作水平方向的往复运动，摆针上轴 24 的前后端分别传动针杆摆架 7 和旋转线钩 15 的摆动，因此必然是同步的，设计和制造保证机针在穿过纽扣左右两孔后均与旋转线钩保持相同的钩线环状态。

应当指出，针杆的摆动在机针上升离开纽扣后方能开始，而在下次机针刺入纽孔前针杆摆动必须结束，这是由摆针凸轮的凸轮曲槽的特定形状保证的。凸轮曲槽是由若干等半径槽和变半径槽连接形成的，当滚轮 18 位于等半径槽段，机针不摆，正刺入纽孔中，而当滚轮 18 位于变半径槽段，则机针、旋转线钩同步摆动，此时，机针已离开纽孔。

图 5-84 所示为摆针凸轮示意图，GJ4-2 型单线链式线迹钉扣机在缝钉四眼纽扣时，在机针刺布的 20 针中，第 1 针用于钩线，第 2~10 针完成第一排两孔的缝钉，第 11 针机针不摆。此时由纽夹跨针机构（见下述）迅速运动，使纽扣的第二排孔对准机针，从第 12~19 针完成第二排两孔的缝钉，第 20 针机针不摆，完成打结。第 20 针后，纽夹退回原位，机针又对准第一排孔的左纽孔，此时机器准确定位停车，为下一个纽扣缝钉做好准备。在缝钉两眼扣时，由于调节后纽夹移位为零，所以 20 针缝钉要在两孔中完成。图 5-84、图 5-85 所示的凸轮曲槽严格地保证了这一缝钉程序。

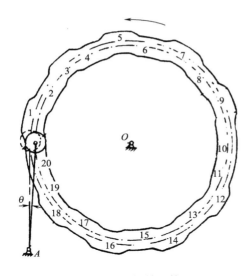

图 5 - 84　摆针凸轮

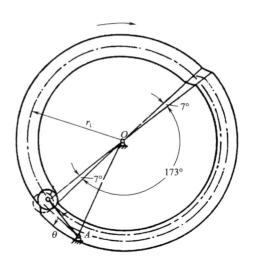

图 5 - 85　纽夹移位凸轮

4. 纽夹移位（跨针）机构

如图 5 - 83 所示，滚轮 34 嵌在蜗轮 17 背面的纽夹移位凸轮曲槽中，其曲槽形状如图 5 - 85 所示（图 5 - 83 中未绘出）。滚轮 34 与跨针调节曲柄 35 铰接，曲槽的半径变化段将驱动跨针调节曲柄 35 绕支点摆动，调节螺母 36 紧固在调节槽内的销轴与连杆 37 铰接，连杆又与纽夹座 38 铰接，这样跨针调节曲柄 35 的摆动实现了纽夹座 38 的移动，使纽夹座前端安装的纽夹实现了移位，即跨针运动。跨针运动也是在机针上升离开纽孔后开始，并在下一针刺入纽孔前结束。

5. 纽夹压布机构

由于纽夹既夹持纽扣，在落下后又将缝料紧压在拖板上，其作用又相当于压脚，所以抬压脚即为抬纽夹。纽夹机构由左右夹脚、中夹脚、纽夹导轨片、纽夹座、纽夹开启碰块（安装在纽夹座上方的机身上）、纽夹开启柄等组成，如图 5 - 86 所示。

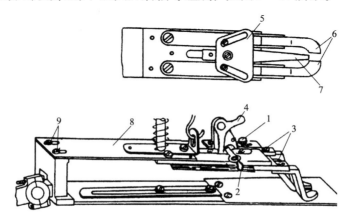

图 5 - 86　纽夹机构

1—滚花螺钉　2—调节扳手　3、9—螺钉　4—纽夹开启柄　5—纽夹导轨片　6—左右夹脚　7—中夹脚　8—纽夹座

当踩动左踏板时，通过运动传递由吊钩46（图5－83）将纽夹座向上抬起（详见抬压脚及自动割线机构），当抬至一定高度时，机身上的纽夹开启碰块49（图5－83）与纽夹座8（图5－86）上的纽夹开启柄4（图5－86）接触并施压，使纽夹开启柄绕支点转动，其下端拨动中夹脚滑块及与其固连的纽夹导轨片5（图5－86）一起向后滑动，于是左右夹脚张开，此时即可将要缝钉的纽扣塞入张开的纽夹口内。

当松开左踏板时，纽夹座在弹簧的压力下落下，纽夹开启柄和纽夹开启碰块脱离接触，中夹脚滑块和纽夹导轨片在弹簧的作用下（弹簧在图中未绘出）向操作者方向移动，左右夹脚同时夹住纽扣，三个夹脚同时压住缝料。

6. 抬压脚（纽夹）及自动割线机构

在一个纽扣缝钉结束后，机器自动停转，机针停在最高位置，此时，踩下左踏板，如图5－83所示，通过链条40拉动抬压脚杠杆41绕支点转动，与抬压脚杠杆相连的拉杆42通过紧固在抬压脚轴44上的摆杆43使抬压脚轴44转动，吊钩曲柄45通过吊钩46向上提升纽夹座38，与此同时，抬压脚杠杆41前端拨动割线刀轴47，使安装在该轴前端的割线刀48随轴摆动，在针板下割断旋转线钩内侧的一根缝线。为了避免割线刀尚未切割缝线前，纽夹的上升将缝线绷断，割线刀运动应先于纽夹上升运动，这个时间差取决于吊钩46与纽夹座吊钩孔的间隙，可通过吊钩曲柄45在抬压脚轴44的紧固位置予以调节。

7. 启动、制动及互锁机构

图5－83中未绘出该机构，图5－87为该机构示意图，图5－88为工作原理图。

GJ4－2型单线链式线迹钉扣机采用摩擦离合方式传动主轴，如图5－87、图5－88所示。机器开动后，带轮11由皮带传动空转，踩下机器右踏板，通过链条将启动扳手9拉下，启动扳手压迫启动架14绕固定轴逆时针转过一个角度，与启动架紧固的启动板10随

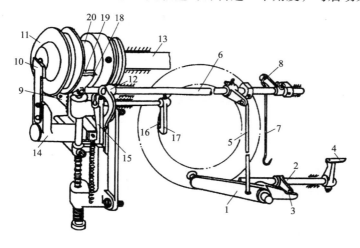

图5－87　启动、制动机构及互锁机构示意

1—抬压脚杠杆　2—割线刀轴　3—割线拨杆　4—割线刀　5—拉杆　6—抬压脚轴　7—吊钩
8—吊钩曲柄　9—启动扳手　10—启动板　11—带轮　12—安全爪　13—主轴　14—启动架
15—启动吊钩　16—停车顶块　17—停车顶杆　18—制动皮块托架　19—制动皮块　20—离合制动轮

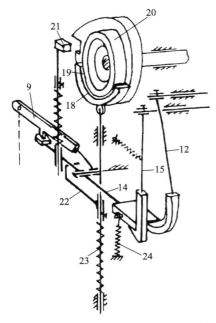

图 5 - 88　启动、制动机构及互锁机构

工作原理

9—启动扳手　12—启动安全爪　14—启动架

15—启动吊钩　18—制动皮块托架

19—制动皮块　20—离合制动轮

21—制动闩　22—制动导架

23—压缩弹簧　24—弹簧

启动架转动，其工作斜面通过钢球推动带轮 11 沿主轴轴向加压，与固定在主轴上的离合制动轮 20 摩擦结合。同时，启动架 14 强制制动皮块 19 脱离离合制动轮 20，解除制动状态，机器开始工作。此时，启动架 14 被启动吊钩 15 钩住，松开踏板，机器继续工作。缝针缝至第 19 针时，蜗轮端面上的停车顶块 16 推开停车顶杆 17，与停车顶杆同装一轴的启动吊钩 15 向机外侧摆动，脱开启动架 14，在弹簧 24（图 5 - 88）的作用下，启动架 14 回摆，随动的启动板 10 解除了对带轮 11 的轴向压力，带轮空转，与此同时，也解除了对制动皮块的作用，在压缩弹簧 23（图 5 - 88）的作用下，制动皮块紧贴离合制动轮 20 外圆面进行制动，降低了主轴转速，机器的惯性力在缝完第 20 针时，主轴转速已经很低，此时制动闩 21（图 5 - 88）进入制动轮凸缘的缺口中进行定位止动，机针停在最高位置。

如图 5 - 88 所示，当启动吊钩 15 钩住启动架 14 时，由于启动安全爪 12 被启动架 14 挡住，阻止了抬压脚轴 6（图 5 - 87）的转动，因此工作中压脚不能抬起，但当停机后抬压脚时，由于启动安全爪伸入到启动架 14 的上方，阻挡了启动架的启动，这样就实现了启动和抬压脚的互锁，避免了因误动作而造成机件碰撞损坏的现象。

（三）GJ4 - 2 型单线链式线迹钉扣机使用与调整

1. 工作准备

（1）机针选用、安装及穿线：GJ4 - 2 型单线链式线迹钉扣机应选用 GJ4 型机针，针号可根据缝料及纽扣孔大小在 16# ~ 20# 中选用，机针安装时必须将针柄在机杆装针孔内向上顶住孔底，并使机针长槽面对操作者，最后拧紧螺钉。GJ4 - 2 型单线链式线迹钉扣机顶部有三个夹线器，该机穿线顺序是将线从线团拉出，经线架上的过线钩，向下穿过单穿线板过线孔，进入第一夹线器，再从左边穿入第二夹线器的夹线板中，将线引至输线钩、输线杆中，再经第三夹线器、穿线板、面板过线孔穿入针杆夹头上的穿线孔，经面板线钩至机针孔内并拉出一定长度的余线。

（2）纽夹调节：GJ4 - 2 型单线链式线迹钉扣机适宜缝钉 9 ~ 26mm 直径的四眼或两眼纽扣，钉大纽扣时可将左右两夹脚的距离拉开，钉小纽扣时则可把夹脚的距离调小，如图 5 - 86 所示，通过旋松螺钉 3 进行调节。

夹脚钳口张开的大小应按纽扣大小进行调节，纽夹中无纽扣时应比有纽扣时略小些，即能正常夹持纽扣。调节时先旋松滚花螺钉1（图5-86），推动纽夹调节扳手2，在夹脚张开合适宽度时，旋紧滚花螺钉1即可。纽夹的前后位置可由图中所示螺钉9进行调节，调节前要检查机针是否对准方孔板的方孔中间位置。

在一件衣服上同时钉大小不同的两种纽扣时，应使夹脚钳口适应小扣，并把纽夹开启柄上方安装在机身上的挡块调低，使纽夹座升到最高位置时碰在挡块上，如图5-89所示，此时钳口张大，使其能塞入大扣，而在钉小扣时，在纽夹座升到最高位置后回落少许，脱开挡块，再塞小扣。

（3）摆针距及跨针距调节：缝钉时必须保证机针能准确刺入纽扣各孔中心，因此工作前应细心做好摆针距和跨针距调节。如图5-83所示，摆针距可以通过调节螺母20在摆针调节曲柄19的调节槽中位置的改变来调节，而跨针距则是通过调节螺母36在跨针调节曲柄35的调节槽内位置的改变进行调节。当钉两眼扣时，将调节螺母36紧固在调节槽的最上方即可，此时跨针距为0。

（4）润滑：工作前要给各油孔及有相对运动的部位加注缝纫机油。摩擦制动轮轮面及制动皮块不得加油，以免影响传动和制动。

2. 操作顺序

（1）踩下左踏板，抬起纽夹，塞入纽扣并放好缝料，放下纽夹，压住缝料。

（2）踩下右踏板，随即松开，机器开始缝钉，至第19针时，制动机构工作，机器减速，第20针时制动闩进入制动轮缺口，机针在升至最高位置时停车。

（3）再次踩下左踏板，割线刀动作，纽夹抬起并张开。取出钉好的缝料及纽扣，再塞入纽扣，放好缝料，放下纽夹压好缝料，开始再次缝钉。

3. 机针和旋转线钩的成缝配合调整

要使旋转线钩能钩住机针每次形成的线环而不跳针，必须保证两者严格的配合关系。如图5-90所示，机针针尖应对准旋转线钩轴的中心，当机针从最低位置回升3～3.5mm时，旋转线钩钩尖恰好转到机针中心线上，并且距针孔上沿1mm，机针与钩尖之间的间隙不得大于0.05mm。

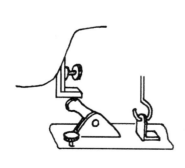
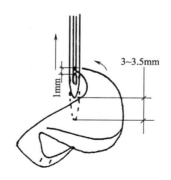

图5-89　纽夹开启挡块调节　　　　图5-90　机针与旋转线钩的配合

（四）常见故障分析与排除方法（表5-14）

表5-14　常见故障分析与排除方法

故障现象	产 生 原 因	排 除 方 法
跳　针	机针与旋转线钩运动配合失准	按本节要求调节
	纽夹位置不正，机针与纽孔碰撞影响线环形成	调节纽夹位置
	机针弯曲或安装不正确	更换机针或重新安装
	旋转线钩轴前后窜动	调整间隙，减小窜动
	剪线后所留余线较短，在起缝时难以成圈	调整割线刀动作早于抬纽夹时间，或者使输线杆与拉线钩距离加大
	旋转线钩钩尖磨损、有毛刺，影响钩取机针线环	修磨或更换
	缝针与方孔板位置失准，相互碰撞	调节方孔板，使机针处于中间位置
断　线	缝线质量太差	换线
	机针槽及针孔不光滑	换针
	旋转线钩有毛刺	修磨
	机针与线钩配合失准	按前述要求重新调整
	中间一个夹线器太紧或开放太迟	调松中间夹线器，并调节开放时间
	过线机件生锈或有毛刺	修光
断　针	纽扣装偏，机针扎在纽扣上	提高纽扣安放准确性
	纽夹位置不正	重新调节
	旋转线钩与机针相碰	重新调节，使两者间隙0.05mm
	机针扎入纽扣后，针摆运动还未结束	调整蜗杆位置，使机针扎入纽孔前，纵横向运动必须停止
	摆针距或跨针距与纽孔间距离有偏差	重新调节
	机针和机针挡块碰撞	重新调节，留有间隙
线迹抽散	旋转线钩因磨损变形或与机针配合不准，造成第20针跳针而未能"打结"	调整配合关系或更换线钩
线迹过松	中夹线器压力太小	适当增加压力
	后夹线器顶开时间过早，使缝钉中缝线张力偏小	通过调整主轴上的松线凸轮调节顶开时间
割线不断	割线刀不锋利	磨刀或换新刀
	割线刀位置不准或割线时间太晚	调整割线刀位置及割线时间，通过调节纽夹吊钩间隙，使割线时间早于纽夹抬起时间
制动冲击大	制动皮块沾油，减小了制动摩擦力，制动皮块对制动轮压力不足	擦掉制动皮块上的油污，增大皮块制动压力

二、GT660 型单线链式线迹钉扣机

图 5 - 91 为 GT660 型单线链式线迹钉扣机外形图。

GT660 型单线链式线迹钉扣机与 GJ4 -
2 型单线链式线迹钉扣机不同，GT660 型单
线链式线迹钉扣机工作中机针仅作上下运动
而纽夹则左右摆动。在缝钉四眼扣时也是在
缝完前两孔的预定针数后纽夹在瞬间完成纵
向移动（跨针运动）进行后两孔缝钉，预
定针数缝钉结束后自动停车、切割缝线、纽
夹自动抬起。

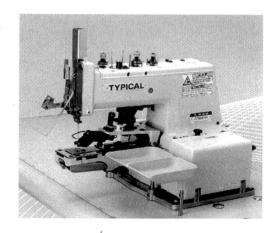

该型单线链式线迹钉扣机是近年中国标
准缝纫机公司在吸收国外先进技术的基础上
推出的一种新型钉扣机。该机采用锥盘摩擦
离合器传递动力。单直针、针杆挑线、旋转
线钩钩线，形成往复重叠的单线链式线迹。

图 5 - 91　GT660 型单线链式线迹钉扣机

该机结构合理紧凑、适应性强、运行可靠、调节方便，适合各类服装的钉扣作业，加
之售价远低于国外同类产品，在服装企业受到欢迎和好评。

以下将以 GT660 - 01 型自动切线单线环钉扣机作为典型机型进行介绍。

（一）主要技术规格（表 5 - 15）

表 5 - 15　GT660 - 01 型自动切线单线环钉扣机技术规格

最高缝速	缝钉针数	纽扣尺寸（外径）	左右送料量/mm	前后送料量/mm	机针型号
1500rpm	8、16、32	$\phi10 \sim 20mm$ 当使用选购纽夹时为 $\phi10 \sim 30mm$	2.0 ~ 6.5	0 ~ 6.5	TQ ×1 16[#]

（二）GT660 -01 型自动切线单线环钉扣机主要机构及工作原理

GT660 -01 型自动切线单线环钉扣机整个缝钉过程是各组成机构相互准确配合运动的
结果。图 5 - 92 为该机工作原理图。

1. 主轴离合机构

图中皮带轮 94 通过滚针轴承套在主轴 76 上，电动机启动后，通过三角皮带 1 传动该
皮带轮绕轴空转。踏下脚踏板（图中未绘出），牵引链条 2 拉动离合器传动杆 5，离合器
传动杆上的销 6 推动停动架 7 的下斜面，致使停动架顺时针偏转，其前端的制动块 9 抬
起，脱离停车凸轮 91 上的制动凸轮 87；与此同时，随停动架顺时针偏转的钢球压板 3 的

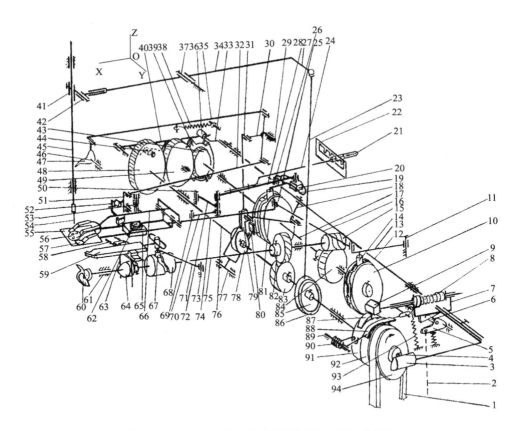

图 5-92　GT660 型自动切线单线环钉扣机工作原理

1—三角皮带　2—链条　3—钢球压板　4—钢球　5—离合器传动杆　6—销　7—停动架　8—缓冲器　9—制动块

10—左右送料凸轮　11—销　12—离合器控制轴　13—左右送料杆　14—滚轮　15—蜗杆　16—左右送料连杆

17—凸轮轴　18—纽夹传动杆　19—前后送料曲柄　20—前后送料调节块　21—前后送料调节手柄

22—前后送料调节定位板　23—曲柄杆　24—前后送料调节板　25—前后送料凸轮　26—前后送料曲柄销轴

27—球形连接头　28—前后送料连接板　29—抬压曲杆轴　30—抬压曲杆　31、50、61、69、73—销轴　32—连杆

33—制御杠杆　34—针杆驱动杠杆　35—松线杆　36—滚轮　37—驱动杠杆轴　38、93—拉簧　39—针变复合凸轮

40—32 针杠杆　41—针杆抱箍　42—针杆接头　43—主动针数齿轮　44—滚轮　45—针杆　46—线钩轴　47—松线钩

48—针变齿轮　49—介轮　51—抬压臂杠杆　52—抬压臂杆　53—压簧　54—机针　55—送料板　56—纽扣

57—纽夹　58—挡线底座　59—送线器　60—旋转线钩　62—调节螺母　63—送线器导向台　64—凸轮

65—左右送料调节块　66—压臂　67—滚轮　68—有槽凸轮　70—前后送料连杆 A　71—摆杆　72—前后送料连杆 B

74—送布架　75—旋转线钩轴　76—主轴　77—传动叉轴　78—纽夹传动叉驱动凸轮　79—传动连杆爪

80—纽夹传动叉　81—连杆　82、83—螺旋齿轮　84—蜗轮　85—针杆偏心轮　86—环套　87—制动凸轮

88—制动器　89—制动器轴　90—扭簧　91—停车凸轮　92—锥形摩擦盘　94—皮带轮

斜面压迫钢球 4 并使之沿轴向推动皮带轮 94，该皮带轮的内锥面（图中未表现出）与固定在主轴上的锥形摩擦盘 92 的摩擦锥面结合，主轴 76 随之转动，机器开始工作。在预定的针数缝完时，固定在离合器控制轴 12 左端的制御杠杆 33 上的滚轮 36 在拉簧 93（拉簧拉力作用于固定在离合器轴 12 右方的停动架 7 上）的拉力下，落入针数变换组合凸轮的缺口中（图中滚轮被 32 针杠杆 40 托起，而在将缝完预定针数时件 40 是落下的，详见针

数调节机构及调节原理），此时停动架 7 和钢球压板 3 复位，解除了对皮带轮 94 的轴向加压，皮带轮和锥形摩擦轮的结合解除，主轴 76 失去动力。此时，制动器 88 被复位的停动架 7 压下，对锥形摩擦盘的外圆柱面进行制动减速，同时，制动块 9 随停动架落下并与制动凸轮 87 碰撞，由制动凸轮下方的吸振橡胶垫（图中未绘出）及缓冲器 8 吸收剩余能量完成定位制动。至此，一次缝钉结束，与此同时的纽夹抬起等动作在以下的内容中另行叙述。

2. 针杆机构

主轴 76 旋转时，紧固其上的针杆偏心轮 85 通过环套 86、曲柄杆 23、球形连接头 27，使针杆驱动杠杆 34 以驱动杠杆轴 37 为转动中心往复摆动，其前端导孔与针杆接头 42 构成滑动配合，而针杆接头又与紧固在针杆 45 上的针杆抱箍 41 的圆柱柄铰接。这样，主轴的转动通过上述各机件的运动传递，实现了针杆在机壳上下同心导孔中的直线往复运动。

3. 旋转线钩机构

主轴 76 上紧固的螺旋齿轮 83 与紧固在旋转线钩轴 75 上的同齿数螺旋齿轮 82 构成齿轮副。这样，主轴转动即实现了旋转线钩 60 的旋转。在直针与旋转线钩及其他机构严格的成缝运动配合中完成单线链缝线迹的特定形式。鉴于该线迹的形成原理如前所述，此处略。

4. 抬纽夹机构

图 5-93 为抬纽夹机构的工作原理图，引入本图是为了在图 5-92 的基础上对该机构做比较清晰地讲述。

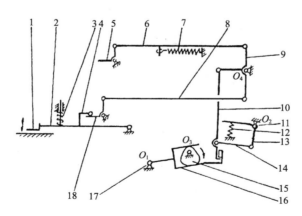

图 5-93　抬纽夹机构工作原理

1—纽夹　2—压臂　3—压缩弹簧　4—抬压臂杆　5—松线钩　6—松线杆　7—拉簧　8—连杆
9—抬压曲杆　10—挂钩连杆　11—离合器轴　12—拉簧　13—纽夹传动杆　14—连杆
15—三心凸轮　16—纽夹传动叉　17—纽夹传动叉轴　18—纽夹提升臂

如图 5-92 所示，该机的纽夹装置（由于图面所限，图中仅示意地表达了左右夹脚与中夹脚夹持纽扣的情况）连接于压臂 66 上，压臂则与送布架 74 铰接，送布架前端紧固着送料板 55。机器开动但未钉扣时，纽夹是抬起的（图 5-92）。当放入缝料塞入纽扣并对准钉扣位置时即可踏下踏板并随即松开，在踏下的瞬间随停动架顺时针偏转的离合器控制轴 12 上紧固的纽夹传动杆 18（图 5 - 93 中之 13）即向纽夹方向摆动。

为清晰起见，以下按图 5 - 93 所示进行说明。

纽夹传动杆 13 在向机前摆动时，纽夹传动杆下端通过铰连的连杆 14 推动挂钩连杆 10 向图示左方偏转，其下端的挂钩与纽夹传动叉 16 前端挂钩的啮合解除，在拉簧 7 的拉动下，抬压曲杆 9 绕支点 O_4 顺时针偏转通过连杆 8 使纽夹提升臂 18 绕支点逆时针偏转，在压缩弹簧 3 的作用下，纽夹将缝料压在送料板上。与此同时同主轴离合机构中所述，在踏下踏板时由于机器的制动解除，摩擦离合器结合，机器即开始进行缝钉。

在机器工作中，主轴上紧固的三心凸轮 15 传动纽夹传动叉 16 高速往复摆动，缝钉即将结束时，如前述，离合器控制轴 O_2 在相应机构的作用下和其上固定的纽夹传动杆 13 及停动架（图 5 - 92 中停动架 7）均逆时针偏转复位，纽夹传动杆通过连杆 14 拉动挂钩连杆 10，挂钩连杆下端的挂钩与纽夹传动叉 16 前端的挂钩啮合，往复摆动的纽夹传动叉在下摆的瞬间通过挂钩连杆 10 拉动抬压曲杆 9 绕轴逆时针偏转，经连杆 8、纽夹提升臂 18、抬压臂杆 4 使纽夹抬起，这也是钉扣机一次缝钉结束时的纽夹位置状态。

5. 送布机构

该机在缝钉时，纽夹和送料板夹持缝料联动。在横向送布机构驱动下先作左右横向摆动，与机针和旋转线钩等机构配合完成第一排孔的缝钉。完成一半针数时，由纵向送布机构在瞬间驱动，纽夹和送布板夹持缝料在纵向移动一个孔间距，将纽扣第二排孔置于针下，之后，又在横向送布机构的作用下继续左右横向摆动，完成第二排孔的缝钉。

（1）横向（左右）送布机构：如图 5 - 92 所示，旋转线钩轴 75 转动时，其后端紧固的蜗杆 15 与凸轮轴 17 上安装的蜗轮 84 形成 1:16 的减速运动，即主轴传动机针缝 16 针，凸轮轴恰转一周。

凸轮轴 17 右端紧固着左右送料凸轮 10，凸轮圆柱面加工有特定形状的曲槽，与左右送料杆 13 铰连的滚轮 14 嵌入凸轮曲槽中，左右送料凸轮 10 转动时，通过滚轮 14 带动左右送料杆 13 绕销 11 往复摆动。如图 5 - 92 所示，左右送料调节块 65 既与送布架 74 的导槽滑动配合又与销轴 61 铰连（工作时该销轴用调节螺母 62 固定于特定位置），左右送料连杆 16 分别与左右送料杆 13 和送布架 74 后端铰连，这样，左右送料杆 13 的往复摆动最终驱动送布架绕销轴 61 往复摆动。在正确的预先调节下，纽夹所夹持的纽扣在机针缝纫位置的摆动量即左右送料量应等于纽扣孔间距。显然，这一送料量取决于销轴 61 的固定位置。工作时，通过调节螺母 62 改变销轴的固定位置并辅以纽夹的相应调节，即可适应不同纽扣的纽孔孔间距。

应当指出，送布架的左右送料运动应在机针上升离开纽孔后开始并在下次刺入纽孔前结束，左右送料凸轮曲槽的特定廓线和该凸轮的正确安装保证了这一运动要求。

（2）前后送料机构：如图 5 - 92 所示，机器工作时，凸轮轴 17 左端紧固的前后送料凸轮 25 的作用，是当钉完纽扣第一排孔预定针数的瞬间驱动送布架 74 向机前移动一个纽孔孔间距（跨针运动），从而继续第二排孔的缝钉。

该凸轮圆柱面上加工的凸轮槽展开图，如图 5 - 94 所示。

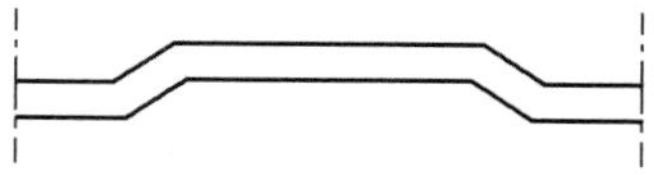

图 5 - 94　前后送料凸轮槽
展开示意

凸轮槽由两段长直槽和两段很短的过渡斜槽组成。

前后送料曲柄 19 铰连的滚轮嵌入凸轮槽内，显然，当前后送料凸轮 25 转动而滚轮正置于长直槽段时，前后送料曲柄 19 静止，此时机器正进行纽扣第一排孔的缝钉。待预定针数一半缝完时，滚轮恰进入凸轮过渡斜槽段，斜槽推动滚轮造成前后送料曲柄 19 绕前后送料曲柄销轴 26 的摆动。由于嵌入前后送料曲柄 19 弧形槽中的前后送料调节块 20，被与之铰连的前后送料连接板 28 和与件 28 连接的前后送料调节板 24，通过前后送料调节定位板上的卡槽确定在特定的位置。这样，前后送料曲柄 19、前后送料连接板 28 和前后送料连杆 B72 等构成双摇杆机构并通过前后送料连杆 A70，使送布架 74 实现前后送料运动（即跨针运动）。随后，滚轮又进入凸轮的直槽段，前后送料曲柄 19 又复归静止，此时机器进行第二排孔缝钉。

由于纽扣尺寸不同，纽孔间距也随之变化。因此，在缝钉不同的四孔纽扣时，前后送料量也应做相应的调整。

调节时压下前后送料调节板 24 后端（在机后）的前后送料调节手柄 21，使其定位齿脱离前后送料调节定位板 22 上的定位齿槽，然后按需要嵌入相应的定位齿槽中。此时，由于前后送料调节块 20 在前后送料曲柄 19 的弧形槽中的位置改变，前后送料曲柄 19 的摆动支点至前后送料调节块 20 的铰接点距离也随之变化，前后送料量也即改变。

在缝钉两眼扣时，将前后送料调节手柄 21 的定位齿嵌入前后送料调节定位板 22 最右端（从机后看）标示两孔扣符号的卡槽中，由于这时前后送料调节块 20 的铰接点与前后送料曲柄 19 的摆动支点重合（图 5 - 92 中难以示意表达），前后送料量为零，全部针数均缝于两孔中。

6. 线环扩展机构

该机的线环扩展机构的作用是为了保证旋转线钩能顺利地穿入机针线环。

如图 5 - 92 所示。旋转线钩轴 75 上固定的有槽凸轮 68 在旋转中通过驱动嵌入凸轮槽中的滚轮 67 带动送线器 59 在导轨中进行前后运动，而同轴上固定的三心凸轮 64 则驱动送线器导向台带动送线器 59 同时进行左右运动，这样，送线器通过复合的平面运动实现了扩展线环、放开线环的动作，帮助旋转线钩 60 得以准确地钩取机针线环。

7. 针数调节机构及调节原理

该机可缝钉的纽扣外径尺寸范围较大，而纽扣又有两孔、四孔之分，因此该机针数可调和调节简便快捷的特点使其在服装生产中受到广泛地欢迎。

如图 5 - 92 所示，凸轮轴 17 左端固定的主动针数齿轮 43 通过介轮 49 传动针变齿轮 48 在主轴 76 上空转，而齿轮 43 齿数为针变齿轮 48 齿数之半，即凸轮轴 17 转一周，针变齿轮 48 转半圈。

与齿轮43一起固装在凸轮轴17上的针变复合凸轮39的作用除可改变针数外还控制了机器在预定针数缝钉结束后的制动、停车、切线等一系列动作（图中未绘出切线机构）。

如前面主轴离合机构中所述，当制御杠杆33上的滚轮36落入针变复合凸轮39的缺口时即引起机器一系列连续动作，导致一次缝钉过程结束。

由于机针缝16针，针变复合凸轮39恰转一周，则该机的针数调节原理的最简表述是：

当针变复合凸轮圆周上只有一个缺口时，机器缝钉16针。

当针变复合凸轮圆周上调为两个对称缺口时，该凸轮转半周，即机器缝8针，一次缝钉即告结束。

当针变复合凸轮圆周上虽然只有一个缺口，但滚轮在该凸轮转两转时才有一次落入缺口的机会，显然此时缝钉针数已变为32针。

这三种针数的调节方法如下：

图5-95为GT660型单线链式线迹钉扣机针数调节原理图。当针变变换捏手2位于图5-95（a）所示位置时，针变扇形凸轮片10缩入针变复合凸轮1前后板之间，该凸轮在圆周上呈现两对称缺口，如前述，即为缝钉8针时的状态。

拉出针变变换捏手2，沿弧形槽向下移动，此时，针变扇形凸轮片10以销轴螺钉6为支点转动，当针变变换捏手2放入下方圆孔中时，针变扇形凸轮片10的外弧面与针变复合凸轮1外圆面同圆，凸轮仅余一个缺口，即为缝16针的状态，如图5-95（b）所示。

当把针数调节机构右下方机座上预置的滚轮11和销轴螺钉12取下并安装在针变齿轮9外端面预留的螺孔上，如图5-95（c）所示。这样，当机器运行时，在16针即将缝完，制御杠杆4上的滚轮5沿凸轮外圆面滚动即将落入凸轮缺口时，针变齿轮9上新安装的滚轮11恰转至32针杠杆8的下方并抬起该杠杆，杠杆前端将滚轮5托住，直至针变复合凸轮1的缺口从滚轮下方转过，此时机器又开始重复一次16针缝钉过程。由于针变齿轮9的齿数两倍于主动齿，在32针缝钉即将结束时，滚轮11已转至下方，其抬起32针杠杆的作用已不复存在，滚轮5随之落入凸轮缺口中，相应机构动作，机器停动。

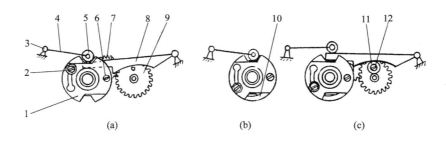

图5-95　GT660型钉扣机针数调节原理

1—针变复合凸轮　2—针变变换捏手　3—离合器控制轴　4—制御杠杆　5—滚轮　6—销轴螺钉

7—介轮　8—32针杠杆　9—针变齿轮　10—针变扇形凸轮片　11—滚轮　12—销轴螺钉

（三）使用与调整

1. 缝钉前准备

（1）机针安装：要求机针长槽正对操作者并向上装足，以紧定螺钉可靠紧固。

（2）穿线：按图5-96所示顺序完成穿线。

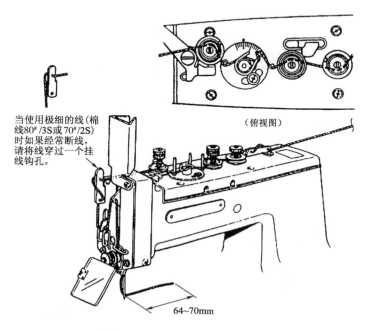

当使用极细的线（棉线80#/3S或70#/2S）时如果经常断线，请将线穿过一个挂线钩孔。

（俯视图）

64~70mm

图5-96　GT660型钉扣机穿线

（3）松线钩的调整：根据使用缝线的种类应对松线钩工作位置进行适当调整，如图5-97所示。在使用棉线时，线钩1的底部应该和顶基线对齐。而使用涤纶（短纤维）线时线钩1的底部应和底基线对齐。

调整应在停车时进行，在作业中如果发现最后线迹断线，可将松线钩适当上调，而如果发现最后有浮线可将松线钩适当下调，调整结束后要将螺钉2拧紧。

（4）纽夹及前后、左右送料量的调整：

①将纽扣塞入纽夹中，使纽孔处于正确位置。

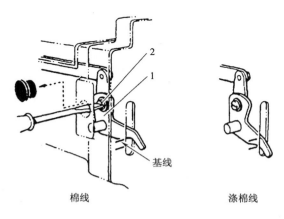

2

1

基线

棉线　　　　　　　　涤棉线

图5-97　松线钩的调整
1—线钩　2—螺钉

②按纽扣孔间距调整前后送料量：如图5-98所示，在钉扣机后推下前后送料调节手柄1，使箭头对准和孔间距一致的刻度值，如果是两眼扣则直接对准两眼扣的圆形标志，将手柄定位齿卡入对应的卡槽中。

③按纽扣孔间距调整左右送料量：如图5-99所示，调节时松开调节螺母1，在槽内移动，使调节板2的定位标记和纽扣孔间距相一致的刻度对准，最后紧固调节螺母1。

图5-98　前后送料量调节

1—前后送料调节手柄　2—箭头

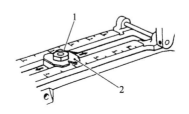

图5-99　左右送料量调节

1—调节螺母　2—调节板

以上过程均应在停车时进行。

④开机前的检查：用手转一转皮带轮，看机针是否扎在纽孔的孔心，如有偏差可通过调松纽夹组件与送布架的连接螺钉对纽夹位置进行微调，调准后螺钉应可靠紧固。

（5）针数调整：可根据纽扣大小进行针数预设，预设方法在"针数调节机构及调节原理"中已详述，此处略。

（6）压臂压力调整：合适的压臂压力应当是在放下纽夹压住缝料，轻拉缝料时缝料不会移动的最小压力，调整方法如图5-100所示。调整时松开螺母1转动螺母2即可改变压力，调好后应可靠地紧固螺母1。

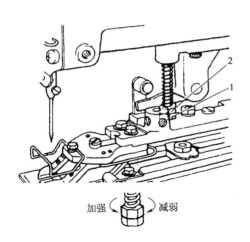

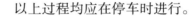

加强　减弱

图5-100　压臂压力调节

1、2—螺母

2. 缝钉方法及程序

（1）接通电源。

（2）把缝料钉扣位置准确放在纽夹下并塞入纽扣。

（3）踏下踏板并随即松开，机器开始钉扣，缝完预设针数后剪断缝线、压臂抬起，钉扣结束。

（4）抽出缝料，重复过程（2）、（3）即可连续进行钉扣作业。

3. 主要成缝机件配合标准及调整

（1）针杆高度：如图5-101所示，当针杆1运动至下极限位置时，其上的刻线A和机壳上固定的针杆套2的下端面平齐（使用TQ×1号针时），如果使用TQ×7号针时则针杆上的刻线 C 和针杆套的下端面平齐。

　　如果未能达到上述要求，则可在针杆到达最低位置时，用螺丝刀通过面板上的孔松开针杆抱箍 3 上的螺钉进行针杆上下位置的调整，达到上述要求后可靠地紧固螺钉即可。

　　（2）机针和旋转线钩的同步调整：如图 5 - 102 所示，当机针从最低位置上升，针杆的刻线 B 与针杆套下端面平齐时（使用 TQ × 1 号针），线钩 3 的尖端恰好运动至机针中心线。

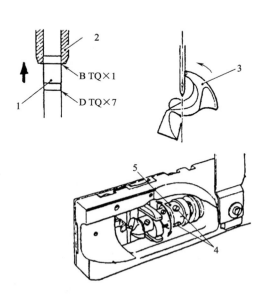

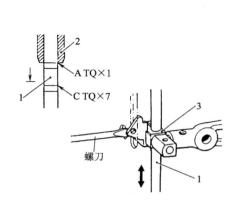

图 5 - 101　针杆高度标准及调整　　　　　　图 5 - 102　机针和旋转线钩的同步调整
1—针杆　2—针杆套　3—针杆抱箍　　　1—针杆　2—针杆套　3—线钩　4—紧固螺钉　5—线钩轴

　　如果使用的是 TQ × 7 号针，则以刻线 D 按上述方法检测。

　　如果不符合要求，可按图示松开两只紧固螺钉 4，转动线钩轴 5 使线钩达到要求位置后再可靠地紧固螺钉。

　　（3）机针与旋转线钩的间隙调整：当旋转线钩的尖端运动至机针中心线时，机针和旋转线钩尖端之间的间隙应为 0.03 ~ 0.08mm。

　　此间隙过小或为负值容易断针，而偏大则线钩难以钩取线环。在保证上述同步关系的前提下，可通过调整线钩的轴向位置达到上述要求。

复习思考题

　　1. 钉扣机能缝钉哪些类型的纽扣？

　　2. GJ4 - 2 型单线链式线迹钉扣机的特点是什么？它有哪些主要机构？

　　3. GJ4 - 2 型单线链式线迹钉扣机的针杆与旋转线钩同步摆动是怎样实现的？

　　4. GJ4 - 2 型单线链式线迹钉扣机针杆上下运动与摆针运动之间有什么运动配合要求？这个要求是如何实现的？

5. GJ4－2 型单线链式线迹钉扣机抬纽夹和割线运动有什么运动配合要求？如何保证？

6. 简述 GJ4－2 型单线链式线迹钉扣机的定位止动工作原理。

7. 在使用 GJ4－2 型单线链式线迹钉扣机前，对缝钉的纽扣要进行哪些调节？如何调节？

8. 简述 GJ4－2 型单线链式线迹钉扣机的工作顺序。

9. 简述机针与旋转线钩的成缝运动配合要求。

10. GT660 型单线链式线迹钉扣机在工作时，其机针运动及纽夹运动与 GJ4－2 型单线链式线迹钉扣机有何不同？

11. 试述 GT660 型单线链式线迹钉扣机针数调节机构的调节原理。假如生产中需进行 32 针缝钉，试述调节方法。

12. 生产中如果需要换钉另一种大小的纽扣，简述需要进行调整的项目和具体的调整方法及要求。

第七节　平头锁眼机

平头锁眼机是用于服装纽孔加工的专用设备，也是服装厂生产中必不可少的主要缝纫设备之一。

纽孔加工虽然只是服装诸多生产工序中的一个工序，但其缝制质量直接影响服装的外观和纽孔牢度。另外，在生产中要用各种规格尺寸的纽扣，所以缝锁的纽孔也要随时做相应的变化。因此，了解机器的结构和工作原理，熟悉生产中常遇到的各种调整，就可以更合理地进行使用和操作。

本节以 GI8－1A 型平头锁眼机（大连服装机械总厂生产）为例进行讲述。

一、GI8－1A 型平头锁眼机主要技术规格（表5－16）

表5－16　GI8－1A 型平头锁眼机技术规格

缝纫速度/ r·min⁻¹	纽孔长度/mm	套结宽度/mm	机针型号规格	抬压脚高度/ mm	适用缝料
3000	6.4~19	2.5~5	GC（70~100）	8	薄料，中厚料

二、机器特点概述

GI8－1A 型平头锁眼机以上轴为主传动轴，实现针杆上下运动与摆动；通过两组伞齿轮机构传动旋梭轴上的反转旋梭与机针配合完成钩线动作；在机器下方凸轮机构的控制下完成针杆摆幅周期性变化及摆动变位，并实现夹板式送料机构的往复移动进给，最终缝锁出双线锁式线迹的纽孔缝型，在纽孔大小变化时，缝锁针数可通过更换齿轮予以改变。机器开始工作时高速运行，缝锁结束前数针转为低速，以便切刀自动切开纽孔，然后自动停车。该机上设有断面线自动停刀装置，可防止由于断面线而未能完成纽孔缝锁的情况下切刀落下；机器上还有紧急手动停车装置和手动送布装置，紧急手动停车装置在紧急情况下可立即制动，手动送布装置则可将夹板式送布装置在机器不运转的情况下，移送到需要的位置，机器上的剪线机构可实现在抬起压脚时自动剪断面线、底线。

三、缝型形式和形成过程

平头锁眼机完成的是密度较大的曲折型双线锁式线迹，图5-103为平头锁眼缝型图。在纽孔两端缝出的加固缝，是为了增加纽孔的牢度和防止纽孔在受力时被拉长及面料撕裂。在穿着中，第一套结受力较大，为保证纽孔牢度，其针数比第二套结略多，通常第一套结针数占纽孔总针数的3.5%，第二套结占2.5%。两横列之间间隙应保证切刀不切断缝线，但间隙偏大则会使纽孔切口变毛。

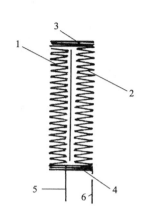

图5-103 平头锁眼缝型
1—左横列 2—右横列
3—第一套结 4—第二套结
5—左基线 6—右基线

纽孔的缝锁是由左横列开始的，机针的上下运动和以左基线为基准线的横向往复摆动相配合，同时，送布机构将缝料向操作者方向移送，这样就实现了左横列密集的曲折型双线锁式线迹的缝制。当送布机构完成定长送布后，有短暂停留，随后即变向前送布为向后送布，在送布短暂停留的同时，机针摆幅增大，进行第一套结的缝锁，缝一定针数后，恢复原来摆幅，同时针杆完成摆动变位，转为以右基线为基准摆动并和送布机构运动配合完成右横列缝制。送布机构再次实现定长送布后，又短暂停留，机针摆幅再次增大，进行第二套结的缝锁，临结束前切刀落下，切开纽孔随即自动停车。

四、GI8-1A 型平头锁眼机主要机构和工作原理

平头锁眼机是一类结构复杂、自动化程度较高的缝纫设备，要做到正确、熟练地使用，应对其工作原理做一定的了解。图5-104为该机的外形图，图5-105为该机的结构图，图5-106为该机的工作原理图。

GI8-1A 型平头锁眼机由以下机构组成：针杆机构，钩线机构，挑线机构，针摆、套结及针摆变位机构，送布机构，压脚机构，松线机构，变速机构，切刀机构，剪线机构，定位制动机构，纽孔针数变换机构，自锁机

图5-104 GI8-1A 型平头锁眼机

构，手动送布装置，紧急停车装置。以下将对主要机构的构成及工作原理进行讲述。

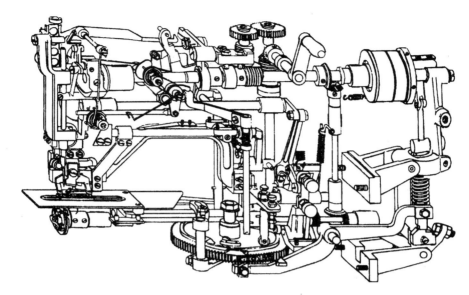

图 5 – 105　GI8 – 1A 型平头锁眼机结构

（一）针杆机构和挑线机构

如图 5 – 106 所示，该机的针杆机构属典型的曲柄滑块机构。安装在主轴 1 左端的针杆曲柄 2 上，紧固着针杆曲柄销 3，针杆曲柄销分别与针杆连杆 4 和挑线杆 9 铰接，针杆 6 与针杆夹头 5 在规定的位置紧固，针杆穿入针杆摆架 7 的上下同心孔中形成滑动配合，针杆连杆 4 又与针杆夹头 5 铰接，这样，当主轴旋转时即实现了针杆的上下往复运动，与平缝机不同，平头锁眼机机针的刺布运动是在针杆的上下与横向摆动的运动配合下完成的。其针摆运动将在以下有关内容中讲述。平头锁眼机的挑线机构与平缝机挑线机构的结构和工作原理完全相似，在此不再赘述。

（二）钩线机构

GI8 – 1A 型平头锁眼机采用的是大回转直径的反旋梭，如图 5 – 106 所示。固定在主轴上的伞齿轮 12 传动固定在竖轴 14 上方的伞齿轮 13，又通过竖轴下方的伞齿轮 15 及安装在旋梭轴 17 后端的伞齿轮 16，使旋梭 18 转动实现钩线，与平缝机不同，该旋梭是从机针前方（图示左方）钩取机针线环的，因此安装机针时其短针槽将面对操作者。

（三）针摆、套结和针摆变位机构

该机构是机器的主要机构之一，其作用是在缝锁的一个周期内，与机针的往复直线运动和送布机构的送布运动相配合，实现左横列缝制、第一套结缝制、右横列缝制、第二套结的缝制。

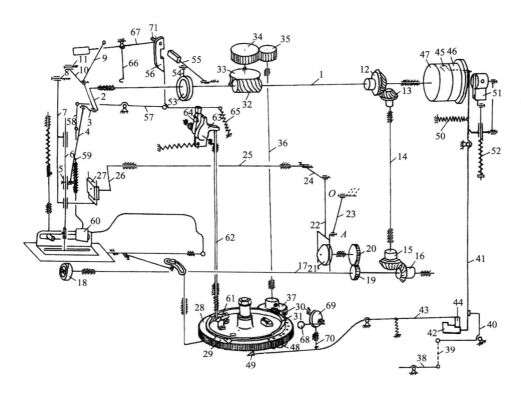

图 5 – 106 GI8 – 1A 型平头锁眼机工作原理

1—主轴 2—针杆曲柄 3—针杆曲柄销 4—针杆连杆 5—针杆夹头 6—针杆 7—针杆摆架 8、11—销轴

9—挑线杆 10—摆杆 12、13、15、16—伞齿轮 14、36—竖轴 17—旋梭轴 18—旋梭 19—针摆小齿轮

20—针摆齿轮 21—针摆凸轮 22—叉形连杆 23—叉形小摆架 24—摆轴后摆杆 25—摆轴 26—摆轴前摆杆

27—滑块 28—送布凸轮 29、30—套结顶块 31—环形基线变位凸轮 32—蜗杆 33—蜗轮

34、35—针数变换齿轮 37—齿轮 38—右踏板 39—链条 40—启动架 41—制动架 42—变速块

43—变速杠杆 44—定位块 45—皮带拨叉 46—固定带轮 47—空转带轮 48—变速顶块 49—主动速控块

50、65—弹簧 51—制动块 52—缓冲大弹簧 53—切刀偏心轮 54、58—连杆 55—落刀摆架 56—落刀曲柄

57—落刀杠杆 59—切刀杆 60—切刀 61—切刀顶块 62—切刀顶杆 63—落刀顶块 64—落刀顶架

66—过线杆 67—停刀钩 68—紧急停车手柄 69—凸轮 70—从动杆 71—销

从图 5 – 103 的缝型图中可以看出，纽孔的左、右横列宽及两次套结的宽度分别是相等的，这说明在一个缝锁周期中不但有机针两种不同摆幅的变换，而且还有以左基线为起摆基准的缝左横列的针摆，还有以右基线为基准的缝右横列的针摆，即针摆的变位。

图 5 – 107 为针摆、套结、针摆变位机构的结构示意图和工作原理图。

1. 针摆机构

针摆机构的作用是实现机针横向摆动。如图 5 – 106 所示，机器运转中，旋梭轴 17 上安装的针摆小齿轮 19 传动针摆齿轮 20，使同轴的针摆凸轮 21 转动，由于凸轮特定的外轮廓使叉形连杆 22 往复摆动，叉形连杆 22 与叉形小摆架 23 铰接（图中 A 点），而叉形小摆架的另一孔与叉形大摆架 3（图 5 – 106 中未绘出，见图 5 – 107）铰接，铰接点即图 5 – 106 中 O 点，O 点除针杆摆动幅度变化时改变外，在缝锁的其他时间均相对静

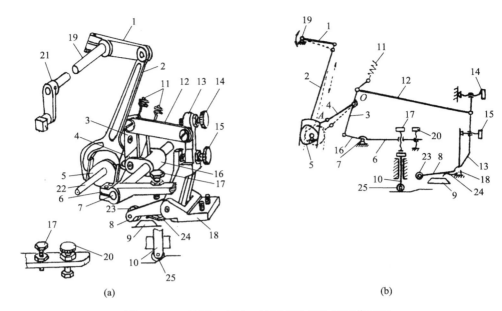

图 5 – 107　针摆、套结、针摆变位机构及工作原理

1—摆轴后摆杆　2—叉形连杆　3—叉形大摆架　4—叉形小摆架　5—针摆凸轮　6—针摆变位架　7—摆轴
8—套结宽度调节架　9—套结顶块　10—变位顶杆　11—叉形大摆架拉簧　12—拉杆　13—横列套结宽度调节架
14—横列宽度调节钮　15—套结宽度调节钮　16—叉形摆座　17—左基线调节钮　18—调节架托架　19—针摆摆轴
20—右基线调节钮　21—摆轴前摆杆　22—针摆凸轮轴　23、25—滚轮　24—板簧

止，如图 5 – 106 所示。叉形连杆 22 摆动时，A 点将以 O 点为中心作圆弧摆动，因此，叉形连杆 22 在往复摆动的同时又获得上下运动，通过与之铰接的摆轴后摆杆 24，使摆轴 25 及摆轴前端的摆轴前摆杆 26 往复摆动，与摆轴前摆杆铰接的滑块 27 与针杆摆架 7 下方的导槽滑动配合，这样，就实现了针杆摆架 7 绕销轴 8 的往复横向摆动。

机针的摆动必须在机针上升离开缝料才能开始，而且必须在下次刺布以前结束，这个运动要求是由针摆凸轮的特定形状保证的。如图 5 – 108 所示，当针摆凸轮的等径部分与叉形连杆接触时，叉形连杆停摆，此时正是机针刺布、形成线环、旋梭钩线的时间，而当凸轮变径部分与叉形连杆接触时，则是机针离开缝料及再次刺布前的摆动时间。

增大针摆距离，如图 5 – 109 所示，O 点位置的改变将改变 A 点的上下移动量（故称 O 点为关键点），图中 m 为 A 点水平摆动量，是由凸轮形状和尺寸决定的常数，当 O 点移到 O_1 点时，A 点在上下方向的移动量则由 H_1 增至 H_2，鉴于前述针摆原理，针摆距离加大。

当需要调宽横列宽度即加大针摆幅度时，如图 5 – 107 所示。旋入横列套结宽度调节架 13 上的横列宽度调节钮 14，由于螺杆的头部顶住机壳，因此，调节架 13 向右倾，通过拉杆 12 使叉形大摆架 3 随之右倾，其与叉形小摆架 4 的铰接点，即图 5 – 109 中的由 O 点位置向 O_1 方向变动。如上述，针摆幅度增大即横列宽度加宽，反之，旋出横列宽度调节钮 14，则横列宽度减小。

2. 套结机构

套结机构的作用是在纽孔两端缝出加固结，从而提高纽孔的牢度，该机构受送布凸轮

28 上安装的两个套结顶块 29、30 所控制，如图 5 – 106 所示。

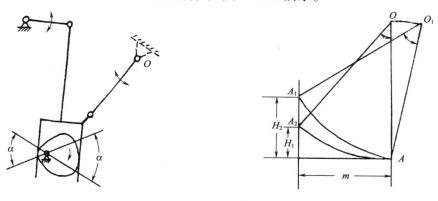

图 5 – 108　针摆凸轮与机针运动时间配合　　　图 5 – 109　O 点变化对针摆影响示意

套结机构工作原理如图 5 – 107 所示，机针在左横列缝锁结束时，随送布凸轮运动的第一套结顶块 9 将滚轮 23 顶起，使与之铰接的套结宽度调节架 8 绕固定支点顺时针转动，由于该调节架上部与装在横列套结宽度调节架 13 上的套结宽度调节钮 15 的头部接触，引起调节架 13 的右倾。通过拉杆 12 拉动叉形大摆架 3 改变了 O 点位置，机针摆幅随即增大，进行第一套结缝制，套结顶块 9 转过之后，滚轮随之落下，机针又恢复原有摆幅。但在变位机构的作用下，转为以右基线为基准摆动，进行右横列缝制。最后，送布凸轮上的第二套结顶块再次运动，进行第二套结缝制。

旋入或旋出套结宽度调节钮 15，使滚轮 23 与送布凸轮上的套结顶块的高低相对位置改变，即可改变套结宽度，旋入加宽，旋出则变窄。

3. 针摆变位机构

送布凸轮端面上加工有环形端面一侧称基线变位凸轮（图 5 – 106）。图 5 – 110 为其展开示意图，它的作用是实现左、右横列起摆基准的转换，即从以左基线为基准的左横列缝制，在经第一套结后转换为以右基线为基准的右横列缝制，这个转换称针摆变位。

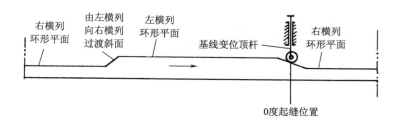

图 5 – 110　基线变位凸轮展开示意

针摆变位机构工作原理，如图 5 –107 所示。当送布凸轮上的套结顶块 9 转过滚轮 23 后，第一套结完成。此时，送布凸轮上的环形基线变位凸轮的过渡斜面转到与变位顶杆铰接的滚轮 25 下面，滚轮 25 连同变位顶杆 10 开始落下，过渡斜面转过后，滚轮 25 即托在右横列环形平面上，参见图 5 – 110。由于叉形大摆架拉簧 11 的拉动作用，针摆变位架 6

上的左基线调节钮 17 上的螺钉头部紧压在变位顶杆 10 的上端面，因此，随着滚轮 25 落在右横列环形平面上，针摆变位架 6 绕摆轴座支点顺时针转过一个角度，使叉形大摆架 3、叉形小摆架 4 及叉形连杆 2 一起向上，摆轴后摆杆 1 上摆，使摆轴前摆杆 21 右摆，将针杆摆架拨向右横列缝制。由于此时 O 点与叉形连杆 2 的相对位置与缝左横列时相同，因此，左、右横列的缝制宽度是相同的，当右横列缝制结束时，送布凸轮上的第二加固结顶块再次作用，实现第二套结缝制；完成后，基线变位凸轮也恰好转完右横列环形平面，滚轮 25 连同变位顶杆 10 又托在右、左横列环形平面的过渡斜面上，此时在其他机构的作用下，机器停车，一个纽孔缝制结束。

（四）送布机构和压脚机构

平头锁眼机采用了下托上压的夹板式送料，其作用是在一个纽孔的缝制过程中完成一次往复送布运动，与其他机构的运动相配合，实现纽孔特定缝型的缝纫。

送布机构示意如图 5－111 所示，工作原理可参见图 5－106，主轴上的蜗杆 32 传动蜗轮 33，使固定在蜗轮轴上的变换齿轮 34 传动齿轮 35 和竖轴 36，并通过固定在竖轴下方的

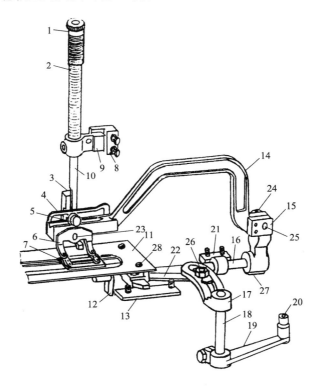

图 5－111　送布机构结构示意

1—调压螺丝　2—压脚杆弹簧　3—滚轮架　4—滚轮护架　5—滚轮　6—压脚固定架　7—压脚　8—压脚杆导板
9—压脚杆调节架　10—压脚杆　11—送布拖板　12—送布推架　13—送布推架导板　14—压脚架
15—压脚架联动夹头　16—送布推架滑杆轴　17—纽孔长度调节曲柄　18—轴　19—送布摆杆　20—滚轮
21—送布滑杆托架　22—送布连杆　23—压脚固定架轴　24—联动夹头轴螺钉　25—联动夹头轴
26—纽孔长度调节螺钉轴　27—联动夹头螺钉　28—送布拖板螺钉

齿轮 37 使送布凸轮 28 转动。在送布凸轮底面有心形送布凸轮曲槽，形状如图 5 – 112 所示。图 5 – 111 中的滚轮 20 嵌在送布凸轮曲槽内并与送布摆杆 19 铰接。当送布凸轮转动一周时，滚轮 20 驱动送布摆杆 19 绕轴 18 往复摆动一次，固连在轴 18 上端的纽孔长度调节曲柄 17 随之摆动。在调节曲柄 17 的调节槽内紧固的调节螺钉轴 26 与送布连杆 22 铰接，送布连杆 22 另一端孔与送布推架 12 铰接，送布推架 12 固定在送布推架滑杆轴 16 上，滑杆轴的前端滑动配合在机器底板孔中，后端滑动配合在固定的送布滑杆托架 21 孔中，送布推架 12 的上平面固定着送布拖板 11。送布推架滑杆轴 16 后端固定着压脚架联动夹头 15，其上铰接着压脚架 14，压脚架 14 前部装着压脚固定架 6，上面装着浮动的压脚 7，以便压紧缝料。压脚 7 的压力来自机头上的压脚杆 10 上的压脚杆弹簧 2，压脚杆的下端固定着滚轮架 3，滚轮 5 与滚轮架上的固定轴铰接。滚轮 V 形的外圆面与压脚架上的 V 形槽配合，使弹簧压力作用在压脚上，通过弹簧 2 上方的调压螺丝 1 调节压脚压力，踩下机器左踏板时使压脚杆 10 抬起，从而抬起压脚架。

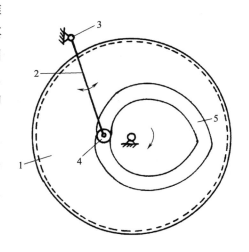

图 5 – 112　送布凸轮心形槽工作原理
1—送布凸轮　2—送布摆杆
3—送布轴　4—滚轮　5—心形槽

　　送布凸轮转动时，纽孔长度调节曲柄 17 的往复摆动由送布连杆 22 推动送布推架 12，送布推架滑杆轴 16 带动送布拖板 11 和压脚夹持缝料前后移动实现送布。

（五）变速和定位制动机构

　　平头锁眼机在一次缝锁周期中，开始时以高速运行，在临结束前 7～8 针自动转为低速，以便切刀在最后 2～3 针时下落切开纽孔，并在随后的定位制动中减小由于停车时惯性力所引起的冲击。

　　电动机安装在台板下面，电动机的皮带轮为一整体，但由直径不同的两个三角带轮槽组成，图 5 – 113 为速度转换装置工作原理图。电动机皮带轮上的大直径轮槽 1 用三角皮带 2 和转换装置上小直径带轮 3 相连，使与带轮 3 连为一体的高速平皮带轮 4 转动，而电动机带轮上的小直径轮槽 5 用三角皮带 6 和转换装置上大直径带轮 7 相连，使与带轮 7 连为一体的低速平皮带轮 8 低速转动，平皮带轮 4 和 8 轮径相同。

　　机器主轴 12 后端活套着空转平皮带轮 11，固定着和空转轮等直径的平皮带轮 10，机器的上下平皮带轮靠一根平皮带 9 传动。机器开始工作时，平皮带 9 连接平皮带轮 4 和 10 实现高速运转，在缝锁结束前 7～8 针，台板下的皮带拨叉（图中未绘出）将平皮带 9 拨至带轮 8，机器转入低速，在缝锁最后 2～3 针时，机头上的皮带拨叉将平皮带 9 拨至空转

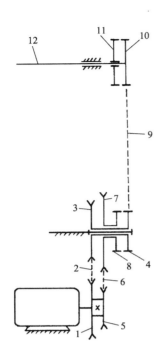

图 5 - 113　速度转换装置工作原理

1—大直径轮槽　2、6—三角皮带

3—小直径带轮　4—高速平皮带轮

5—小直径轮槽　7—大直径带轮

8—低速平皮带轮　9—平皮带

10—平皮带轮　11—空转平皮带轮

12—机器主轴

轮 11，机器主轴失去动力，定位制动机构进行制动，机针停在最高位置。

上述过程是由启动装置、定位制动机构中的皮带拨动装置、变速定位装置和定位制动装置共同实现的，其工作原理如图 5 - 106 所示。当电动机开动后，踩下机器右踏板 38，通过链条 39 拉动启动架 40 绕轴逆时针偏转，推动制动架 41 顺时针偏转，变速杠杆43 后端紧固的定位块 44 钩住制动架变速块 42 的最低一个齿，脚离开右踏板，这种状态继续保持，与此同时，安装在制动架 41 上方的皮带拨叉 45 将平皮带拨至固定带轮 46 上，台板下方的拨叉将平皮带拨至高速平皮带轮上（图中未绘出），机器开始高速运转。在缝制结束前 7 ~ 8 针，安装在送布凸轮下方的变速顶块 48 的第一斜面（图 5 - 114），在转动中压下安装在变速杠杆 43 端部的主动速控块 49，使变速杠杆后端抬起一定高度，制动架 41 在弹簧 50 的拉动下逆时针偏摆，使变速杠杆后端的定位块 44 钩住变速块 42 的较高一个齿，此时平皮带仍保持在固定带轮 46 上，而台板下方的皮带拨叉已将平皮带从高速轮上拨至低速轮，机器转入低速。在缝锁结束前 2 ~ 3 针，变速顶块 48 的第二斜面（图 5 - 114）再次压下变速杠杆，定位块 44 再次抬起，制动架 41 完全复位，制动架上方皮带拨叉 45 将平皮带拨至空转轮上，同时，制动架 41 上方的制动块 51 卡入固定带轮 46 内定位制动凸轮（图中未绘出）的径向槽内，皮带轮内的缓冲弹簧和制动架上的制动缓冲大弹簧 52 消耗了机器的剩余惯性，最终实现了定位制动。

在缝制过程中如遇突发情况，可利用紧急停车装置实施立即停车，如图 5 - 106 所示，将紧急停车手柄 68 逆时针转动 180°，凸轮 69 推动从动杆 70 压迫变速杠杆 43，使变速杠杆后端的定位块 44 迅速抬起，释放变速块 42，机器立即定位停车。

当需要慢速缝制时（如调试后试车），可将紧急停车手柄 68 逆时针转 90°，此时变速杠杆 43 后端的定位块 44 抬起的高度仅释放变速块 42 一个齿，机器低速运行。

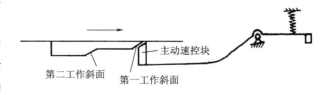

图 5 - 114　变速顶块工作原理

（六）切刀机构

GI8－1A 型平头锁眼机采用的是先缝后切式切刀机构，并在机构中设有断面线自动停刀装置，以便在断线后能够补缝，获得理想的纽孔。

该机构工作原理参见图 5－106，主轴 1 旋转时，在轴上安装的切刀偏心轮 53，通过连杆 54 驱动落刀摆架 55 往复摆动，当送布凸轮上的切刀顶块 61 转到切刀顶杆 62 下方时，顶起切刀顶杆，并使落刀顶块 63 和落刀顶架 64 一起逆时针偏转，落刀曲柄 56 右下方的凸头从落刀顶架 64 的上表面移至落刀顶块 63 的上表面，切刀顶块 61 随送布凸轮转过后，切刀顶杆 62 落下复位，落刀顶块 63 在弹簧拉动下也随之复位，但由于落刀曲柄 56 右下方的凸头阻止落刀顶架 64 复位，落刀顶块、落刀顶架之间形成一个空间，落刀曲柄 56 在弹簧 65 的拉动下，落刀曲柄右下方的凸头进入这个空间，造成落刀曲柄绕其与落刀杠杆 57 的铰接点顺时针偏转，落刀曲柄上方缺口卡住往复摆动的落刀摆架 55，落刀摆架向上摆动时，拉动落刀曲柄 56 及落刀杠杆 57，落刀杠杆前端铰接的连杆 58 推动切刀杆 59，使切刀 60 迅速切开纽孔。此时，落刀曲柄 56 右下方的凸头已从落刀顶块、落刀顶架的开口空间抽出，落刀顶架在弹簧作用下立即复位，在落刀摆架 55 带动落刀曲柄 56 下摆时，切刀 60 上升复位。落刀曲柄 56 下方的凸头重新落在落刀顶架上表面，并迫使落刀曲柄逆时针偏转与落刀摆架脱离，恢复切刀动作前的位置。

机器工作中如出现断面线现象，穿在过线杆 66 下端过线环中的面线会突然松弛，由面线张力所产生的使过线杆 66 左拉的力不复存在，停刀钩 67 失去平衡，绕其支点逆时针偏转，其图示右端钩头上摆，将落刀曲柄 56 上的销 71 钩住。这样虽然送布凸轮 28 上的切刀顶块按上述过程完成一系列动作，但由于落刀曲柄被停刀钩钩住，不可能与落刀摆架 55 结合，切刀在预定的时间不再切开纽孔。

自动停刀装置对断面线有效，而对断底线不起作用，当出现断底线或梭芯中底线用完时，应立即将紧急停车手柄逆时针转过 180°，实施紧急停车，或者用力按住自动停刀钩 67 前端（图 5－106），使后端钩头钩住落刀曲柄 56 上的销 71，防止切刀下落切开纽孔，否则会按预定程序切刀照常切布，致使纽孔无法补缝而成为废品。

五、使用与调节

（一）润滑

机头上部的油箱每年至少注油一次（2#白油或 7#机械油），每次约 70mL，机座油槽注入约 150mL，伞齿轮油箱注入钙基润滑脂每年更换一次，凡油杯加油处，每周加油一次，其他有相对运动而又未能自动润滑部位，每天应人工注油一次。

（二）机针和缝线选择

为取得理想的缝锁质量，应根据缝料选用适当的针号和缝线。可根据表5－17 推荐配伍进行选择。平头锁眼机面线应选用左旋线。

表 5 - 17　针号、缝线的选择

针号	缝纫线线密度/tex		缝　料
	棉　线	涤纶线	
75	12.5 ~ 10 （80 ~ 100 公支）	12.5 ~ 10 （80 ~ 100 公支）	薄府绸、汗衫布、绸缎
90	16.67 ~ 12.5 （60 ~ 80 公支）	20 ~ 16.67 （50 ~ 60 公支）	薄棉布、绒布、涤纶布
100	20 ~ 16.67 （50 ~ 60 公支）	20 ~ 16.67 （50 ~ 60 公支）	粗布、卡其布、灯芯绒、薄呢

（三）机针安装及针梭配合要求

机针安装时可先旋松针杆的紧针螺钉，将机针插进针杆孔中，顶住孔底，并使其长槽背离操作者然后拧紧螺钉。

机针和旋梭有严格的配合要求，可通过以下方法进行检测和调试。在图 5 - 115 中，图 (a) 为该机检测和调试专用的定位样板尺，GI8 - 1A 型平头锁眼机针梭配合应符合以下要求。

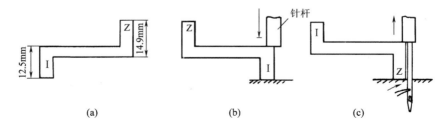

图 5 - 115　针梭配合要求

（1）转动上轴（从操作者方向看，顺时针转动）使机针落在针板孔中央位置，针杆运动至最低，此时将样板尺"I"端放入针杆与针板之间，应能放入而无明显间隙，如不符合要求，则可旋松针杆调节架上的紧固螺钉，上下调节针杆，满足要求后紧固螺钉，如图 5 - 115 (b) 所示。

（2）顺时针转动上轴，针杆开始上升，当上升到针杆下端与针板之间能放入定位样板尺"Z"端时，旋梭尖应正好运动至机针中心线，如图 5 - 115 (c) 所示，如未能符合要求，则可旋松旋梭紧固螺钉进行调节，同时，还应保证机针与梭尖间隙为 0.05mm。

由于购机时未配定位样板尺，用户可按上图自制，也可根据经验直接调试，方法是当机针从最低点上升 2.2 ~ 2.6mm 时，梭尖应运动到机针中心线并在针孔上缘上方 1.2 ~

1.6mm，并使两者之间间隙为0.05mm。

（四）纽孔各参数调节

平头锁眼机为了适应不同尺寸的纽扣和不同性质的面料，纽孔的各参数要经常予以调节，要缝出高质量的纽孔必须掌握正确的调节方法。图5-116为纽孔形成过程图。

1. 纽孔基准线的调节

对纽孔基准线调节的要求是：左横列的左基线和右横列的左侧平行线对切刀落点应对称，如图5-116所示，距离$a=b$，切刀切开纽孔时不允许切断左右横列的缝线。

图5-117为设在机器右侧外部的调节装置示意图，顺时针旋入左基线调节螺钉1，则左基线左移，反之右移；顺时针旋入右基线调节钮2，则右基线左移，反之右移，其调节原理已在前述，此处略。该机出厂时左基线已调好，一般不予变动。

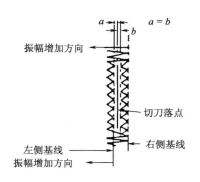

图5-116 平头纽孔形成过程

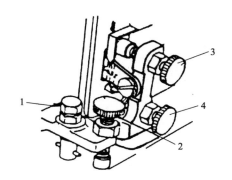

图5-117 横列、套结、基线调节装置示意
1—左基线调节螺钉 2—右基线调节钮
3—横列宽度调节钮 4—套结宽度调节钮

2. 横列和套结宽度的调节

横列和套结宽度的调节是针杆摆幅的调节，如图5-117所示，顺时针旋入横列宽度调节钮3，横列加宽，如加宽后切刀切断右横列左侧缝线，可将右基线右移，并保证切刀位于两横列的中间位置，最后还应顺时针旋入套结宽度调节钮4，使套结宽度等于两横列左右侧总宽。

反之，当逆时针旋出横列宽度调节钮3，横列宽度则变窄，此后，还将要对基线及套结宽做相应调节。一般的调节顺序是：调节横列宽，试车观察切刀落点与左右横列的距离，调节右基线，调节套结宽。

3. 纽孔长度调节

纽扣尺寸变化后，即应做纽孔长度调节。如图5-118所示，拉出送布拖板后面的推板1，用扳手旋松螺母3，将指针拨到送料曲柄5所需的刻度位置，拧紧螺母3即可，应注意刻度所显示的是切刀长度而不是纽孔缝型全长。

4. 针数调节

纽孔针数直接影响着纽孔的外观和质量，要根据缝料的性质及缝线规格恰当地选择缝锁针数。

如前所述，送布凸轮转动一周正好完成一个纽孔的缝制，由于机器主轴转速在一个纽孔缝制的绝大部分时间内不变，因此改变送布凸轮转一周的时间，即改变了缝锁针数。平头锁眼机针数的改变是通过更换针数变换齿轮实现的，图5-106中的齿轮34、35为一对针数变换齿轮，两齿轮传动比的改变，即可获得另一种针数。GI8-1A型平头锁眼机随机配备两组齿轮，可缝锁100针、123针、152针和190针四种针数，如需要其他针数可向厂方提出要求，另行订购。

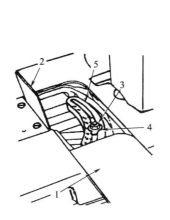

图5-118　纽孔长度调节
1—推板　2—内盖板　3—螺母
4—指针　5—送料曲柄

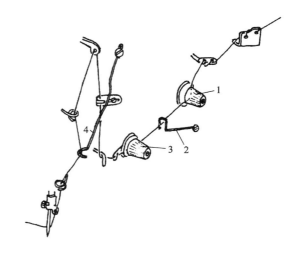

图5-119　面线穿线顺序
1—第一夹线器　2—松线钩　3—第二夹线器
4—断线停刀过线钩

（五）面线穿线方法

图5-119所示为该机的穿线顺序，穿线时注意要通过断线停刀钩过线杆下方的环中，缝制中如遇断面线即可避免切刀动作造成废品。

（六）底线穿线方法

图5-120（a）为完成底线穿线后的情况，此时拉动线头，梭芯应按箭头所示方向旋转，底线穿线应按以下顺序：把线拉过梭皮缺口1，再拉入梭皮导线孔2［图5-120（b）］，然后用左手拇指按住底线，将线头拉入梭子导线孔3，再从梭子导线孔4拉出［图5-120（c）］，拉出约50mm的线头即可，最后将梭子正确装入旋梭梭床内。

（七）操作程序及应急处理

准备工作做好后即可进行试缝。踩下机器左踏板，压脚抬起后放入缝料，松开踏板，

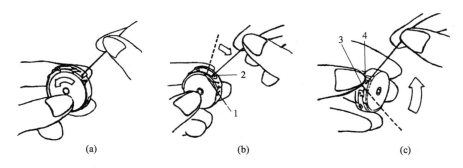

图 5 - 120　底线穿线顺序

1—梭子缺口　2—梭皮导线孔　3、4—梭子导线孔

将紧急停车手柄逆时针推向正下方保持不动，如图 5 - 121 所示 A 的位置，踩下右踏板，机器开始一个周期的低速缝纫。机器停车后，再次踩下左踏板，压脚抬起，面线、底线剪刀自动剪线，即可取出缝料。检查缝锁质量合格后，即可开始正式工作。

　　在缝锁中如遇紧急情况，将紧急停车手柄推至如图 5 - 121 中所示 B 的位置，机器将立即停车。在重新开车之前，应顺时针转动手动送料柄（图 5 - 122），移动送布拖板，使机针在线迹中断位置之前补缝。在转动手动送布柄之前，如机针刺入缝料或落刀曲柄与落刀摆架咬合时，应手转带轮予以排除。

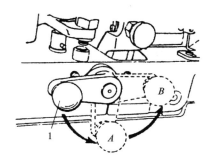

图 5 - 121　紧急停车手柄使用方法

1—紧急停车手柄

A—低速位置　B—紧急停车位置

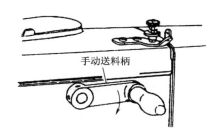

图 5 - 122　手动送布装置

　　在缝锁中如不想让切刀下落，只要略向下压停刀柄，直至一个周期结束，切刀就不会落下，如图 5 - 123 所示。

（八）线迹调节

　　平头锁眼机可缝锁出两种形式的纽孔，如图 5 - 124 所示，图（a）所示为平线迹眼，其特点是横列和套结部位的面、底线交织线结均在面料中，正面只露面线，反面只露底线；图（b）所示为三角线迹眼，其特点是套结部位线结在缝料中和平线迹眼相同，但在横列部位，线结在缝料正面，面线呈一直线，底线从左右两边与面线交织。

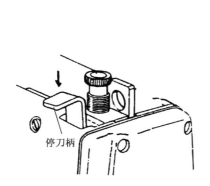

图 5 – 123　防止切刀下落方法

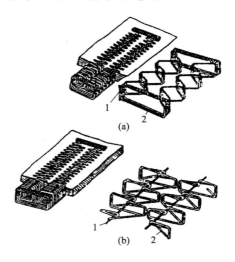

图 5 – 124　平头纽孔两种形式结构

1—机针线　2—底线

　　三角线迹眼的调节方法：旋松梭芯套上的梭皮螺钉，减小底线张力（15 ~ 20cN），即用手拉住线头，梭子靠自重能缓慢匀速下滑。套结线迹可调节第一夹线器，使线结在缝料中。横列线迹则可调节第二夹线器，加大面线张力，使线结在面料正面，必要时可调大第二夹线器挑线簧行程。

　　平线迹眼的调节方法是：旋紧梭芯套上的梭皮螺钉，加大底线张力（40 ~ 50cN），旋松第二夹线器至完全释放状态，而第一夹线器基本不动或根据情况略做微调，必要时可适当减少第二夹线器挑线簧行程。

六、常见故障分析与排除方法（表 5 –18）

表 5 –18　常见故障分析与排除方法

故　障	原　因	排 除 方 法
断面线	第二夹线器张力过大	调小
	挑线簧行程过大	减小挑线簧行程
	梭尖有毛刺	修光或更换旋梭
	针梭配合失准	按要求重新调节
	穿线方法不对	按正确方法重新穿线
	机针安装不正确	按要求重新安装
	机针太细	更换粗针
	过线部位有毛刺或伤痕	用布或细砂纸修磨抛光

续表

故　　障	原　　因	排　除　方　法
浮线	第一夹线器张力过小 底线张力过大	旋紧增大张力 检查穿线是否正确，并适当调节底线张力
跳针	针槽方向不对 机针弯曲，针尖变秃或有钩 针梭配合失准	长针槽背对操作者 更换机针 按要求重新调节
断针	机针弯曲 机针梭尖相碰 面线剪刀张开时碰到机针	换针 重新调节，保证两者间隙为 0.05mm 按机器使用说明书有关要求调节
横列部位线迹紊乱	第二夹线器张力过小 挑线簧行程过大或过小 底线张力过大或过小	增大第二夹线器张力 重新调节挑线簧行程 重新调节底线张力
缝纫开始时线迹紊乱	第一夹线器张力过小 面线剪刀位置过高 挑线簧行程过大	增大第一夹线器张力 尽量装低些，但不能与压脚相碰 减小挑线簧行程
第一套结部位从缝料背面露出线圈	第一夹线器张力过小 底线张力过大	增大第一夹线器张力 减小底线张力
高速运转时切刀下落	切刀顶块位置不对 变速机构调节不良	调节切刀顶块位置（推后） 按要求重新调节
切刀不下落	切刀顶块位置不对 断线停刀钩平衡状态不理想 面线穿线时未穿进断线停刀钩的过线杆环内	调节切刀顶块位置（前移），使机器制动前 2~3 针时切刀下落 调整断线停刀钩上的平衡块位置 穿入
即使面线断，切刀仍然下落	断线停刀钩平衡状态不理想	调整断线停刀钩上平衡块位置
即使踏板向下踏足仍无高速	手动刹车柄处于正下方，未复位 变速机构拨叉未能将皮带拨到高速带轮上	复位 向拨叉传动销注油或重调拨叉位置
缝纫机制动后针的高度偏移	制动架上缓冲大弹簧弹力不足 平皮带太松	拧紧缓冲杆螺母，加大弹簧弹力或更换弹簧 增大皮带张力

复习思考题

1. GI8 – 1A 型平头锁眼机有哪些特点？

2. 熟悉平头纽孔的缝型结构及缝锁过程。

3. GI8－1A 型平头锁眼机由哪些机构组成？

4. 送布凸轮控制机器完成了哪些动作？

5. 机针的摆动必须在离开缝料后才能开始又必须在再次刺入缝料前结束，这个要求是怎样实现的？

6. 简述针杆摆幅变化原理。

7. 针杆摆动变位是怎样实现的？

8. 简述 GI8－1A 型平头锁眼机送布机构工作原理。

9. 机器如何自动实现低速转换和定位制动？

10. 针梭的正确配合对机器工作有何重要作用？如何检测？

11. 简述纽孔各参数调节的程序、方法和要求。

12. 针数如何调节？原理是什么？

13. 熟悉面线、底线穿线方法。

14. 为什么面线要从停刀钩过线杆的环穿过？

15. 紧急停车手柄如何使用？它的工作原理是什么？

16. 如何正确使用手动送料手柄？

17. 平头锁眼机纽孔有哪两种线迹形式？特点是什么？每种线迹形式如何调出？

18. 熟悉机器常见故障的分析及排除。

第八节　之字缝缝纫机

一、功能和特点

之字缝缝纫机又称曲折缝、人字缝、锯齿缝缝纫机，俗称花针机。它是在普通平缝机的基础上增加了针杆的摆动（或平动），使机针在缝纫过程中在左右两个位置交替变动，并和送布机构的运动相配合，形成曲折的锁式 304 号线迹。这种线迹有很强的抗拉强度、线迹美观、坚固耐用、使用范围广，适用于棉织物、人造革、毛织物等薄料和中厚料。常用于内衣、胸饰、手套、泳衣、鞋帽、箱包、降落伞等产品的曲折缝和拼缝等。利用辅件还可进行绣花、包边缝、包梗缝、各种图案装饰缝、拉链缝和套结缝等。

二、之字缝缝纫机的种类

1. 按用途分

有绣花机、拼缝机和装饰缝机。

2. 按机针在横向运动中刺布点数分

有两点式、三点式和四点式。

3. **按机针刺入布料方式分**

有摆动针杆和平移针杆。

4. **按针数分**

有单针之字缝机和双针之字缝机。

5. **按控制针迹的方式分**

有机械凸轮式和电脑控制式。

三、典型机型介绍

GT655 - 01 型单针锁式之字缝缝纫机（图 5 - 125）是中国标准缝纫机公司与日本兄弟工业株式会社合作生产的机型，该机技术规格见表 5 - 19。

表 5 - 19　GT655 - 01 型单针锁式之字缝缝纫机技术规格

最高缝速	最大针距	最大线迹幅度	缝纫形式	压脚提升量	送布牙高度	机针型号	用　途
5000rpm	2.5mm	8mm	两点曲折式	手动6mm 膝动10mm	1mm	兰狮SY1965 Nm70/10	薄布料~中厚布料

图 5 - 125　GT655 - 01 型之字缝缝纫机

（一）机器的基本构成和工作原理

图 5 - 126 为 GT655 - 01 型单针锁式之字缝缝纫机工作原理图。

1. **挑线机构**

本机采用了旋式挑线器，如图 5 - 126 所示。该旋式挑线杆 1 与上轴 5 固定，当旋式挑线杆与上轴一起转动时，依靠挑线器端部特殊的形状结构实现有规律的供线和收线。这种挑线器仅是一个与上轴固连的回转零件，不产生任何附加的动载负荷，也不需要润滑。

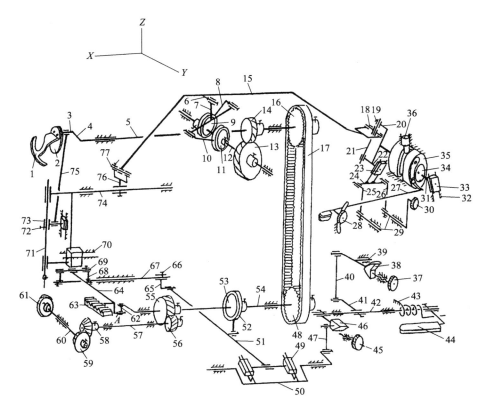

图 5-126　GT655-01 型单针锁式之字缝缝纫机工作原理

1—旋式挑线杆　2—旋式挑线杆安装板　3—销　4—针杆曲柄　5—上轴　6—销轴　7—摆杆　8、10—偏心连杆
9、11—偏心轮　12—螺旋齿轮轴　13—被动螺旋齿轮　14—主动螺旋齿轮　15—之字缝连杆　16—同步齿形带轮
17—同步齿形带　18—滑筒　19—紧定螺钉　20—传动器　21—滑筒轴　22—销　23—滑块　24—之字缝支架
25—之字曲柄 A　26—之字曲柄 B　27—基线变更扳手　28—滚花螺母　29—之字缝轴　30—之字缝手柄　31—销
32—滑块座　33—滑块　34—偏心芯轴　35—偏心芯轴座　36—定位销　37—针距旋钮　38—送料调节器
39—销轴　40—连杆　41—送布摇杆　42—倒缝扳手轴　43—扭簧　44—倒缝扳手　45—加固缝旋钮
46—加固缝调节器　47—调节器连杆　48—同步齿形带轮　49—双滑块　50—调节器　51—针距连杆
52—驱动连杆　53—送布偏心轮　54—下轴　55—下轴齿轮　56—驱动齿轮　57—驱动轴　58—驱动轴伞齿轮
59—旋梭轴伞齿轮　60—旋梭轴　61—旋梭　62—小连杆　63—送布牙　64—送布牙架　65—水平送布摆杆臂
66—紧固螺钉　67—水平送布轴　68—牙架曲柄　69—送布牙架轴　70—导向器　71—针杆　72—紧固螺钉
73—针杆抱箍　74—针杆平移架　75—针杆连杆　76—之字缝接头　77—销轴

2. 针杆机构及针杆平移机构

上轴 5 转动时，上轴左端针杆曲柄 4 上连接的销 3 与针杆连杆 75 铰接，针杆 71 上紧固的针杆抱箍 73 的圆柱轴部又与针杆连杆下部铰连。这样，上轴的转动即变为针杆在针杆平移架 74 的上下同心导孔中的往复运动。

与传统之字缝缝纫机的摆动针架不同，该机采用了平移机架。这样，在左右针位均实现了垂直刺布，避免了摆动刺布时由于机针和缝料不垂直引起缝料在左右方向的移动，从而导致左右抽缩的现象，同时使机器的缝厚能力、线迹均匀度等方面也有了明显的提升。

以下对平移机架机构的组成及工作原理做一简单介绍。

上轴 5 紧固的主动螺旋齿轮 14 与安装在螺旋齿轮轴 12 上的被动螺旋齿轮 13 构成齿轮副，其齿数比为 1:2，在螺旋齿轮轴 12 上安装的偏心轮 9、11 传动偏心连杆 8、10。摆杆 7 与偏心连杆 8、10 分别铰连，摆杆 7 又与之字缝连杆 15 通过销轴 6 铰连。之字缝连杆 15 前端（图示左端）通过销轴 77 与固定在针杆平移架上的之字缝接头 76 铰连，其后端通过铰连的滑筒 18 与固定在传动器 20 上的滑筒轴 21 构成滑动运动副。

上轴 5 旋转时，通过螺旋齿轮 14、13 传动偏心轮 9、11 转动，进而通过套在偏心轮上的偏心连杆 8、10 带动摆杆 7 作复杂的平面运动，但该运动受到之字缝连杆 15（图示右端）由滑筒 18 和滑筒轴 21 所构成的滑动运动副的制约，由于滑筒轴 21 被调节系统预置为一定的倾斜角度，当之字缝连杆 15 被摆杆 7 推动作起伏运动时，滑筒 18 将沿滑筒轴滑动，当滑至上方时之字缝连杆 15 被拉至图示右方，其左端通过之字缝接头 76 拉动针杆平移架 74 将针杆拉至右针位，而当滑筒 18 滑至滑筒轴下方时，针杆平移架被推至左方，针杆也到了左针位，与针杆上下运动及送布等机构的运动相配合最终实现了之字形缝纫。

3. 针杆平移调节机构

针杆平移调节机构由平移幅度（即线迹宽度）调节机构及针位调节（基线调节）机构组成。

（1）平移幅度（线迹宽度）调节机构：如图 5－126 所示，搬动之字缝手柄 30，之字缝曲柄 A25 和之字缝曲柄 B26 将拉动之字缝支架 24 平移，其导槽推动与传动器 20 铰连的滑块 23，导致传动器 20 绕其穿入偏心芯轴座 35 的轴偏转，从而改变了滑筒轴 21 的倾斜角度。如上所述，此时针杆平移架 74 的左右平移幅度即完成改变。当之字缝手柄 30 向右搬至极限位置时，滑筒轴直立，显然，此时针杆平移架的移动幅度变为零，此时即为直线缝纫，完成的是 301 号线迹。

反之，当之字缝手柄 30 由左向右扳动时，平移幅度变宽，本机调节范围为 0～8mm。

（2）针位调节（基线调节）机构：如图 5－126 所示，偏心芯轴座 35 安装在机壳孔中，定位销 36 嵌入该轴座的环形槽中，限制其不得轴向移动。轴座的偏心孔与偏心芯轴 34 构成滑动配合，传动器 20 的转轴穿入偏心芯轴的偏心孔中亦构成滑动配合。而偏心芯轴上另一偏心孔中过盈配合的销 31 与滑块 33 铰连，该滑块则与固定在机壳上的滑块座 32 的导槽构成滑动配合。

如图 5－126 所示，当旋紧的滚花螺母 28 将基线变更扳手 27 固定时，上述各机件均处于固定位置，机器完成预定的曲折缝纫。但如果旋松滚花螺母 28，改变基线变更扳手 27 的位置，由于该扳手的末端与偏心芯轴座连接则该轴座产生偏转，由于滑块 33 只能在滑块座 32 的导槽中平动，在此制约下偏心芯轴 34 产生偏转，其偏心孔即带动传动器 20 在不改变滑筒轴 21 角度（即线迹宽度未改变）的情况下改变其工作位置。滚花螺母 28 上移则传动器 20 向图中右方移动，通过之字缝连杆 15、之字缝接头 76 拉动针杆平移架 74

右移，从而改变了缝纫针位，即改变了基线位置。此时机器进行的曲折缝纫将在比原来偏右的位置进行，而如果滚花螺母 28 下移，缝纫位置则偏左。

4. 旋梭钩线机构

如图 5 – 126 所示，安装在上轴 5 的同步齿形带轮 16 通过同步齿形带 17 及安装在下轴 54 上的同步齿形带轮 48 带动下轴旋转。下轴前端的齿轮 55 与驱动轴 57 后端的驱动齿轮 56 啮合，驱动轴通过驱动轴伞齿轮 58、旋梭轴伞齿轮 59 驱动旋梭 61，以主轴转速的两倍旋转并与机针配合完成钩线运动。

5. 送布机构及针距调节机构、倒缝及加固缝机构

（1）送布机构：和其他缝纫机一样，送布牙 63 的送布运动也是由上下运动和前后运动复合而成。如图 5 – 126 所示，下轴 54 前端的曲柄通过小连杆 62 与送布牙架 64 铰连，下轴转动时其前端曲柄即带动送布牙 63 上下运动。

下轴 54 上安装的送布偏心轮 53 通过驱动连杆 52 带动针距连杆 51 上下运动，由于与之铰连的双滑块 49 在调节器 50 倾斜的导槽中往复运动，使针距连杆 51 在上下运动的同时获得了前后运动（参见第十节其他机型简介中关于针牙同步送布缝纫机中的有关介绍），再通过与针杆连杆前端铰连的水平送布摆杆臂 65、水平送布轴 67 等机件的运动传递，最终使送布牙 63 获得了前后运动。

（2）针距调节机构：显然，在上述运动传递中，调节器 50 上与双滑块配合的导槽倾斜角度的改变无疑将改变针距连杆 51 前后运动的动程，进而改变送布牙前后运动距离即针距的大小。

如图 5 – 126 所示，在扭簧 43 的作用下，针距旋钮 37 螺杆头部紧贴送料调节器 38 的 V 型工作面的下斜面，针距调节机构处于稳定状态，调节器 50 上的双滑块导槽的倾斜角度亦稳定于某一角度，机器以一特定针距缝纫。

当需要调节针距时，转动针距旋钮 37，其螺杆在前进（或后退）中将通过其头部对调节器工作斜面所施加的作用力使送料调节器 38 绕销轴 39 偏转，经构件 40、41、42、46、47 的运动传递使调节器 50 导槽的倾角改变，如前所述，此时缝纫针距即告变化。

（3）倒缝与加固缝机构：应当指出，鉴于之字缝线迹特点，该类缝纫机并不要求如平缝机那样实现等针距倒缝，而是由倒缝机构和加固缝机构组合实现加固缝纫，这种加固缝纫有三类形式即短针距正向加固缝；倒缝加固缝和原地加固缝。详见本节后面加固缝设定，这些加固缝纫对于防止缝后脱线是很有作用的。

倒缝与加固缝机构的工作原理简述如下：

图 5 – 126 中件 45 为加固缝旋钮，旋钮盘面上标有 1 — 0 — –2.5 的正负数刻度区间（详见本节后面"加固缝设定"部分图示），当转动该旋钮设置为不同的数值时，旋钮螺杆头部与加固缝调节器 46 工作斜面之间的距离亦不同，当按下倒缝扳手 44 直至螺杆头部和加固缝调节器 46 工作斜面接触而导致调节器 50 上的滑块导槽倾角状态也各异，从而产生不同的加固倒缝状态。

当设置为正数时，压下倒缝扳手导槽倾角变小，机器将按数字对应的短针距沿原缝纫方向进行加固缝纫。

当设置为零时，压下倒缝扳手导槽倾角为零，送布牙停止送布机器以零针距在原地进行加固缝纫。

在设置为负数时，压下倒缝扳手导槽倾角为负值，机器以对应的针距逆原缝纫方向进行加固缝纫。

（二）使用和常见调整

1. 机针安装

机针安装应在针杆升至最高位置时进行，机针长槽应正对操作者并向上装足，最后可靠旋紧紧针螺钉。

2. 梭芯套安装（图 5 - 127）

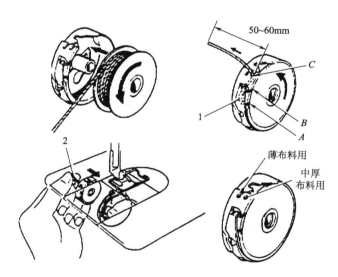

图 5 - 127　梭芯套安装
1—弹线弹簧　2—梭芯套提钮

（1）梭芯套安装应在机针升至针板面以上时进行。

（2）握住梭芯逆时针方向绕线然后将梭芯放入梭芯套中。

（3）将线穿入槽 A 钩在弹线弹簧 1 下方。

（4）将线穿回槽 B，在引线口 C 拉出线头。

（5）拉动线头确认梭芯按逆时针方向旋转。

（6）拿住梭芯套提钮 2 将梭芯套插入旋梭。

3. 穿面线

穿面线宜在皮带轮外圆面上的基线与皮带罩壳的合印对齐时进行，既便于穿线，又可防止起缝时线迹脱散。穿线方法如图 5 - 128 所示。

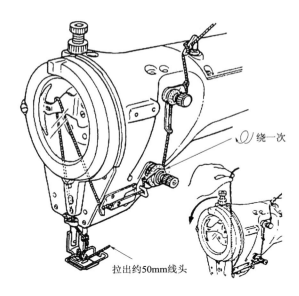

图 5 – 128　穿线方法

4. 线迹宽度调整

该调整应在停机并将机针提升至缝料上方后进行，如图 5 – 129 所示。

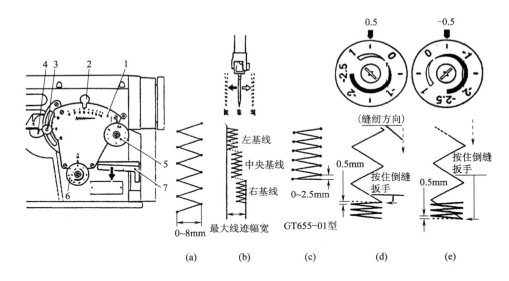

图 5 – 129　线迹宽度、针位、针距及加固缝的调整

1—装饰盘　2—线迹幅宽调节杆　3—螺母　4—转换杆　5—针距调节旋钮　6—倒缝针距旋钮　7—倒缝扳手

装饰盘 1 上的数字表示线迹宽度的约值（mm），左右移动线迹幅宽调节杆 2 至装饰盘上相对应的数字上，试缝后根据需要可再做微调，图 5 – 129 （a）中的数字为该机线迹宽度的调节范围。

5. 针位调整

该调整也必须在停机并将机针提升至缝料上方后进行。仍如图 5 – 129 所示，调整时旋松螺母 3，上下搬动转换杆 4 即可调整针位。图 5 - 129（b）中显示的左、中、右三种针位即是将转换杆 4 搬至上、中、下相对应的三种针位。调整后应立即旋紧螺母 3。

6. 针距调整

图 5 - 129 中的旋钮 5 为针距调节旋钮，其上的刻度值越大对应针距越大。调整时将所需要的数字与刻度盘上的标记对齐，试缝后根据实际情况再进行调整，图 5 - 129（c）中的数字为该机针距调节范围。

7. 加固缝设定

在缝纫的最后所完成的加固缝纫对防止线迹脱散是很重要的，缝前根据工艺需要可预先设定加固缝的形式和针距。

图 5 - 129 中 6 为倒缝针距旋钮。当设置为正数时，按下倒缝扳手 7，机器将按设定数字（针距）沿原缝纫方向进行加固缝纫，如图 5 - 129（d）所示；当设置为负数时，则逆原缝纫方向进行加固缝纫，如图 5 - 129（e）所示；如设置为零，则在原地进行加固缝纫（针距亦为零）。

8. 面线、底线张力调整

此类调整应视试缝中线迹情况进行，方法和要求与平缝机基本相同，此处略。

9. 送布牙高度调整

为保证正常送布，送布牙升至最高时以高出针板面 1mm 为宜，若未能达此标准而引起送布不畅，可用螺丝刀转动图 5 - 126 中与小连杆 62 下方孔铰连的偏心销 A（图中未能表达其偏心状态）来调整。

10. 机针与送布牙的同步关系调整

机针与送布牙的同步对缝纫机能否正常工作有直接影响，当经常出现线迹收紧不良或毛巾状浮线及断针等故障时，针牙不同步亦可能是引发的原因之一。

如图 5 - 130 所示，针牙同步的标准是：当挑线杆 1 的钢印线对齐面板上的钢印线 B 时，机器下方的送布偏心轮 2（图 5 - 126 中的件 53）上的钢印记号应和驱动连杆 3（图 5 - 126 中的件 52）上的钢印记号对齐。

如果未能达此要求即针牙不同步，调整步骤是：

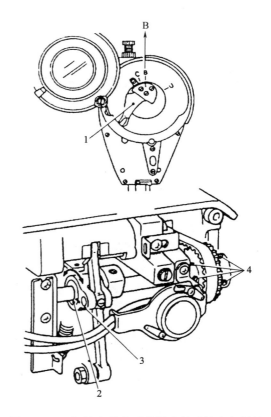

图 5 - 130　机针和送布牙的同步关系检查与调整
1—挑战杆　2—送布偏心轮　3—驱动连杆　4—紧定螺钉

（1）放倒机头，转动机轮使挑线杆 1 的钢印线与面板上的钢印线 B 对齐。

（2）旋松同步齿形带轮上的 4 个紧定螺钉 4，转动送布偏心轮 2，使其端面上的钢印记号和驱动连杆 3 上的钢印记号对齐，最后可靠紧固 4 个紧定螺钉。

11. 机针和旋梭的同步调整

机针和旋梭的同步关系也是缝纫机重要的配合关系之一，当缝纫机经常出现跳针、断针、断线等故障时，针梭不同步则也可能是原因之一。

针梭同步关系包含针杆高度是否准确及在针杆高度安装正确的前提下针梭相互位置是否正确两方面内容。

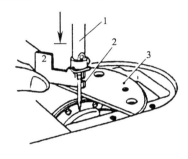

图 5 – 131　针杆高度检查与调整
1—针杆　2—附属量规
3—半圆形辅助针板

（1）针杆高度：检查针杆高度应在取下压脚、针板、辅助针板（针板旁半圆形板）及送布牙的情况下进行。

具体的方法是将半圆形辅助针板 3 置于缝纫机针板安装面上，转动机轮使针杆 1 降至下极限点，将随机所带的附属量规 2 阶梯端向上（图 5 – 131）。安装正确的针杆，其下端面与辅助针板面的距离应和量规上标记 1 一侧的高度一致，否则则可松开针杆紧固螺钉调节针杆高度，达标后可靠旋紧螺钉。

（2）检查和调整针梭同步关系应按以下程序和方法进行。

①检查和确认针杆安装高度准确无误。

②线迹幅宽设置为零。

③针位设置为中央基线。

④转动机轮使机针降至最低点后略为上升，待针杆下端面至辅助针板的距离与附属量规标记 2 一侧的高度一致时，旋梭尖应恰运动至机针中心线并与机针凹口有 0 ~ 0.05mm 的间隙。如不符要求则可松开旋梭紧固螺钉细心地予以调整。

⑤将线迹幅宽调至最大，转动机轮检查左针位，当旋梭尖运动至机针中心线时梭尖至针孔上沿的距离应为 0.2 ~ 0.5mm，否则可适当调节针杆高度。

12. 旋梭供油量调节

旋梭工作时供油量偏大会油污缝制物，过小则会影响其工作寿命，应周期性地予以检查和调节。

检查的方法是：在无缝料的情况下将白纸置于旋梭左面 5 ~ 15mm 处，以正常缝速运行约 10s，检查纸面上溅油情况，如纸面油点较多、明显湿润则油量过多，如油点很少则供油不足，此时可通过旋动旋梭后小齿轮箱外侧的油量调节螺钉予以调节。螺钉头部端面上标有"＋、－"标记，按标记方向旋动即可增加或减少供油量，调节后可再试直至符合要求。

复习思考题

1. 之字缝缝纫机所完成的线迹有何特点？
2. GT655 – 01型单针锁式之字缝缝纫机针杆机构的运动有何特点？
3. 试述针距调节机构的工作原理。
4. 试述倒缝和加固缝机构的工作原理。
5. 之字缝缝纫机的针牙同步关系如何检测？它对机器的工作有何意义？
6. 试述确定针杆高度的方法和要求。
7. 之字缝缝纫机的加固缝可设定为哪几种形式？如何设定？

第九节 套结机

套结机亦称打结机，是一类专用缝纫机的总称。在服装的缝制加工中，有一些部位需要特定的针迹进行缝纫，图5 – 132为这些特殊缝纫的示例。

图5 – 132（a）所示为袋口部位的加固缝，图5 – 132（b）为圆头纽孔尾部的加固缝，图5 – 132（c）为缝钉裤串带，图5 – 132（d）为商标的封闭型缝纫，图5 – 132（e）为带接头的封闭式缝纫，图5 – 132（f）是服装某些部位的花式缝纫。

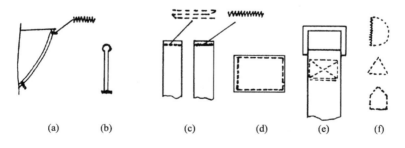

图5 – 132　套结机缝型

显然，这些特殊缝纫是平缝机难以实现的，即使勉强在平缝机上进行，不但缝型不美观、不整齐，而且生产效率极低，因此，在工业化生产中，这些特殊缝纫均是由不同性能的套结机来完成的。

各种类型的套结机，均采用下托上压的夹板式送料机构（亦称托架送料机构），由于压脚架固定在送料推杆上，工作时，压脚架上的压脚与送料推杆前端固定的下托板共同夹住缝料，在一个具有双面凸轮曲槽的送料凸轮驱动下，按一定规律由纵向移动和横向移动复合运动轨迹进行送布，并与其他机构协调配合，完成特定针迹的缝纫。

各种功能的套结机尽管结构上有些差异，但工作原理相似，本节将以服装厂常用的GE1 – 1型套结机和近年由中国标准缝纫机公司生产的GT680系列筒式平缝打结机为例进行介绍。

一、GE1-1型套结机

（一）机器性能

GE1-1型套结机是用于服装和其他缝制品受力较大部位的加固缝的缝纫设备，主要用于袋口、裤串带、背带等受拉力部位的套结，以提高这些部位的耐用程度。

GE1-1型套结机的缝型针数为42针，可根据缝制部位的尺寸及要求，在一定范围内调整套结长度和宽度。该机适用范围广，具有较高的生产效率和良好的工作性能。派生型号GE1-2型套结机缝型针数为21针，专门用于各类服装圆头纽孔尾部的加固套结，两种机型的机器结构、传动原理及操作调整基本相同，只是送布凸轮的凸轮曲槽、压脚及拖板的形状构造有所差异。

（二）GE1-1型套结机的主要技术规格（表5-20）

表5-20　GE1-1型套结机技术规格

套结针数	缝速/针·$r^{-1} \cdot min^{-1}$	针杆行程/mm	套结长度/mm	套结宽度/mm	压脚提升高度/mm	最大缝厚/mm	机针型号及针号	机针数	缝线数	电动机功率/W
42	1600	39.6	6~16	1~3	16	6	G96 ($11^{\#}$~$18^{\#}$)	1	2	370

（三）机器特点及线迹形式

GE1-1型套结机为双旋转轮式的挑线盘挑线、摆梭钩线、夹板式送料，完成双线锁式线迹的套结。该机线迹形成原理与一般摆梭式平缝机基本相同，但是，由于送料机构的特定运动，它形成的线迹形式也是特定的，如图5-133所示。

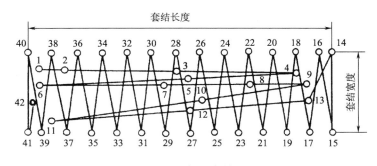

图5-133　加固套结缝型

图中的数字顺序是缝制程序，图示第1~13针所形成的线迹通常称为缝衬线，而从第14~42针锯齿形的缝迹则是套结，这样形成的加固缝美观、挺括、坚牢。图中的套结长度和宽度均可根据需要分别在一定范围内调节，整个套结是在机器启动后一次自动完成的。

（四）GE1-1 型套结机主要机构及工作原理

从图 5-133 所示的套结线迹图中不难看出，套结机在机器启动后几秒钟内自动完成复杂的缝制过程，这是机器各组成机构按严格的规律互相配合运动的结果。

按各机构在成缝中的作用，机器基本上由以下机构组成：机针机构，钩线机构，挑线机构，送料机构，压脚机构，松线机构，二级制动机构，互锁机构。

1. 机针机构及工作原理

GE1-1 型套结机的机针机构和其他缝纫机的机针机构的作用一样，也是引导面线穿刺缝料，在从下极限位置回升时形成线环，为摆梭钩取线环做好准备。该机的机针机构属于对心式曲柄滑块机构，机针机构工作原理如图 5-134 所示，主轴 1 旋转时，左端的针杆曲柄 2 及固连在曲柄上的曲柄销 3 随轴作圆周运动，曲柄销上转动配合着针杆连杆 4，针杆连杆的另一端与针杆夹头 5 铰接，针杆 6 与针杆夹头固连，并与机壳上固定的上、下两同心针杆套滑动配合，这样，针杆曲柄、针杆连杆及针杆与机壳构成曲柄滑块机构，主轴的转动变为针杆的上下往复运动。针杆夹头后端铰接的滑块 7，在固定于机壳的导槽中运动，提高了针杆运动的稳定性。

2. 钩线机构及工作原理

如图 5-134 所示，大连杆 8 上端孔与主轴的曲轴部位转动配合，下端孔与摆叉 9 铰连，构成曲柄摇杆机构，主轴的转动变为摆叉的往复摆动。在摆叉中滑动配合的滑块 11 又与摆梭轴 13 后端的曲柄 12 铰连，构成摆动导杆机构，从而使摆叉的往复摆动转变为摆梭轴前端固连的摆梭托 14 的 210°的左右往复摆动，最终推动摆梭在梭床的圆形轨道中往复转动，完成钩线运动。

3. 挑线机构及工作原理

GE1-1 型套结机采用了挑线盘形式的挑线机构，如图 5-134 所示，针杆曲柄销 3 的前端与挑线连杆 15 铰接，挑线连杆的另一孔又与挑线曲柄 16 铰接，组成双曲柄机构，这样，主轴转动时就使与挑线曲柄轴 17 前端固连的挑线盘 18 完成在每转中变速的回转运动，从而实现以下特定的作用：在机针向下运动时，把面线供给机针，当摆梭钩住机针所形成的线环后，继续供线给摆梭，使线环扩大绕过摆梭；使绕过摆梭的缝线从梭床中抽出，并使面、底线的交织点抽紧在缝料中间，最后从线团上抽出一定长度的面线供下一针使用。

4. 送布机构及工作原理

GE1-1 型套结机采用了有双面凸轮曲槽的送布凸轮控制的下托上压的夹板式送布机构。如图 5-134 所示，固定在主轴上的蜗杆 19 与固定在蜗轮轴 21 上的蜗轮 20 相啮合，实现定速比传动，蜗轮轴 21 与机壳孔转动配合，固定在蜗轮轴 21 另一端的送布凸轮 22

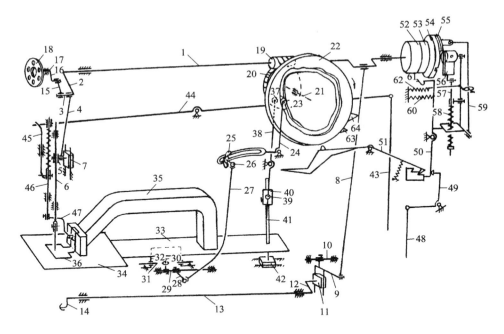

图 5 - 134　GE1 - 1 型套结机工作原理

1—主轴　2—针杆曲柄　3—曲柄销　4—针杆连杆　5—针杆夹头　6—针杆　7、11、42—滑块　8—大连杆　9—摆叉

10—摆叉轴　12—曲柄　13—摆梭轴　14—摆梭托　15—挑线连杆　16—挑线曲柄　17—挑线曲柄轴　18—挑线盘

19—蜗杆　20—蜗轮　21—蜗轮轴　22—送布凸轮　23、37—滚轮　24—套结长度调节曲柄　25—蝶形螺母

26—上球节　27—连杆　28—摆杆　29—轴　30—拨动销　31—滑动销　32—套结长度滑动块　33—送料推杆

34—送布下拖板　35—压脚架　36—压脚　38—套结宽度调节曲柄　39—销　40—套结宽度调节块

41—套结宽度调节柱　43—链条　44—杠杆　45—压脚拉杆　46—压脚杆　47—抬压脚架　48—链条　49—启动架

50—开停架　51—制动手柄　52—空转皮带轮　53—皮带轮　54—制动盘　55—摩擦片　56—制动块　57—拉杆

58—缓冲簧　59—减速杆　60、62—拉簧　61—皮带拨叉　63—减速凸块　64—制动凸块

随之转动，该凸轮盘正反两面均加工有特定形状和变化有规律的凸轮曲槽（图 5 - 134 为使图面清晰，送布凸轮背面的曲槽未绘出），与套结长度调节曲柄 24 上端铰接的滚轮 23 嵌入送布凸轮 22 正面的凸轮曲槽中，送布凸轮转动时，回转半径变化的凸轮曲槽通过滚轮 23 使套结长度调节曲柄 24 绕转动支点作有规律的摆动，其左方用蝶形螺母 25 固定在调节槽中的上球节 26 与连杆 27 是球副连接，连杆 27 与固连在轴 29 上的摆杆 28 也是球副连接，从而组成空间双摇杆机构，实现了固连在轴 29 上的拨动销 30 的摆动，其摆动规律完全由凸轮曲槽确定。固定在送料推杆 33 下方的套结长度滑动块 32 上的两同心孔中有滑动销 31，轴 29 上的套结长度拨动销 30 又与滑动销 31 上的孔形成滑动配合，如此，套结长度拨动销的摆动通过上述零件的运动传递，实现了与送料推杆 33 连接的送布下拖板 34 在套结长度方向上的送布运动。另外，送布凸轮背面的凸轮曲槽通过嵌入槽内的滚轮 37，使与之铰连的套结宽度调节曲柄 38 绕固定转动支点按特定规律摆动。该曲柄在销 39 的孔中形成滑动配合，销 39 又与套结宽度调节块 40 形成转动配合，套结宽度调节块可沿

固定在送料推杆 33 上的套结宽度调节柱 41 上下调节，工作时则将夹头紧固在某一需要的位置上，这样，套结宽度调节曲柄 38 的摆动就实现了送布下拖板 34 沿套结宽度方向的特定送布运动。

不难看出，送布下拖板实现的送布运动，实质上是由送布凸轮两面凸轮曲槽所传递的纵横两方向送布运动的复合，而且，这两方向的送布运动均发生在机针上升离开缝料之后，并于下一次机针将刺入缝料之前结束。

还应指出，送布运动必须有压脚机构的配合才能得以完成，压脚机构的作用是把缝料压在下拖板上，使压脚、下拖板与缝料间有足够的摩擦力，这样才能配合送布机构联合送布，实现套结。GE1－1 型套结机的压脚架 35 固定在送料推杆 33 上，送料推杆前端滑动配合着压脚滑动座及相连接的压脚 36，通过弹簧加压（加压弹簧未绘出）使压脚将缝料紧压于下拖板，这样，整个压脚机构的运动与送布机构中下拖板的运动是完全一致的，从而实现了下托上压的夹板式送布。当需要抬起压脚时，踏动机器左侧踏板，通过链条 43、杠杆 44、压脚拉杆 45、压脚杆 46、抬压脚架 47 抬起压脚 36。

5. 二级制动机构及工作原理

GE1－1 型套结机的二级制动是指套结即将结束时，先进行一级制动，使机器减速，在套结结束时，通过缓冲装置克服机器运行惯性，进行强制制动，使机器停转，并使机针停在规定的上方位置，这样，不但提高了工作效率和套结质量，而且由于机器先慢后停，避免了因高速急停而造成的机件间的剧烈冲击，延长了机器的使用寿命。

二级制动机构的工作原理如图 5－134 所示，主轴 1 的后端（图示右端）安装着可绕轴空转的空转皮带轮 52 及与轴固定的皮带轮 53 和制动盘 54。机器工作前皮带套在空转轮 52 上，工作时，踏下机器右侧踏板，通过链条 48 拉动启动架 49 绕转动支点逆时针转动，推动开停架 50 绕支点顺时针偏转，皮带拨叉 61 将皮带拨至皮带轮 53，电动机动力通过皮带传递使主轴高速旋转，机器开始套结。与此同时，开停架 50 下方固连的开停架离合钩的最低一齿被制动手柄 51 后端部的离合钩钩住，此时脚离开脚踏板，套结继续进行。当套结将结束时，送布凸轮 22 外圆面上安装的减速凸块 63 首先与安装在制动手柄 51 上的顶块碰撞，使制动手柄绕支点摆动，其后端离合钩抬起一个高度，此高度恰能使开停架 50 在拉簧 60 的作用下逆时针偏转一个角度，使制动手柄 51 的离合钩钩住开停架 50 离合钩的上一齿，此时，皮带拨叉 61 将皮带拨到空转轮 52 上，机器失去动力，与此同时，减速杆 59 在拉簧 62 的拉动下，使上端安装的摩擦片 55 压向制动盘 54，摩擦力使机器由高速转为低速，这就完成了一级减速。随后，制动凸块 64 再次作用于制动手柄 51 使离合钩再次抬起，完全与开停架离合钩脱离，开停架 50 再次逆时针摆动，由于空转轮工作面较宽，皮带保持在空转轮上，但制动块 56 嵌入制动盘端面槽中，机器的剩余惯性强制制动块 56 扭转，制动块 56 下方铰连的拉杆 57 压缩缓冲簧 58，消耗了机器剩余惯性，此时摩擦片 55 仍压在制动盘端面，使机器停转。

（五）机器的操作与调试

1. 使用前的准备

（1）电动机转向检查：新机器工作前先将皮带从电动机带轮上取下，开动电动机使电动机转向符合要求方可套好皮带，同时还应使电动机带轮工作槽与机头皮带轮对正位置，皮带应松紧适度。

机器移动工作地点后，由于插座的相序有可能与原工作地点的相序不同而导致电动机转向改变，因此，仍应按上述程序再作检查。

（2）润滑：向各油孔加注 20# 润滑油。

（3）新机磨合：新机要做好磨合工作，通常在使用的第一个月应将皮带套在电动机带轮的小端槽内，并注意调整电动机位置，使上下带轮对正并且皮带松紧适度，此时工作速度约为 1200 针/min。磨合后，可使用电动机带轮的大端槽，并做好相应的调整。

（4）机针选用和安装：应选用规定型号的机针，为防止缝料损伤，在保证套结质量的前提下尽可能选用较细的机针。安装时针柄要向上顶住装针孔底，长槽正对操作者或稍向左偏，以利摆梭钩线。

（5）穿线：穿线路线如图 5-135 所示，此时应注意机针线线轴要与线架上方的过线钩在一条垂线上，以保证面线退绕均匀；底线在绕线器上绕满后，装入梭芯应保证退绕流畅，梭芯套嵌入摆梭内必须推足，并留出约 3cm 的线头。

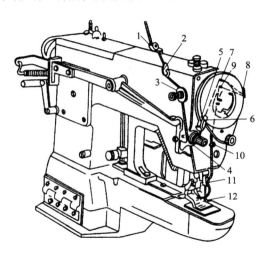

图 5-135　机头穿线顺序
1—上过线板　2—侧过线杆　3—上夹线器
4—下夹线器　5—缓线钩　6—挑线簧
7—挑线盘内片滑轮　8—挑线盘过线环
9—挑线盘外片滑轮　10—面板过线钩
11—针杆线夹　12—机针

2. 操作方法

开动电动机，机器开始空转，踏下左踏板，抬起压脚，放入缝料，将需要套结的位置对正压脚中心位置，抬起左脚踏板，压脚与下拖板将缝料夹持，再踏下右踏板并随即松开，在数秒钟内，机器自动完成套结、减速、停车一系列过程。

3. 主要调整

（1）套结长度调整：如图 5-136 所示，当需要调节套结长度时，可将机器右侧套结长度调节曲柄上的蝶形螺母松开，按长度标尺移到要求的位置后，紧固蝶形螺母即可。

（2）套结宽度调整：如图 5-137 所示，该调节装置在机器左侧，调整时先旋松锁紧螺母 4，再旋松调节螺钉 5，按要求移到标尺的位置，旋紧调节螺钉，最后旋紧锁紧螺母，以免工作时因振动，零件位置改变使套结宽度出现变化。

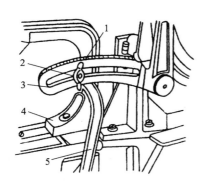

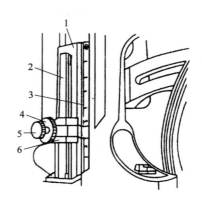

图 5 – 136　套结长度调节示意

1—套结长度标尺　2—蝶形螺母

3—套结长度调节曲柄

4—压脚架　5—连杆

图 5 – 137　套结宽度调节示意

1—调节曲柄　2—套结宽度调节柱

3—套结宽度标尺　4—锁紧螺母

5—调节螺钉　6—夹头

（3）面线、底线张力的调整：当面线过松或过紧时会出现浮面线或断线，此时可通过面线夹线器予以调整（图 5 – 135 中的夹线器 3、4），一般而言，夹线器 3 不宜过紧；底线张力则可通过梭芯套上的梭皮螺钉予以调整。

（4）压脚压力调整：套结机工作时，为保证缝型准确、美观，要求压脚要将缝料在下拖板上压牢，不得滑动，如遇到滑动现象，可将压脚拉簧钩在压力调节钩的外二档或外三档槽上，使压脚压力加大，如图 5 – 138 所示。

（5）送料定时调整：套结机在机针离开缝料后送料机构才可沿长度和宽度方向送料，而且在下次机针刺入缝料前送料运动必须结束，此即为送料定时。若配合失准则会引起断针等故障，此时可按图 5 – 139 所示进行调整。在机器右侧将送布凸轮紧固螺母及送料凸轮定位螺钉 3 松开，根据存在的情况将送布凸轮 1 略作旋转重新固定，用手旋转主轴检查机针与送料运动的配合，如此反复检查调整，直至达到要求为止。最后要将送布凸轮紧固，必要时，停车凸块位置也要作相应调整。

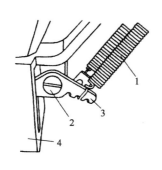

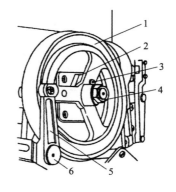

图 5 – 138　压脚压力调节示意

1—拉簧　2—支轴螺钉

3—调节钩　4—压脚架

图 5 – 139　送料定时调整示意

1—送布凸轮　2—定位块　3—定位螺钉

4—紧固螺帽　5—套结长度调节曲柄　6—曲柄轴

（6）针、梭配合调整：如图5-140所示，套结机工作中要满足以下要求，才能保证摆梭准确地钩入机针线环，使缝纫正常进行。

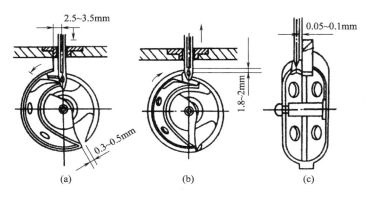

图5-140　针、梭配合要求

①机针运动至下极限位置时，摆梭逆时针摆到极限位置，此时摆梭尖与机针中心线的水平距离应保证2.5～3.5mm，如图5-140（a）所示，超出此范围时可松开摆梭托与摆梭轴的紧固螺钉，予以调整并紧固。

②机针回升，摆梭尖顺时针运动到机针中心线，此时应保证梭尖在机针孔上沿1.8～2mm处，如图5-140（b）所示。如失准，可从面板小孔内旋松针杆紧固螺钉，调整针杆高低，直至符合要求，最后拧紧紧固螺钉，以防机针在刺布反作用力的频繁作用下，向上移位造成跳针。

③在达到图5-140（b）所述的状态时，还应保证梭尖与机针之间的距离为0.05～0.1mm，如图5-140（c）所示。

（六）常见故障分析与排除方法（表5-21）

表5-21　常见故障分析与排除方法

故障现象	产生原因	排除方法
跳针	摆梭与机针配合失准	按前述方法调整
	机针弯曲	换针
	机针长槽方向安装不对	重新安装
	缝料压不住	调整压脚压力
	梭尖变钝	修磨或更换摆梭
断线	摆梭或摆梭托有毛刺	修磨
	梭床内嵌入线头或有污物	清理
	针板容针孔有毛刺	用细砂条磨光
	机针与压脚框碰擦	调整压脚位置
	面线过紧	调整夹线器
	面料厚硬而针偏细	选用粗针

续表

故障现象	产生原因	排除方法
浮　线	面线或底线过松	调整张力
	挑线盘安装有误	重新调整安装
	摆梭托与摆梭过线间隙过小	搬弯摆梭托保证过线间隙 0.3 ~ 0.5mm
制动失效 停车后定位不准	减速、停车凸块位置不准	重新调整安装
	皮带转换位置不准	调整皮带拨叉位置
	制动手柄上顶块松动	调整紧固
	开停架缓冲簧松	旋紧缓冲簧下方锁紧螺母

二、GT680 系列筒式平缝打结机

GT680 系列机型是中国标准缝纫机公司在吸收日本兄弟公司 LK3 - B430 型打结机先进技术的基础上推出的一种新型打结机。结构形式为单针、双线、连杆挑线、摆梭钩线，采用机械单踏板，实现了压脚动力提升，有效地减轻了操作者的劳动强度，提高了工作效率。

由于送布凸轮安装在整机下部，重心明显下移，平衡性更好，使运转噪声和震动减小，运行更为平稳。

图 5 - 141 为 GT680 系列筒式平缝打结机的外形图示。

（一）主要技术规格（表 5 - 22）

表 5 - 22　GT680 系列常用机型的主要技术规格

系列产品	-011	-021/ -022	-031/ -032	-041
主要用途	普通布料	牛仔布	普通布料	针织布料
装饰缝样	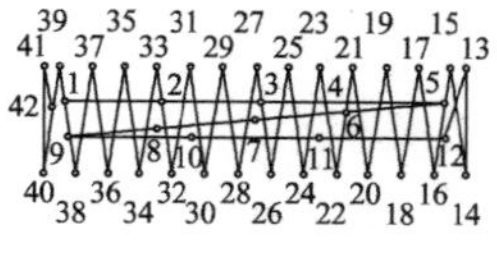		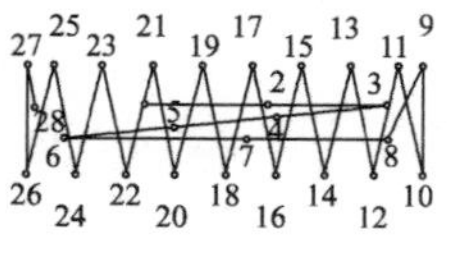	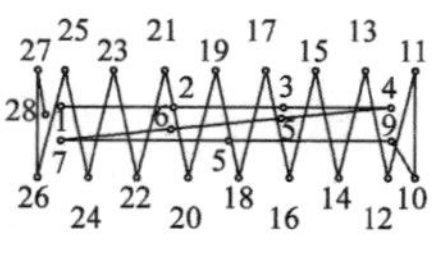
针数	42		28	
打结长度/mm	7 ~ 16	7 ~ 20	4 ~ 10	4 ~ 8
打结宽度/mm	1 ~ 2	1 ~ 3	1 ~ 2	
机针型号	DP×5 16#	DP×17 19#	DP×5 16#	DP×5 9#
压脚行程/mm	17			
缝纫速度/r·min⁻¹	2000			

注　上面给出此机器可达到的最大打结长度和宽度。

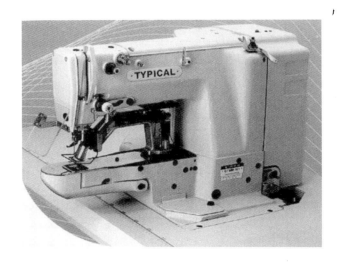

图 5 – 141　GT680 系列筒式打结机

（二）主要机构及工作原理

图 5 – 142 为 GT680 系列筒式平缝打结机的工作原理图。

1. 针杆机构及挑线机构

该型打结机的针杆机构及挑线机构的结构和工作原理与高速工业平缝机颇为相似，故在此不再赘述。

2. 钩线机构

如图 5 – 142 所示，大连杆 93 两端分别与主轴 99 的曲轴部分和下方的扇形齿轮 29 上的销轴铰连，构成曲柄摇杆机构。当主轴 99 旋转时即传动扇形齿轮 29 往复摆动，从而使与之啮合的齿轮 27 产生定角度的往复摆动，通过摆梭轴 18 的运动传递，实现了摆梭托 19 的摆动进而推动摆梭完成预定角度的往复运动（图中摆梭未绘出）并与机针运动相配合完成成缝中的钩线运动。

3. 送布机构

该机也采用了下托上压的夹板式送布形式，送料板组合 15 及与其联动的压脚 16、17 夹持缝料在送布凸轮上下两面凸轮曲槽的驱动下通过相应机构的运动传递使缝料在夹持状态下完成预定的运动轨迹，在其他机构的配合下实现特定的打结缝型。

该机送布机构的工作原理综述如下：主轴 99 在转动时，通过其上固装的蜗杆 91 传动蜗轮 92 并由蜗轮轴 39、齿轮 32、36 将运动传递至送布凸轮 28，使之获得以 O_4 轴为转动中心的定速比转动，该凸轮转动一周即完成一次打结。

该机的送布机构由前后（打结宽度）送布机构和左右（打结长度）送布机构组成。

（1）前后送布机构：由图中可以看出，送布凸轮 28 上端面加工有特殊的曲槽，滚轮 31 嵌入槽中，凸轮转动时，半径变化的曲槽使与滚轮铰连的摆臂 34 绕 O_7 轴作有特定规律的摆动，同时也使带导槽摆臂 30 作相应摆动。该摆臂图示左端导槽中有滑动配合的滑块

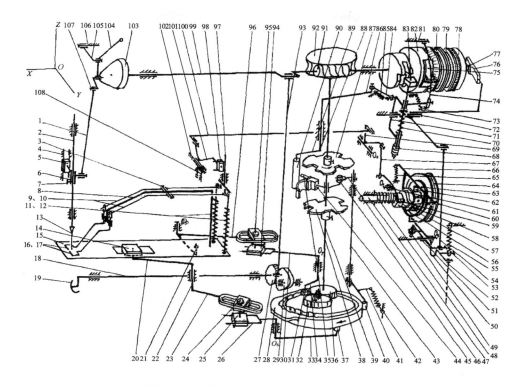

图 5 – 142　GT680 系列平缝打结机工作原理

1—针杆连杆　2—针杆　3、102、106—销轴　4—针杆导向座　5、14、25、94、98—滑块　6—针杆夹头

7—紧固螺钉　8—压脚座　9、10—压脚杠杆　11—弹簧导向杆　12—弹簧　13—机针　15—送料板组合

16、17—左右压脚　18—摆梭轴　19—摆梭托　20—加固长度摆臂　21—加固宽度送料轴　22、43、47、88—轴

23—加固长度调节杆　24—调节螺母　26—带导槽摆臂　27—齿轮　28—送布凸轮　29—扇形齿轮　30—带导槽摆臂

31、37、40、45、58、59、62—滚轮　32、36—齿轮　33、34、41—摆臂　35—紧急停车杆　38—切线凸轮

39—蜗轮轴　42—弹簧　44—控制体　46—带槽摆臂　48—压簧　49—限位螺钉　50—运转杠杆　51—启动杆

52—链条　53—弹簧挂钩　54—拉杆　55、73、85—拉簧　56—抬压脚凸轮　57—切线凸轮　60—销轴

61—抬压脚杠杆　63—锥体摩擦盘　64—主动皮带轮　65—拉簧　66—启动杠杆　67、84、100、105—连杆

68—橡胶圈　69—压脚杠杆　70—弹簧　71—离合器杠杆体　72—离合器杠杆体轴　74—制动杠杆

75—制动板　76—钢球压入板　77—钢球　78—离合器壳　79—高速皮带轮　80—低速皮带轮　81—制动器轴

82—制动凸轮组件　83—限位器　86、89—摆杆　87—离合器凸轮　90—滚柱　91—蜗杆　92—蜗轮　93—大连杆

95—调节螺母　96—加固宽度调节杆　97—抬压脚压板　99—主轴　101—抬压脚杠杆　103—平衡曲柄

104—挑线杆　107—复合曲柄销　108—扭簧

94，与滑块铰连的转轴通过调节螺母 95 及相应构件固定在加固宽度调节杆 96 调节槽的预设位置。这样，即形成件 96 绕 O_5 轴的有规律摆动，并通过其末端连接的加固宽度送料轴 21 驱动送料板组合 15 实现有滑块 14 导引（该滑块既与送料板组合中送布座上的导槽构成滑动运动副又可绕自身转轴转动，本图为简单示意）的前后送布运动。

（2）左右送布机构：送布凸轮 28 底面也加工有特定的凸轮曲槽，按与上述相同的运动传递方式，加固长度摆臂 20 通过其末端铰连的滑块 14 最终将驱使送料板组合 15 完成打结长度方向的送布运动。

上述两个方向的送布运动在送料板组合 15 上得以复合，在针杆、钩线等机构的运动配合下即完成如本节表 5 - 22 中所示的套结缝型。

顺便指出，滑块 94、25 在相应构件的调节槽中的位置是可调的，调节后打结宽度（或长度）随即改变，变化的范围已在表 5 - 22 中显示，具体的调节方法将在后面讲述。

4. 压脚机构

与本节前述之 GE1 - 1 型套结机不同，GT680 系列打结机由于设置了动力控制装置，使打结机无论采用单踏板形式还是采用双踏板形式均可利用低速皮带提供的动力控制压脚的升降，使操作变得更为轻松和方便。

该型打结机压脚机构的工作原理综述如下：

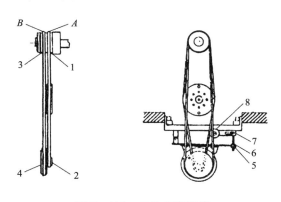

图 5 - 143　三角皮带连接

1—低速皮带轮　2—电动机皮带轮小径轮槽

3—高速皮带轮　4—电动机皮带轮大径轮槽

5、6—螺母　7—螺栓　8—皮带张紧轮

在图 5 - 142 中，主动皮带轮 64 通过轴承和轴 47 构成转动副，锥体摩擦盘 63 和切线凸轮 57、抬压脚凸轮 56 做成一体（为叙述方便，以下简称动力凸轮）套装在轴 47 上，而轴 47 则紧固定于机壳，压簧 48 将锥体摩擦盘压向主动皮带轮 64。三角皮带将主轴上的低速皮带轮 80、主动皮带轮 64 及电动机阶梯皮带轮（图中未绘出）的小直径轮槽（低速轮）连接在一起，该三角皮带即称为低速皮带，而另一三角皮带则将主轴上的高速皮带轮 79 和电动机皮带轮的大径轮槽连接（图 5 - 143），该三角皮带即为高速皮带。

电动机启动后，电动机皮带轮通过皮带使主轴上的高、低速皮带轮及主动皮带轮 64 均处于空转状态（关于主轴的高、低速转换在启、制动机构中另行讲述，此处略）。

为了能较清晰地了解该机构的工作原理，将图 5 - 144 与图 5 - 142 相应部分进行比对讲述，为方便比对，两图相同构件均以相同序号表达。

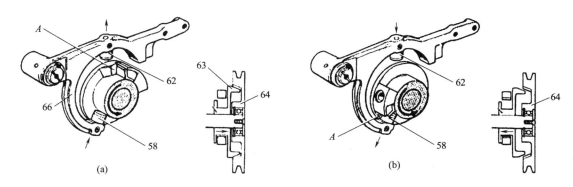

图 5 - 144　压脚升降动力控制装置

58、62—滚轮　63—锥体摩擦盘　64—主动皮带轮　66—启动杠杆

图 5 - 144（a）显示了启动时的工作情况。此时启动杠杆 66 被抬起，滚轮 62 在随同上升的过程中与凸轮部分 A 脱离，解除了将动力凸轮沿轴向后压的作用。压簧 48（图 5 - 142）立即将动力凸轮前推，其前端的锥体摩擦盘与主动皮带轮的摩擦锥面接触，动力凸轮获得动力按图示方向转动，当凸轮部分 A 旋转至与滚轮 58 接触时即被沿轴向再次后推（图 5 - 144），锥面脱离，动力切断。而在此转动过程中，动力凸轮上的抬压脚凸轮（图 5 - 142 中构件 56）的小径恰转至滚轮 59 下，通过抬压脚杠杆 61 及构件 67、69、100、101 的运动传递及弹簧导向杆 11、弹簧 12、扭簧 108 的作用，滑块 98 将抬压脚压板 97 上抬，压脚杠杆 9、10 后端随即抬起，前端下压使左右压脚 16、17 下行并依靠弹簧导向杆 11、弹簧 12 提供的作用力压住缝料，为缝纫做好准备。

当缝纫进行至最后一针时，由于相关机构的作用（在启、制动机构中另做讲述），启动杠杆 66 落下，其上的滚轮 58 随同落下时与凸轮部分 A 脱离，与上述过程相同，在压簧 48 的作用下锥体摩擦盘重新与主动皮带轮结合，动力凸轮重新获得动力沿箭头所示方向转动，但当凸轮部分 A 转至与滚轮 62 接触时（在此过程中，抬压脚凸轮 56 的大径已使压脚上升）动力凸轮再次被推开，动力中断，制动机构动作、机器停动，一次缝纫过程即告结束。

上述为单踏板形式的压脚控制过程，对双踏板形式可按相同的思路予以分析。

顺便提及，在该机构的构件中，抬压脚杠杆 101 在工作时还带动了扫线装置，在压脚抬起的瞬间，扫线器在机针下方将面线打至左方，既利于切线刀切线，又使面线在切后留有一定长度的余线，以免下针起缝时脱线。

5. 离合器装置和启动、制动机构

如图 5 - 142 所示，制动凸轮组件 82、低速皮带轮 80、高速皮带轮 79 及离合器杠杆体 78 等构成机器的离合器装置。

图 5 - 142 未能显示该离合装置的内部结构，其大致结构、离合过程和作用简述如下：

制动凸轮组件 82 和离合器壳 78 均固定在主轴上，低速皮带轮 80 及高速皮带轮 79 通过轴承安装在套在主轴上的滑套上，该装置的结构使滑套和主轴没有相对转动，但在外力和套内弹簧的作用下，滑套可沿轴向短距离移动即导致两皮带轮沿轴向移动（上述滑套及弹簧图中均未能显示）。

当钢球压入板 76 推动钢球 77 时实则是推动滑套并带动低、高速皮带轮沿轴向移动。如图 5 - 145 所示，机器停止时，钢球压入板 2 位于图 5 - 145（a）所示位置，低速皮带轮 4 和高速皮带轮 3 的摩擦锥面分别与制动凸轮组件 5 的内锥面及离合器壳的内锥面脱开，两皮带轮均空转。而当钢球压入板 2 移至图 5 - 145（b）所示位置时，低速皮带轮 4 随轴上的滑套被钢球和相应的机件推动，其摩擦锥面与制动凸轮组件 5 的内锥面结合，在相应机构的控制下带动主轴转动两周（即缝纫两针），以防止起缝时脱线。钢球压入板 2 随后移动至图 5 - 145（c）位置，高速皮带轮 3 随滑套被轴上的弹簧顶出，其摩擦锥与离合器壳 6 的内锥结合带动主轴高速运转，在相应机构控制下，当缝纫至倒数第四针时，钢球压入板 2 又复移动至图 5 - 145（b）位置，机器再次低速缝纫以减少制动时的振动，提高机器的耐用性。

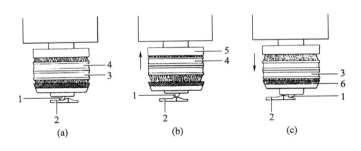

图 5 - 145　主轴离合器工作过程示意

1—钢球　2—钢球压入板　3—高速皮带轮　4—低速皮带轮　5—制动凸轮组件　6—离合器壳

需再次指出，两皮带轮的高低转速是由电动机皮带轮上的大、小径带轮直接传递而来的。

以下将对启动过程、缝纫过程的低、高速转换以及制动过程做一简述。为便于对本段讲述的理解，引入图 5 - 146，可将该图与图 5 - 142 对照，为此两图所示的同一机件采用了同一序号。

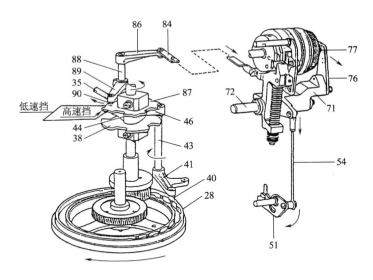

图 5 - 146　启动、制动机构工作过程示意

28—送布凸轮　35—紧急停车杆　38—切线凸轮　40—滚轮　41—摆臂　43—轴　44—控制体

46—带槽摆臂　51—启动杆　54—拉杆　71—离合器杠杆体　72—离合器杠杆轴　76—钢球压入板

77—钢球　84—连杆　86—摆杆　87—离合器凸轮　88—轴　89—摆臂　90—滚柱

如图 5 - 142 所示，当踏下踏板一档时，与踏板相连的链条 52 拉动运转杠杆 50 使其绕 O_3 轴转过一定角度，其前端将启动杠杆 66 以销轴 60 为轴抬起，已如"压脚机构"中所述，启动杠杆的抬起使相应机构动作，压脚落下压住缝料（此时如想抬起压脚，只需释

放踏板，拉簧 65 即将启动杠杆复位，仍如前述原理，压脚自动抬起）。

压脚压住缝料后，将踏板踏下至下一挡，此时，紧固在运转杠杆上的在上一挡已移至启动杆 51 弧形槽顶的限位螺钉圆柱头 49 即施加作用力于启动杆 51，使其绕 O_3 轴偏转，通过铰连的拉杆 54 拉动离合器杠杆体 71 绕离合器杠杆体轴 72 偏转（从机后看为逆时针转动，图 5－146），通过与之铰连的连杆 84 拉动摆杆 86，在轴的另一端的摆杆 89 将与之铰连的滚柱 90 从离合器凸轮 87 的槽中拉出，与之同时钢球压入板 76 的位置改变，如前所述，主轴获得动力开始运转，离合器凸轮 87 随之转动，滚柱 90 沿凸轮廓线运动至低速挡部位（图 5－146），此时钢球压入板即处于图 5－145（b）所示位置，机器以低速缝纫两针后滚柱 90 爬升至离合器凸轮 87 高速挡部位，通过各构件力的传递，钢球压入板处于图 5－145（c）的位置，机器高速运行。与此同时，滚轮 40 亦从运动中的送布凸轮 28 的大径凸缘上落下，进入小径的等径部分（图 5－142）。滚轮 40 这一位置改变通过连接在轴 43 上方的带槽摆臂 46 拨动与控制体 44 铰连的滚轮 45，从而使控制体偏转并将滚柱 90 推离离合器凸轮 87 的工作廓线，钢球压入板 76 维持高速位置，机器保持高速缝纫直到剩下四针，此时，滚轮 40 又被转过来的送布凸轮的大径凸缘推动，控制体 44 随之反向转过一定角度离开滚柱 90，该滚柱即落在离合器凸轮 87 的高速挡部位再继续高速缝纫四针后进入凸轮廓线低速挡部位进行最后四针低速缝纫后随即滚入凸轮槽中。随着滚柱 90 位置的突变并在拉簧 73、85 的综合作用下，离合器杠杆体 71 复位，钢球压入板 76 重又回到图 5－145（a）所示位置，两皮带轮空转，主轴失去动力，在离合器杠杆体的带动下，制动板 75 压向制动凸轮组件的外圆面进行制动，限位器 83 抵住制动凸轮上的制动爪并由弹簧 70 及橡胶圈 68 等吸收主轴剩余能量实现定位制动。

顺便指出，控制体 44 上固定有紧急停车杆 35，在机器高速运转中如需紧急停车，只需将该杆推向机后，控制体即脱离滚柱 90，该滚柱即滚入离合器凸轮 87 的槽中，如上述过程，各机构联动完成紧急停车。

（三）操作与调整

1. 操作准备

（1）机针和缝线选择与机针安装：针型和缝线应根据具体缝纫条件而定，表 5－23 为机针和缝线选择指南。

表 5－23 机针和缝线选择指南

机　针	缝　线	缝纫类别
DP×5 9#	100# ~ 80#	针织产品
DP×5 14#	80# ~ 50#	普通布料
DP×17 19#	30# ~ 10#	牛仔布

在安装机针时，应注意使针的长槽面对操作者并向上装足可靠紧固。

（2）穿面线：可按图5-147所示正确穿面线。

（3）梭芯套的装入、取出和底线的穿法、底线张力的调节：如图5-148所示，将护盖1下拉打开即可安装或取出梭芯套。

将梭芯放入梭芯套，把线穿过狭缝2并从导出孔3穿出，将线的末端穿过线支架孔4，拉动线应确保梭芯按箭头所示方向旋转，注意要留出30mm的线头。

提住线头，合适的底线张力正好能防止梭芯套因其自重而滑落。若张力大或小均可通过旋转螺钉5予以调节，顺时针旋转张力增加，反之减少。

（4）面线张力调节：如图5-149所示，面线的经过路线上有两只夹线器。在缝纫机停止时，旋转夹线调节螺母1以减弱辅助张力直至其确保针和缝料间的线不松弛。调节螺母2则是用以调节主张力，应根据面料类型来调节，两螺母均是顺时针旋转张力增加，反之减少。应注意，机器停止时主张力夹线盘是打开的，只有在运转时夹线盘关闭才能提供主张力。

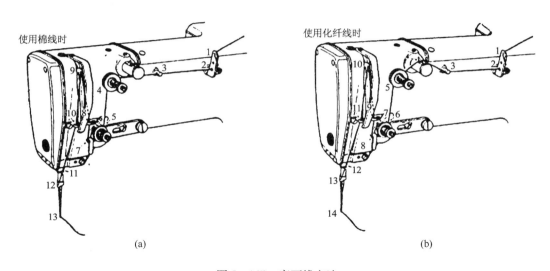

图5-147 穿面线方法

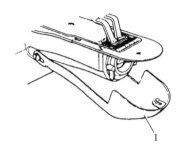 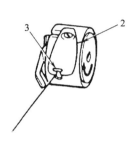 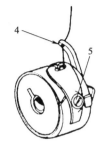

图5-148 底线安装及张力调节

1—护盖 2—狭缝 3—导出孔 4—线支架孔 5—螺钉

2. 操作方式

（1）单踏板方式：

①接通电源，电动机皮带轮即带动主轴上的高、低速皮带轮逆时针旋转（从机后看）。

②放入缝料，踏下踏板一档，压脚即自动放下压住缝料（此时不能松开踏板，否则压脚会自动抬起）。

③踏板踏至下一档，机器启动。此时应立即松开踏板，机器即开始进行缝纫，缝完固定针数后线被自动切断，压脚自动上升，机器停动。

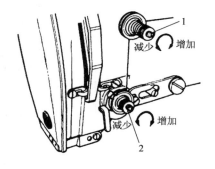

图 5 – 149　面线张力调节
1—夹线调节螺母 1　2—夹线调节螺母 2

（2）双踏板方式：

①踏下左踏板，压脚上升。放入缝料并松开踏板，压脚即压住缝料。

②踏下右踏板并松开，机器即开始缝纫，直至缝完固定针数，机器自动停止。

③踏下左踏板，线被切断，压脚上升。取出缝料，松开踏板，压脚复位。

注意，机器采用单踏板方式或双踏板方式可根据操作习惯而定。如需要将现有操作方式改变，可参照机器使用说明书相关内容进行改装。

3. 主要调整

（1）针梭配合要求及调整：针梭配合正时是缝纫机的重要配合关系之一，该关系简言之即当机针形成最佳线环之瞬间梭尖恰在最佳位置钩入线环中，为面线、底线的交织提供充分的条件和保障。

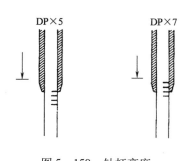

图 5 – 150　针杆高度

该配合要求包括以下内容：

①针杆高度（图 5 – 150）：当机针运动至下极限点时，针杆上的标准线应与针杆套下端平齐。对使用 DP×5 型针标准线为上数第一刻线，而对 DP×7 型针则为上数第三刻线。如未达到上述要求可打开机头前盖上与针杆位置相应的油盖，旋松针杆夹头上的螺钉，按上述要求进行针杆高低位置的调整。

②摆梭工作位置（图 5 – 151）：转动机后皮带轮，使机针从下极限点回升，当上数第二刻线（DP×5 针，若使用 DP×7 针则为最下一道刻线）与针杆套下端平齐时，摆梭尖应恰好运动至机针中心线 ［图 5 – 151（a）］，同时和机针间有 0.01～0.08mm 的间隙 ［见图 5 – 151（b）］。如不符图 5 – 151（a）要求，可用六角扳手松开六角螺钉 1 予以调整。如未达图 5 – 151（b）要求，则可先松开固定螺钉 2，然后通过偏心螺钉 3 进行调整。

（2）摆梭托与机针间隙调整：当摆梭托 1 和机针相遇时应保持零间隙接触，如产生碰擦会引起跳针。但如间隙偏大，摆梭尖可能会因针的干涉而造成磨损。如不符要求可按图 5 – 152 所示，先松开六角螺钉 2 再通过偏心螺钉 3 进行调整。

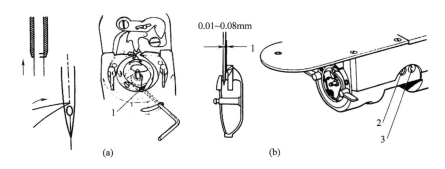

图 5 – 151　摆梭工作位置

1—六角螺钉　2—固定螺钉　3—偏心螺钉

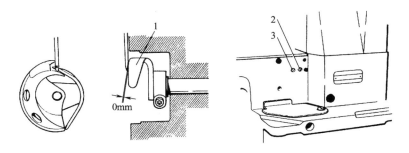

图 5 – 152　摆梭托与机针间隙调整

1—摆梭托　2—六角螺钉　3—偏心螺钉

（3）送布正时调整：该机送布机构在机针上升离开针板约17mm后开始送布并在机针再次刺入缝料前停止，此即为送布正时，否则则会出现断针等故障。当需要调整时，可按图5–153所示，旋松三只六角螺钉1，慢慢转动送布凸轮，满足同步要求后应予以可靠紧固。

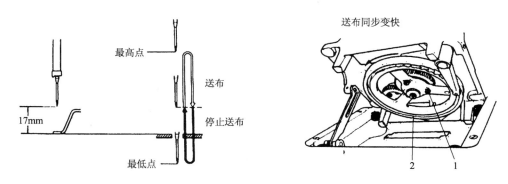

图 5 – 153　送布正时调整

1—六角螺钉　2—送布凸轮

（4）打结长度调整：当需要对打结长度进行调整时，可按图5–154所示向右打开面板1，旋松调节螺母2，将垫圈的指示槽口对准所需的刻度后紧固螺母进行试缝。根据实际效果再进行微调。

（5）打结宽度调整：调整打结宽度时，可按图5-155所示向左打开面板1，旋松调节螺母2将垫圈的指示槽口对准所需的刻度后紧固螺母进行试缝，根据实际效果进行微调。

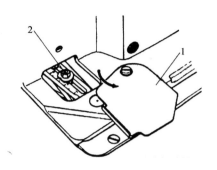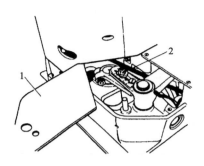

图5-154　打结长度调整　　　　　　　　　　　图5-155　打结宽度调整

1—面板　2—调节螺母　　　　　　　　　　　1—面板　2—调节螺母

（四）常见故障分析与排除方法（表5-24）

表5-24　常见故障分析与排除方法

故　障	原　因	检查内容	排除方法
断线	面线张力太大	面线张力	调至合适
	机针未正确安装	机针的方向	重装机针使长槽面对操作者
	线和机针相比太粗	机针和线	参见表5-25
	底线张力太强	底线张力	调至合适
跳针	钩线时针梭间隙太大	检查针梭间隙	按本节讲述方法调节
	针梭不同步	检查针梭配合关系	按本节讲述方法调节
	机针弯曲	检查机针	校正或换针
	机针安装不正确	机针方向	重装，使长槽面对操作者
断针	针梭碰撞	检查针梭间隙	按要求调节针梭配合间隙
	机针弯曲	检查机针	校正或换针
	送布不正时	检查送布正时关系	按要求调整达到送布正时
不能切线	固定刀片变钝	固定刀片刀刃	磨快或更换固定刀片
	切线杆弹簧张力太松导致可动刀片不能运动到位	切线杆弹簧张力	更换弹簧
	活动刀片未能翻起面线	摆梭线引导器位置	调节引导器的安装位置
	最后一针跳针，活动刀片未能翻起面线	最后一针是否跳过	按"跳针"排除
	活动刀片错位	活动刀片的位置	调节位置

续表

故　障	原　因	检查内容	排除方法
压脚不上升	使压脚抬高的扭矩不足	低速皮带张力	按要求调节低速皮带张力
	制动弹簧张力太强	制动弹簧张力	调节制动弹簧张力
	电动机反转	机器转向	使转向正常
离合器不工作，重复打结循环	钢球压入板上机油不足	压入板上的油量	加油
	离合器杆弹簧张力太弱	离合器杆弹簧的张力	将弹簧拉至第二位置增加弹力

复习思考题

1. 套结机是一类专用缝纫机的总称，这类缝纫机可进行哪些特殊的缝纫作业？

2. 套结机的送布机构运动有何特点？

3. 试述套结机上的双面凸轮如何控制送布机构的纵横向运动。

4. 套结机的机针机构和送布机构在运动配合上有什么要求？如未能达到要求会引起什么故障？如何解决？

5. 简述 GE1-1 型套结机套结长度和套结宽度的调节方法。

6. 简述 GE1-1 型套结机针梭配合要求及调整方法。

7. 熟悉套结机常见故障及排除方法。

8. 了解 GT680 系列筒式平缝打结机的送布机构是如何实现前后和左右送布运动的。

9. 试述 GT680 系列打结机压脚升降动力控制装置的工作过程和原理。

10. 了解 GT680 系列打结机主轴离合器工作过程。

11. 试述 GT680 系列打结机单踏板方式和双踏板方式的操作过程。

12. GT680 系列打结机的针梭配合关系包括什么内容，如何确定？

13. GT680 系列打结机的打结长度和宽度如何调整？

第十节　其他机型简介

一、圆头锁眼机

（一）性能和类型

圆头锁眼机是用于缝制中厚料、厚料服装纽孔的专用缝纫机。它所缝锁的纽孔前端呈圆形，能容纳纽扣与缝料间扣的缠绕缝线，使服装穿着平服、舒适、大方。同时，圆头纽孔形状美观，线迹均匀结实，尤其是加衬线的圆头纽孔，孔形富于立体感，牢度更高，而且有很好的装饰作用。圆头锁眼机生产效率高，适应范围广泛，是服装生产中重要的专用缝纫设备。

目前国内服装企业常用的圆头锁眼机有：华南缝纫机公司生产的 GY1 - 1 型，上海黎明服装机械厂生产的 GM1 - 1 型，胜家公司生产的 299U ×231 型，德国杜克普公司生产的 557 型、558 型及美国利是公司生产的 101 型、103 型、104 型，日本重机生产的 MEB - 1890 型等。

圆头锁眼机类型虽多，但主要机构特点均是通过齿轮传动、凸轮挑线、摆动针杆、双弯针双拨线叉交叉运动钩线，形成双线包缝复合链锁线迹。

圆头锁眼机可通过机构的调整，缝锁出不同类型的圆头纽孔，如图 5 - 156 所示。

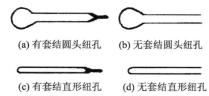

(a) 有套结圆头纽孔　　(b) 无套结圆头纽孔

(c) 有套结直形纽孔　　(d) 无套结直形纽孔

图 5 - 156　圆头锁眼纽孔缝型

在进行纽孔缝制时，可根据需要调为先切后缝或先缝后切。

（二）圆头锁眼机线迹形成原理

圆头锁眼机完成的双线包缝复合链锁线迹在国标"GB 4515"或国际标准"ISO 4915"线迹的分类和术语标准中尚无对应代号。从线迹形成过程看类似双线链式线迹（401）、单线链式线迹（101）和双线包缝线迹（502）的组合，其组合编号可以写为"401、101、502"。

各种圆头锁眼机虽然机器构造有所差异，但线迹形成原理基本相同，形成过程如图 5 - 157 所示，图 5 - 157（a）为线迹构成图，1 为底线（弯针线），2 为在线迹形成中加入的衬线（形成过程中未参与交织，故过程图中未显示），3 为直针线。线迹的形成过程如下：

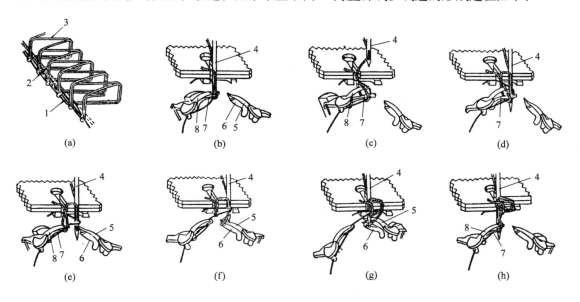

图 5 - 157　圆头纽孔线迹形成过程

1—底线　2—衬线　3—直针线　4—直针　5—右拨线叉　6—右弯针　7—左弯针　8—左拨线叉

（1）如图5-157（b）所示，直针4从下极限位置向上回升约2.5mm时，直针线在直针浅槽一侧形成线环，左弯针7带着弯针线和左拨线叉8右摆，一起穿入直针线环。

（2）如图5-157（c）所示，直针4上升离开缝料后右摆，左弯针7和左拨线叉8继续右摆，拉长线环，同时左拨线叉将底线拨开。

（3）如图5-157（d）所示，直针4从右侧刺入缝料并穿入左拨线叉拨开的底线环内。

（4）如图5-157（e）所示，左拨线叉复位并随左弯针7左摆，从直针线环中脱出，底线留在直针上和上一直针线环内。

（5）如图5-157（f）所示，左弯针和左拨线叉摆至左极限位置，此时从左弯针和左拨线叉上脱下的直针线连同穿套的底线被收紧在缝料下，同时，直针从下极限回升约2.5mm时，再次形成的线环被左摆的右弯针6和右拨线叉5穿入，机针继续上升，底线套住直针线环，同时，在右弯针6头部台阶作用下，将直针线环向左方移送。

（6）如图5-157（g）所示，直针4上升离开缝料后左摆，再次从最高点下降，此时，右弯针6已将直针线环移送至直针下方，同时右拨线叉5也将直针线环拨开，直针刺布后进入拨开的直针线环中。

（7）如图5-157（h）所示，直针4刺入直针线环后，右拨线叉复位和右弯针一起右摆，直针线收紧在缝料下，直针继续下降，重复上述过程。

这样，在送布机构及其他机构的运动配合下，直针和左右弯针、左右拨线叉重复作用，缝锁了圆头纽孔线迹。

（三）圆头锁眼机的使用

圆头锁眼机是纽孔缝制设备中最复杂的机种，因此，服装企业均设专人操作，操作者应严格按照使用说明书规定的方法工作，上机前必须通过专业考核，方能持证上岗。

当前，299U型圆头锁眼机在我国服装企业中应用较多，现以此机型为例，对使用中的问题作简单介绍。

1. 机针选用

对不同的缝料，可按表5-25选用不同规格型号的机针。

表5-25 机针选用

机针型号	适用缝料	机针规格
142×1	一般织物	13#、15#、17#、18#、19#
142×5	一般织物	12#、14#、15#、16#、17#、18#、19#、20#、21#、22#
142×6	卡其类织物	18#、19#、20#、22#
142×8	一般皮革	17#、18#、19#

表5-25中所列机针型号系日钢胜家生产，必要时也可用日本风琴牌DO×5和德国蓝狮牌142×5机针或对应尺寸相同的国产机针。机针号码的选择一般以线为准，线应能自

由地穿过针孔。

2. 机针安装

机针穿入针杆容针孔后，顶住孔底，并使机针浅槽面对操作者，然后拧紧紧针螺钉。

3. 机针线、弯针线及衬线的选用

缝线的质量与选配直接关系纽孔缝锁质量和缝锁能否顺利进行，圆头锁眼机所用直针线和弯针线应按面料选用合适的涤纶线或丝线，其他类似缝线亦可。线的捻向左、右旋均可，直针线用丝线时，弯针线应比直针线略粗些，这样纽孔线迹比较美观，在用棉线锁孔时，弯针线也应比直针线略硬挺些。衬线是用来提高纽孔的牢度和美化纽孔的，通常选用 $0.4 \sim 0.8$mm 粗的柔软、光滑、捻度较小的棉线，而且以右旋线为好。

4. 穿线

（1）穿直针线：如图 5 - 158 所示，线头先穿入机后导线杆上穿线孔 1，进导线杆下穿线孔 2、过夹线器 3、过线孔 4，穿入摆杆挑线孔 5、过线孔 6，过支线杆孔 7、过护线钢丝圈 8，过活动夹线器孔 9，再过护线钩 10，用随机带的小穿线器从下而上穿过针杆孔 11，钩住线头，向下拉出线头，最后从机针孔长槽一侧穿入（即从后向前穿过针孔），拉出约 100mm 的线头。

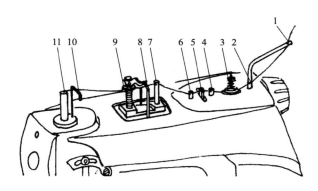

图 5 - 158　直针线穿线顺序

1—导线杆上穿线孔　2—导线杆下穿线孔　3—夹线器　4、6—过线孔　5—挑线孔
7—支线杆孔　8—护线钢丝圈　9—活动夹线器孔　10—护线钩　11—针杆孔

（2）穿弯针线：如图 5 - 159 所示，用长穿线器从前向后穿过机器右侧下面一根铜管 1，钩住弯针将线拉至机前，穿过机壳上的过线孔 2，过钢丝环 3，从下部进入夹线器 4，再从过线钩 5 上方经过，此时用随机带的短穿线器把线由上向下穿过弯针推杆 6 的过线孔，钩住线向上拉出，绕过右弯针下面的挂线钩 7，从下向上从右弯针 8 根部缺口处将线拉入过线孔，再从上向下穿过右弯针 8 中间的小孔，然后由下而上穿过右弯针针尖部的小孔，最后，从下而上再穿过咽喉板 9 上的大针孔，留足约 150mm 线头，并将线头压在送布拖板上面的小弹簧片下面。

（3）穿下衬线：如图 5 - 159 所示，将机器右侧和前侧护板打开，拉开两块大针板，然后用长穿线器将下衬线由机器右侧的过线管 10 从后向前拉出，再从夹线器 11 下面钢丝

圈中穿入，过夹线器 11 及其上方的钢丝圈，再穿过机壳过线孔 12，过护钩 13 及弹簧孔 14，接着从外向里穿过咽喉板 9 的小孔，最后从咽喉板的大孔内将线拉到送布拖板上并留出约 100mm 的余线。

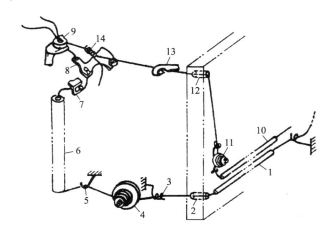

图 5－159　弯针线和衬线穿线顺序

1—铜管　2—过线孔　3—钢丝环　4、11—夹线器　5—过线钩　6—弯针推杆　7—挂线钩

8—右弯针　9—咽喉板　10—过线管　12—机壳过线孔　13—护钩　14—弹簧孔

5. 操作准备与操作顺序

操作前应按照服装生产工艺要求，做好相应的调节。

（1）纽孔长度调节：对圆头纽孔与直形纽孔的长度、套结长度的调节，可通过提花轮（亦称花样凸轮或式样轮）上的刻度盘实现，将刻度板调至相应位置，并更换相应的切刀和刀垫。

图 5－160 所示为提花轮。调节纽孔长度时，可旋松提花轮压板螺丝 1，转动提花轮定位盘 5（缝长刻度盘），按所需要的缝制长度对准指示板 2，再拧紧提花轮压板螺丝。调节套结长度时，可旋松提花轮定位盘垫片螺丝 3，转动提花轮定位盘 5，使定位盘侧面的记号对准提花轮定位盘垫片 4（套结长度垫圈）上所需长度，然后拧紧定位盘垫片螺丝 3。

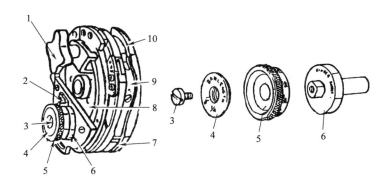

图 5－160　提花轮

1—提花轮压板螺丝　2—指示板　3—提花轮定位盘垫片螺丝　4—提花轮定位盘垫片　5—提花轮定位盘

6—孔长刻度盘　7—提花轮凸轮（第一边）　8—提花轮　9—孔形凸轮块　10—套结凸轮块（第二边）

缝锁不带套结的圆头或平头纽孔时，必须使用与提花轮定位盘 5 所示尺寸相一致的切刀和刀垫，因为盘上的数字代表纽孔长度，即不带套结长度的纽孔总长。

缝锁带套结的圆头或直形纽孔时，应使用与孔长刻度盘 6 所示尺寸相一致的切刀和刀垫，因为盘上的数字代表纽孔长度和套结的总长度。

（2）纽孔形式调节：根据工艺要求，变更提花轮 8 上的孔形凸轮块 9 及套结凸轮块 10，并改变提花轮上的孔形导柱位置，可得四种形式纽孔（有套结圆头纽孔、无套结圆头纽孔、有套结直形纽孔、无套结直形纽孔）中的一种，并按上述装上相应的切刀和刀垫。

（3）针迹密度调节：调换针数齿轮或差动齿轮。

（4）圆头针迹密度调节：对圆头（或直形纽孔端部）的针迹密度可通过位于机座左侧靠近前端的圆形眼孔数增减键的拉出和推进进行调节，当圆键拉出时，针数增多，推进则针数减少。

（5）横列宽度调节：可通过机头右侧针摆调节连杆上的调节螺母予以改变，旋松螺母将调节连杆移向操作者，横列加宽；反之，后推调节连杆，横列变窄，调节后拧紧螺母。

（6）切刀压力调节：可通过移动上刀杆后臂下面的楔块进行，顺时针转动楔块上的调节螺钉，压力增加；反之，压力减小。切刀压力应调节至恰好使纽孔切割干净为宜。

（7）压脚压力调节：调整压脚压力通过移动压脚杆下面的压力块进行，旋松压力块紧固螺钉，向操作者方向移动压力块，则压脚压力减小，反之则增大。

（8）绷料松紧调节：根据缝料厚薄不同，需对绷料松紧即左右大针板的伸展量作适当的调节，该调节可通过位于机器送布拖板下面左侧的伸展解脱杆前端的两个螺钉来实现。

（9）面线、弯针线张力调节：面线、弯针线是用相关的夹线器的调节螺母来调节的，缝线张力调节适当，纽孔线迹均匀、美观而且有较好的牢度。

上述调节有些是在缝前进行，有些则是在试缝中反复调节，试缝满意后可投入正式生产。

缝制的操作顺序：启动电动机 $\xrightarrow{\text{机器空转}}$ 按下启动手柄 $\xrightarrow{\text{压脚下降曲柄下落}}$ 压脚下压缝料 $\xrightarrow{\text{切刀启动杆动作，纽孔切刀轴旋转，切刀前伸闭合}}$ 切开纽孔 $\xrightarrow{\text{快进离合器闭合}}$ 拖板快速送料，将缝料送入缝锁位置 $\xrightarrow{\text{走针离合器闭合}}$ 缝锁进给开始 $\xrightarrow{\text{缝锁纽孔左横列}}$ 缝锁纽孔圆头部分 $\xrightarrow{}$ 缝锁纽孔右横列 $\xrightarrow{\text{缝锁纽孔套结}}$ 缝锁结束 $\xrightarrow{}$ 拖板快速后退至起始位置 $\xrightarrow{}$ 压脚抬起 $\xrightarrow{}$ 机器空转等待下一纽孔缝锁。

二、缲边机

（一）功能和特点

缲边机（即撬边机、扦边机），它主要用来对上衣下摆、裙摆及裤脚进行缲边作业。由于这些部位的缲边都要求既能将服装的折边与衣身缝合，而且服装正面又不露缝线，显然靠人工进行这种缝合，不但工效极低，质量也难以保证，因此，能完成这种独特作业的

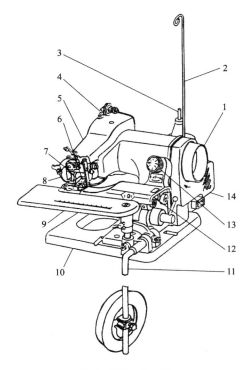

图 5 - 161　缲边机

1—机轮　2—导线架　3—线架柱　4—夹线器
5—机身臂　6—送料齿　7—成圈叉　8—弯针
9—工作台　10—底座　11—脚弓
12—圆机身　13—深浅表　14—机轮盖

缲边机已是服装厂必需的缝纫设备之一。图 5 - 161 为缲边机外形图。

（二）线迹形成过程

目前，使用较多的是单线链式线迹缲边机，其线迹形成过程如图 5 - 162 所示。单线链式缲边线迹是由弯针 1 和成圈叉 3 以及机器其他机构的相互运动配合实现的。其线迹形成过程如下：

第一阶段，如图 5 - 162（a）所示，带有缝线的弯针 1 从左向右摆动，在送料即将结束前，弯针刺入缝料，在顶布轮上方穿过缝料进入针板上的右面弯针槽内（图 5 - 163）。从缝料到弯针针孔这段缝线因张紧自然与弯针之间有一定的间隙，此时，成圈叉 3 开始沿箭头方向运动。

第二阶段，弯针摆至最右位置，成圈叉继续向操作者方向运动，当弯针向左回摆时，缝线与弯针之间间隙加大，成圈叉进入缝线与弯针间隙中，如图 5 - 162（b）所示。

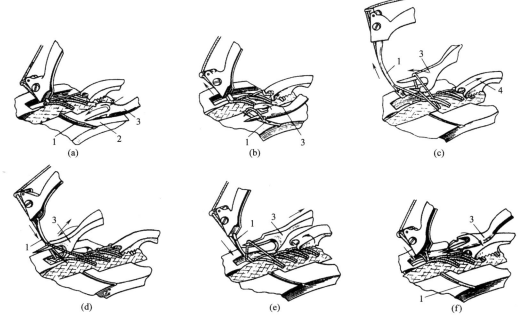

图 5 - 162　单线链式缲边线迹形成过程

1—弯针　2—针板　3—成圈叉　4—送布牙

第三阶段，弯针向左摆至极限位置，成圈叉挑起弯针线环并逆时针旋转90°，从右面摆到左面，送布牙4在缝料上方压送缝料，如图5－162（c）所示。

第四阶段，弯针又从左向右摆动，并穿入成圈叉挑起的线环中，成圈叉开始回退，如图5－162（d）所示。

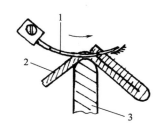

图5－163　弯针与顶布轮配合示意

1—弯针　2—缝料　3—顶布轮

第五阶段，成圈叉继续回退，送布牙完成送料，开始抬起并复位，弯针刺入缝料，如图5－162（e）所示。

第六阶段，弯针继续右摆，成圈叉退出线环，并在退出过程中顺时针旋转，从左面向右面摆动，如图5－162（f）所示。

如此周而复始，就形成了单线链式缲边线迹。

（三）使用与保养

1. 针、线、缝料配合选择

由于缲边时在服装正面不得露出缝线，因此，应该根据缝料选用合适的针与缝线，才能取得满意的缲边效果。表5－26推荐了针、线、缝料的配合。

表5－26　针、线、缝料的配合

缝　料	针　号	缝　线（tex）
薄面料	11#	12. 5～10（80～100公支）
棉、毛中厚料	14#	16. 67～14. 28（60～70公支）
厚面料	16#	20～16. 67（50～60公支）

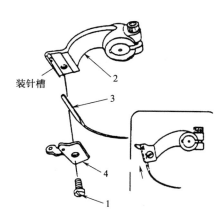

装针槽

图5－164　弯针安装

1—锁针螺丝　2—针柱　3—弯针　4—锁针片

2. 弯针安装

图5－164为弯针安装示意图。安装时，顺时针转动机轮，使针柱2摆至左方最高点，松开锁针螺丝1，将弯针3的针柄插入装针槽中，并将针柄推到顶端，最后拧紧锁针螺丝即可。

3. 穿线

图5－165为缝线穿线图。穿线前应使导线架上的导线钩与线轴在一条垂直线上。

穿线时，缝线从线轴1拉出，经导线架2上方的过线钩后，穿入过线器3（夹线器）的后孔，进入过线器内并由前孔穿出，再经过线圈4和锁针片5的过线孔，最后将线由下方穿过针6的孔后拉出即可。

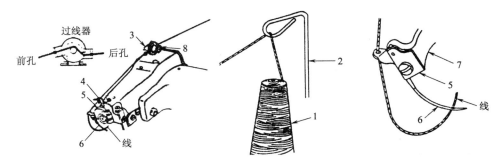

图 5 – 165　缝线穿线

1—线轴　2—导线架　3—过线器　4—过线圈　5—锁针片　6—针　7—针柱　8—压力螺帽

4. 缝制准备

参见图 5 – 161 所示，将弯针 8 转至左方最高处，用右膝向右压脚弓 11，使圆机身 12 下摆，形成针板压舌与圆机身之间的缝隙，再将折好边的缝制物推放到送料压脚下，使缝边正处于针板压舌之间。缝料放好后，松开脚弓，即开动机器进行缲边。

操作时一定要注意确保缝料的缝边沿针板压舌中间送进，方可获得满意的效果。

5. 缝线张力调整

不同的缝料和缝线要配合不同的缝线张力，才能缝出较好的缲边线迹。图 5 – 165 所示的过线器压力螺帽 8 可对缝线张力进行调整。

6. 针距调整

针距调整方法如图 5 – 166 所示。打开机器悬臂侧盖，旋松针距调节圈 1 上的两个紧固螺丝 2，转动调节圈，使 V 形沟对准设定的针距毫米数，最后旋紧螺丝 2 即可。

7. 吃针深度调整

吃针深度应以缝线不露出服装正面，而又有一定的缲缝牢度为宜。吃针深度可借机器前方的深浅表进行调整。如图 5 – 167 所示，缲缝薄料时应增加吃针深度，可将深浅表调节钮逆时针旋转，下方箭头对应的数字越大表示吃针加深，缝厚料时，顺时针旋转，吃针深度减小。

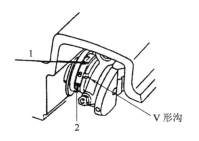

图 5 – 166　针距调整示意

1—针距调节圈　2—紧固螺丝

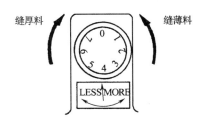

图 5 – 167　吃针深度调节示意

深浅表上的数字仅在调整时参考，而不表示实际的吃针深度。为防止损伤针和机器，开始时，可先以浅针试缝，然后视情况再予调整。必须指出，调整必须在机器静止时进行。

8. 跳缝装置的使用

机器工作台的右前方标有"1∶1""2∶1"的符号，如图5-168所示，"1∶1"为无跳缝，即每针均将两层缝料缲在一起；"2∶1"是每缝两针，下面缝料缝一次，获得跳跃针迹，即跳缝。

跳缝和无跳缝是靠跳缝杆控制的，如图5-168所示。将跳缝杆1扳向"1∶1"位置即为无跳缝，扳向"2∶1"即为跳缝。但应注意，在一次作业中，不得中途扳动跳缝杆，改变设定后，应需要重新调整深浅表。

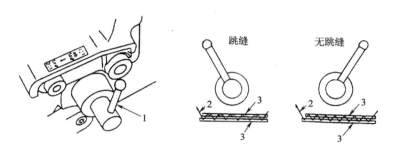

图5-168　跳缝控制装置及使用
1—跳缝杆　2—线　3—缝料

9. 取出缝制物

作业结束后，停止车缝动作，顺时针转动机轮，使弯针退出缝料并到达左面最高点，接着右膝向右压脚弓，放松缝制物，把缝制物从机器后方迅速拉出，这样可以锁住尾缝的线头并拉断缝线（也可用手剪剪断），要注意机针上要留下足够缝线，以便下次缲缝。

有些进口缲边机机上装有手动剪线装置，可使操作更为方便。

三、针牙同步送布缝纫机

在用普通平缝机缝制两层或两层以上缝料时，由于送料力来自缝料下方的送布牙，缝料间会出现滑移，因此，难以保证缝料平整。采用针牙同步送料方式的缝纫机，在机针刺入缝料后，机针和送布牙一起完成送布运动，则完全可以避免缝料的滑移，这就大大提高了产品的缝纫质量，因此，针牙同步式送布缝纫机在高档服装的缝制中得到了越来越多的应用。

GC20201型高速双针平缝机属于这一类缝纫机。以该机型为例，对针牙同步送布机构工作原理作一简述。

图5-169为送布机构工作原理图，和其他缝纫机相同，送布牙的运动也是由上下运动和前后运动复合而成。

1. 送布牙上下运动

如图5-169所示。当主轴1旋转时，紧固在轴上的同步齿形带轮2，通过同步齿形带3及轮4传动下轴5同速转动，下轴左端的抬牙凸轮6传动牙架7、送布牙8实现上下运动。

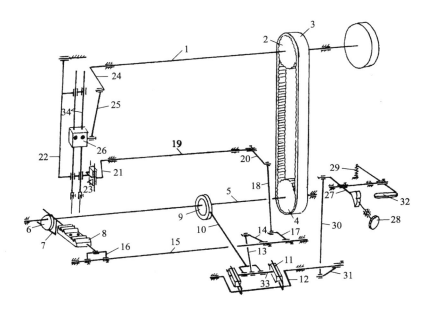

图 5 - 169　GC20201 型高速双针平缝机针牙同步送布机构

1—主轴　2、4—同步齿形带轮　3—同步齿形带　5—下轴　6—抬牙凸轮　7—牙架　8—送布牙　9—送布偏心轮
10—送布大连杆　11—双滑块　12—针距调节架　13—送布小连杆　14—送布曲柄　15—送布轴　16—牙架曲柄
17—送布轴右曲柄　18—针杆摆动连杆　19—针杆摆动轴　20—针杆摆动轴右曲柄　21—针杆摆动轴左曲柄
22—针杆摆架　23—滑块　24—针杆曲柄　25—连杆　26—针杆夹紧块　27—针距调节器　28—针距调节钮
29—弹簧　30—连杆　31—曲柄　32—倒顺缝控制柄　33—滑块连接轴　34—针杆

2. 送布牙前后运动

下轴 5 转动时，轴上的送布偏心轮 9 传动送布大连杆 10，推动双滑块 11 在针距调节架 12 的导路中往复运动，由于导路有倾角 α（图 5 - 170），两滑块连接轴 33 通过送布小连杆 13、送布曲柄 14 传动送布轴 15 实现往复摆动。送布轴左端的牙架曲柄 16 与牙架 7 铰接，从而使送布牙 8 获得前后运动，与送布牙上下运动复合形成类似椭圆的送布运动轨迹。

3. 针牙同步送布运动

由图 5 - 169 可见，在送布轴 15 往复摆动时，紧固在送布轴右端的送布轴右曲柄 17 与针杆摆动连杆 18 及紧固在针杆摆动轴 19 右端的针杆摆动轴右曲柄 20 构成双摇杆机构，这就使针杆摆动轴 19 也往复摆动，针杆摆动轴左端的针杆摆动轴左曲柄 21 与嵌入针杆摆架 22 下端导槽内的针杆摆动滑块 23 铰连，从而推动针杆摆架摆动，与此同时，主轴 1 左端的针杆曲柄 24，通过针杆连杆 25 及针杆夹紧块 26，使针杆 34 上下运动。与一般缝纫机相同的是，当机针带线穿刺缝料从下极限点上升 2mm 左右时，在机针浅槽一侧形成线环并随即被旋梭尖钩取，该机采用了两个立式旋梭（图中未绘出），在旋梭的转动中使面、底线交织，随后被挑线机构抽紧构成线迹。该机的运动特点则是，当机针穿刺缝料，进入送布牙上的针孔内即和送布牙同速同向一起推送缝料，避免了各层缝料在送布中的相互错移。

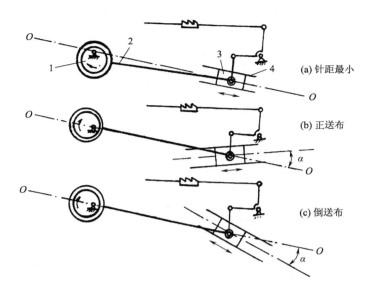

图 5 – 170　送布牙前后运动原理

1—送布偏心轮　2—送布大连杆　3—滑块　4—针距调节架

四、绷缝机

绷缝机所完成的绷缝线迹有良好的弹性和强力，广泛地应用在针织服装生产中的拼接、滚领、滚边、饰边等工序中。

绷缝机种类型号很多，图 5 – 171 所示为双针三线平台式绷缝机，图 5 – 172 为该机工作原理图。以此为例简述机针与弯针机构的工作原理，其他机构不再赘述。

1. 针杆机构

如图 5 – 172 所示。绷缝机的两根机针安装在针杆 7 下方的机针夹头上，主轴 1 转动时，通过安装在轴上的偏心轮 2 驱动连杆 3 上下运动，从而带动与连杆 3 球副连接的三臂杠杆 4 绕 O 点摆动，三臂杠杆的左端通过小连杆 5 与针杆夹头 6 相连，从而传动针杆实现上下运动。

2. 钩线机构

绷缝机的成缝器是一个带线弯针，在成缝过程中，弯针运动是较为复杂的，它既要完成图示的横向运动，以实现对两个机针线环的穿套，又要完成纵向运动，以使弯针回退时机针穿入弯针的三角线环内（参见本章线迹形成部分图 5 – 18）。

（1）弯针横向运动：三臂杠杆 4 下端与拉杆 8 球副连接，拉杆 8 左端又与弯针架 9 球副连接，这样，往复摆动的三臂杠杆传动弯针架完成左右横向运动。

（2）弯针纵向运动：主轴 1 带动凸轮 11 传动叉形摆杆 12 绕轴 13 按特定规律摆动（弯针运动在左右极限位置附近摆动），轴 13 左端连接的托架 14 与弯针架的销轴 15 铰链，这样叉形摆杆 12 的摆动通过运动传递实现了弯针 10 在特定时间的前后纵向运动，从而实现了弯针线与两根直针线的相互穿套。

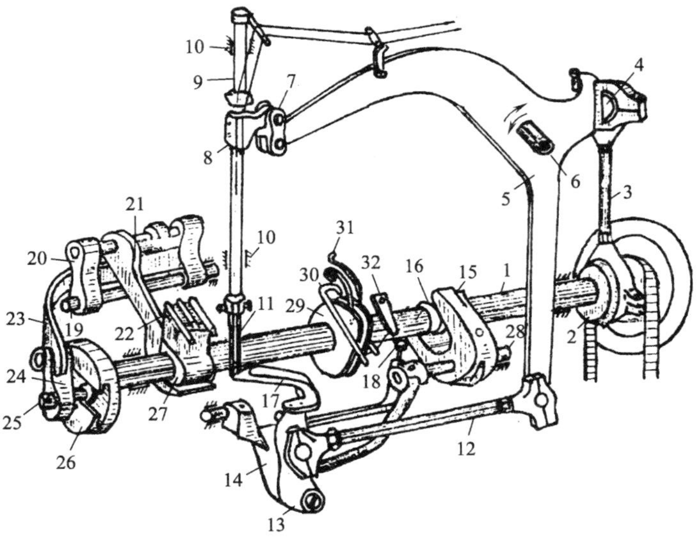

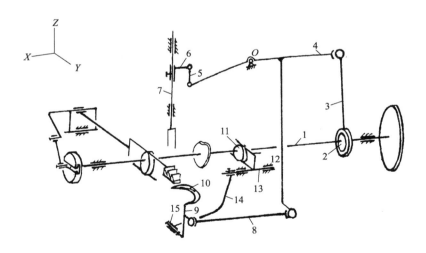

图 5 – 171　双针三线平台式绷缝机结构示意

1—主轴　2—针杆偏心轮　3—连杆　4—球节　5—三臂杠杆　6—销轴　7、24—小连杆
8—针杆夹头　9—针杆　10—针杆套筒　11—机针　12—拉杆　13—弯针架　14—托架
15—叉形连杆　16—凸轮　17—弯针　18—托架紧固螺钉　19—送布轴　20—送布摆杆
21—送布牙架　22—送布牙　23—弯形连杆　25—偏心距调节螺钉　26—送布量调节盘
27—抬牙偏心轮　28—托架轴　29—挑线盘　30、31—过线钩　32—过线板

图 5 – 172　双针三线平台式绷缝机工作原理

1—主轴　2—偏心轮　3—连杆　4—三臂杠杆　5—小连杆　6—针杆夹头　7—针杆　8—拉杆
9—弯针架　10—弯针　11—凸轮　12—叉形摆杆　13—轴　14—托架　15—销轴

五、链缝缝纫机

（一）链缝缝纫机的分类及特点

链缝缝纫机根据直针个数与线数分为单针单线、单针双线、双针四线、三针六线等链缝机。除单针单线形成的是 101 号单线链式线迹外，其余均是一根直针与一个弯针配合形成一条 401 号双线链式线迹。双针四线的链缝机在缝纫中一次形成两条间距相等、互相平行的双线链式线迹，三针六线的链缝机则形成三条平行的双线链式线迹。

某些双针链缝机为适应缝制需要，机针呈纵向排列，缝纫中得到由两条双线链缝线迹重合而成的缝迹，此类链缝机多用于如裤子后裆等部位的加固缝纫。

由于双线链缝线迹和梭缝线迹形成原理不同（详见本章第二节对线迹的叙述，此略），两种线迹在性能上呈现了较大的差异。梭缝线迹形成中面线需要绕过梭子，这个过程用线量较多，在收紧线迹时，大量的缝线经针孔由挑线杆收回，这就造成在缝纫中缝线在针孔中多次的往复摩擦和曲折变形，引起缝线强度的大幅度下降（下降 30% ~ 40%），也就造成了线缝牢度的下降。链缝机在形成 401 线迹的过程中，机针的上下运动和弯针的前后、左右运动即完成了弯针穿直针线环和直针穿弯针三角线环的过程。在每次线迹形成中，直针线供线量小于梭缝的直针线供线量，大大减少了缝线因在直针孔中往复摩擦和曲折造成的强度损失，形成了强度和耐磨性能优于梭缝的双线链缝线迹。

同时，在链缝机中，弯针线连续供应，无须像梭缝机那样频繁更换底线，生产效率明显提高。

由于 401 线迹具有强力大、线迹美观、弹性好、生产率高等一系列特点，加之近年来，出口服装生产中外商在不少缝制部位指定用 401 线迹，国内消费者也对缝纫质量提出了更高的要求，因此，链缝缝纫机在服装企业的应用越来越广泛。表 5 - 27 列出了几种链缝机的技术规格。

表 5 - 27 链缝机的技术规格

型号（国名） 生产厂 项　　目	MH - 380 型 （日本） 东京重机工业 （株社）	261 - 11 型 （美国） 胜　家	15 - 24500 - 01 型 （德国） PFAFF	GK19 - 1 型 （中国） 天津 缝纫机厂	DT₂ - B962 - SN （日本） 兄　弟	DT₂ - B962 - 1/32 （日本） 兄　弟
机器转速/r · min⁻¹	6000	6000	4500	5000	5000	5000
机针数	2	2	2	1	1	2
线数	4	4	4	2	2	4
针间距/mm	标准（6.4） 还有（4） （4.8）（5.6） （8）	标准（3.2） 还有（2.4） （7.1）	6.4 或 10.4	0	0	0（纵排）

型号（国名） 生产厂 项　目	MH－380 型 （日本） 东京重机工业 （株社）	261－11 型 （美国） 胜　家	15－24500 －01 型 （德国） PFAFF	GK19－1 型 （中国） 天津 缝纫机厂	DT$_2$—B962 —SN （日本） 兄　弟	DT$_2$—B962 —1/32 （日本） 兄　弟
最大针距/mm	4	2.5	2.5	3.6	4	4
用针型号	TV×7	2793	1280KSP	62/12	TV×1$^\#$14	TV×1$^\#$14
线迹类型（ISO）	401/401	401/401	401/401	401	401	401/401
压脚升距/mm	手动 5.5 膝动 8～10	6.4		4.5		
电动机功率/W	680	400	550	400		
性能、用途说明	双针四线链式缝纫机，适用于缲拉链、合缝及装饰夹条等	双针四线链式缝纫机，适用于针织衬衫、睡衣加固合缝	双针四线链式松紧带机，齿轮辅助送布	适用一般面料和针织面料的男女裤、运动裤的下档缝	合身（裤子侧缝）	合后档

（二）GK19－1 型单针双线链缝机

国产 GK19－1 型单针双线链缝机结构图如图 5－173 所示。该机主要组成机构有针杆机构、弯针机构、送布机构和挑线机构，由于针杆机构与平缝机相似，这里仅对弯针机构作介绍，其他机构不再赘述。

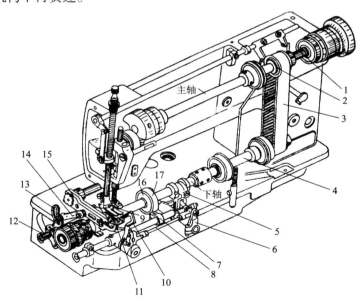

图 5－173　GK19－1 型单针双线链缝机结构示意

1—主轴　2—同步齿形带轮　3—同步齿形带　4—下轴　5、8、14、17—连杆　6—摆轴曲柄　7—摆杆
9—机针　10—弯针　11—送布牙　12—送布轴　13—可调送布摆杆　15—送布牙架　16—偏心轮

图 5 – 174 为直针与弯针的相互运动关系图。当直针从下极限位置回升形成线环时，弯针带线沿 I 运动穿入直针线环，机针上升，弯针沿 II 向针前运动，之后，在沿 III 右摆时直针刺入弯针的三角线环中，弯针再沿 IV 复位（详见第五章第二节中线迹形成方法）。

由上述可见，弯针的运动是由前后运动和左右运动复合而成，由于弯针沿上图 II 的运动是为使直针穿入弯针三角线环，通常又称为让针运动。

图 5 – 175 为该机弯针机构传动示意图。下轴 1 上的偏心轮 2 经连杆 3 传动摆杆 4、轴 5 及摆杆 6 往复摆动，铰接于摆杆 6 上的弯针架 7 及弯针实现前后摆动，即图 5 – 174 中 II、IV 段的运动。

下轴 1 上的球曲柄 13，经球副连杆 12，使摆杆 11、摆轴 10 及摆杆 9 往复摆动，连杆 8 两端分别与弯针架 7 及摆杆 9 球副连接，实现了弯针架 7 的左右摆动，即图 5 – 174 中 I、III 段的运动。

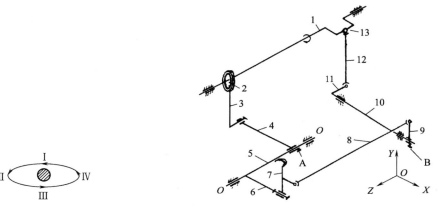

图 5 – 174 弯针针尖运动轨迹   图 5 – 175 弯针机构传动示意

1—下轴 2—偏心轮 3—连杆 4、6、9、11—摆杆
5、10—摆轴 7—弯针架 8、12—球副连杆 13—球曲柄

在上述运动中，机针和弯针有严格的配合关系，例如，当弯针运动到直针浅槽侧钩取线环时，在互不接触的情况下，间隙应尽量减小，这个间隙可松开螺钉 A 进行调整（图 5 – 175），而当弯针钩直线线环时，弯针针尖应在直针针孔上沿 1.5 ~ 2mm 处，可以通过调整直针针杆高低来实现。弯针运动至右极限位置时，弯针尖与直针中心线的距离为 2 ~ 2.5mm，可以松开摆杆 9 的紧固螺钉 B 进行调节。

在双针或多针链缝缝纫机中，各弯针完成相同的复合运动，分别与相配合的直针完成两条或多条互相独立而又平行的双线链缝线迹。其成缝原理与单针链缝机相似，而弯针的向前运动为钩线环运动，向左的摆动为让针运动，弯针机构与单针链缝机有所不同，在此不再赘述。

复习思考题

1. 圆头锁眼机可以缝锁哪几种类型的纽孔？适用于哪些服装的纽孔加工？

2. 圆头纽孔线迹有何特点？简述其形成过程。

3. 圆头锁眼机在使用中应注意哪些具体事项？

4. 简述圆头锁眼机的操作及工作顺序。

5. 为什么缲边机是服装厂必需的设备之一？

6. 简述单线链式缲缝线迹形成过程。

7. 简述缲缝机的操作过程。

8. 缲缝机上 1:1、2:1 表示什么意思？如何调节？

9. 针牙同步式缝纫机的送布机构有何特点？如何实现针牙同步？

10. 为什么针织服装生产大量使用着各类绷缝机？

11. 为什么当今服装生产中越来越多地使用链缝机？链缝机弯针运动有何特点？

第十一节　车缝辅件

车缝辅件又称缝纫机辅助装置，它是可以方便地在缝纫机上安装和拆卸的一种辅助工具，也是可以把缝纫机的通用功能规范为一种特定功能的专用工具。如要求严格的止口缝纫、卷边作业、镶边作业等，这些特定缝纫仅靠工人的技术动作去保证，不但生产效率很低，质量难以保证，而且无疑会增加产品成本，使用可以完成各种特殊作业的车缝辅件则可以变技术性操作为熟练性操作，生产效率大幅提高，缝纫质量整齐划一，降低了生产成本，明显提高了服装档次。因此，车缝辅件在各服装企业中获得越来越广泛地应用。有关厂家投入大量人力和物力不断开发新的品种，相信将有更多更好的车缝辅件投放和应用在服装企业中。

按车缝辅件的功能，大致可以分为挡边类辅件、卷边类辅件、功能性辅件三大类，工作时可根据需要选用安装，而拆下后又不影响缝纫机的原有功能。

一、挡边类辅件

挡边类辅件又称为缝料导向器，其作用是以其导向边控制缝料在进行止口缝纫（即沿衣襟、领口、袖口等部位进行的边缘缝纫）时，缝出与边缘等距平行的线迹。这类缝纫直接影响服装的外观质量，缝纫时如仅靠目测控制，不但效率很低，而且较难掌握，因此生产中广泛使用着各种类型的挡边辅件，常用的有以下类型：

1. 简易挡边器

如图 5 – 176 所示，可用薄铁皮和铜皮制作，工作时用螺钉固定于缝纫机针板右侧（缝纫机针板右侧有两个专用螺孔），止口宽度可按需要调整。

这种挡边器制作方便，但每次使用后要拆下才能进行其他作业。

2. 活动挡边器

如图 5 - 177 所示，图（a）中所示的 1 和 4 为行业标准件，可很方便地购得，5 为导向尺，可视需要购买或自制，工作中用螺钉 2 将活动挡边器固定于缝纫机针板右侧螺孔上，将转臂 4 顺时针扳至工作位置，通过螺钉 3 调节导向尺与针孔距离即可进行作业。在不需要时，转至缝纫区域的右侧即可。

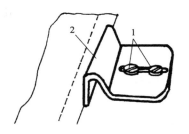

图 5 - 176　简易挡边器
1—固定螺丝　2—挡料边

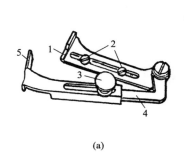

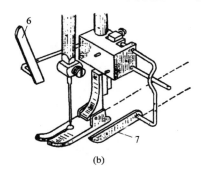

(a)　　　　　　　　　　　(b)

图 5 - 177　活动挡边器
1、4—转臂　2—螺钉　3—调节螺钉　5、6、7—导向尺

图 5 - 177（b）所示为安装在压脚杆上的挡边装置，导向尺 6 和 7 可视情况轮换使用，线迹与缝料边缘距离（即止口宽度）可由调节螺钉进行调节，不用时扳起即可。

3. 磁铁式挡边器

如图 5 - 178 所示，这是当前在服装厂中颇受欢迎的一种挡边器，壳内装有磁铁，可以方便而且可靠地吸附于针板上，在针板上推动即可改变导向边与针孔的距离，工作后拿下即可，使用方便可靠。

4. 挡边压脚

挡边压脚又称高低压脚，如图 5 - 179 所示。它与一般压脚不同，是由固定压脚趾和活动压脚趾组成，工作时活动压脚趾紧贴针板起导向作用，而固定压脚趾则压住缝料与送布牙完成缝料的移送。

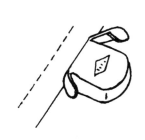

图 5 - 178　磁铁式挡边器

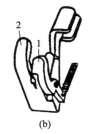

(a)　　　　　　　　(b)

图 5 - 179　挡边压脚
1—活动压脚趾　2—固定压脚趾

由于一般挡边器的导向边均需在压脚以外工作，因此在小尺寸止口缝纫中挡边压脚有其独特的作用。

二、卷边类辅件

卷边、镶边、镶条、卷接等作业的缝型形式繁多，图5–180中列出的是其中一部分，在生产中如果没有相应的辅件，操作不但非常困难，质量也极难控制，所以，虽然现在生产中已使用了相当数量的卷边辅件，但各国仍致力于新品种的开发。以下就常用的典型卷边辅件作一简介。

1. 自卷边辅件

又称三卷具，其类型较多，典型的如图5–181所示，图中也表示了该类卷边器完成的缝型。卷边辅件的工作部分可用不锈钢薄皮、铜皮或铁皮制成，并焊在已作为行业标准件的支架上，工作时用螺钉固定于针板右侧的专用螺孔上。

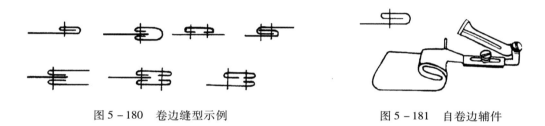

图5–180　卷边缝型示例　　　　　图5–181　自卷边辅件

2. 镶边辅件

这类辅件又称为四卷具，种类更多，图5–182所示为较典型的形式，这类辅件除为衣片镶边外还可专门缝制布条，镶边辅件除在单针机上使用外还可在双针或多针机上使用，不过应根据具体情况选择尺寸结构适当的辅件。

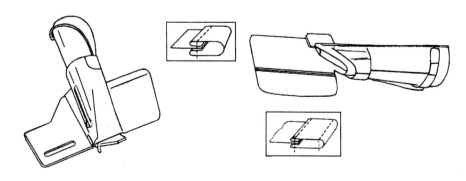

图5–182　镶边辅件

3. 卷接缝辅件

此类辅件又称埋缝辅件或埋夹缝辅件，通常用在双针机或三针机上，在牛仔服等类服装的缝纫中应用甚广，图5–183为卷接缝典型形式并附有缝型图。

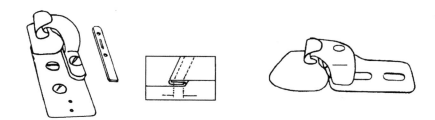

图 5 - 183　卷接缝辅件

4. 镶条辅件

此类辅件是在服装上（尤其是运动衣裤上）缝制装饰性布条的专用工具，图 5 - 184 为镶条典型形式并附有缝型图，此类辅件多用于双针机上，应根据双针的针间距合理选用。

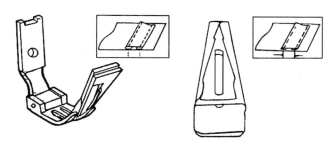

图 5 - 184　镶条辅件

三、功能性辅件

当前已开发的各种功能性辅件种类繁多，安装在缝纫机上扩展了原有的功能，减少了辅助作业时间和劳动强度。辅件结构并不复杂但其作用不可小视，以下仅以几例说明。

1. 割线压脚

如图 5 - 185 所示，它的割线装置安装在普通压脚后侧，缝纫后，将缝料从压脚后面取出时向上提拽，缝线便会卡在弹簧的缝隙中被夹住，在弹簧上方的刀片即将缝线切断，缝线被夹在弹簧中可避免下次起缝时线从针孔中滑脱。

2. 起皱压脚

图 5 - 186 所示为一种起皱压脚，调节后侧螺钉可改变压脚板摆动量，在缝制时使缝料与压脚送料的接触情况改变，从而产生不同的皱褶，螺钉完全旋出则可做一般压脚使用。

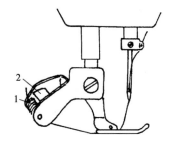

图 5 - 185　割线压脚
1—夹线弹簧　2—割线刀片

3. 单边压脚

这类压脚是在普通平缝机上缝拉链时使用的特种压脚，工作时压脚压住缝料而让开拉链牙齿，如图 5 - 187 所示。

图 5 - 186　起皱压脚　　　　图 5 - 187　单边压脚

复习思考题

1. 车缝辅件在服装生产中有何重要意义？

2. 车缝辅件大致可分为几类？分别在缝纫中起着什么作用？

3. 熟悉本节所讲述的车缝辅件的特点和使用方法。

第六章 整烫设备

第一节 概述

整烫是服装加工中的定型处理工序，经过整烫的服装显得外观平服、挺括、丰满，富有立体感。在人们对服饰要求越来越高的今天，整烫不但是服装生产的重要工序之一，而且也是服装洗涤后的必不可少的处理手段。

所谓整烫，实际上是对服装材料（织物）进行消皱整理、热塑整形和定型。

温度、湿度和压力是整烫定型的三个基本要素，织物在一定温度下变得柔软并具有可塑性，但是，由于织物材料都是一些热传导能力很差的绝热材料，要使织物在一定面积上同时达到可塑温度仅靠单纯的加热是困难的，整烫中，使织物吸入一定的水分，在接触加热器（如熨斗）的热表面后，水迅速升温并汽化，渗入织物纤维中，大大提高了织物热传导能力，同时，纤维中的水分子使纤维润湿、膨胀、伸展，并作为"润滑剂"润滑纱线之间的交织点，使织物的变形变得容易。压力是改变织物形态的重要条件，当织物达到可塑温度后，施加压力，当超过纤维屈服压力点后，即引起织物纤维变形，织物原有形状即得以改变。实践证明，当压力过小时服装的整烫难以达到预期的效果，但是，当压力过大而加热器表面又很光滑的情况下，则容易在面料上出现反光面，即极光。这说明，在整烫中确定适当的压力也是很重要的。

综上所述，所谓整烫就是单独运用或组合运用温度、湿度和压力三个因素来改变织物的密度、形状、式样和结构的工艺过程。

整烫加工时间取决于加热器温度，温度高加工时间短，温度低则加工时间长，为提高生产效率，可提高加热器温度。但鉴于过高的温度对纤维及织物易造成损伤，所以加热器温度应根据面料纤维性质选定。

按加工方式，整烫可分为熨制、压制和蒸制三种形式，熨制是使加热器的热表面在面料上移动并施加一定压力的熨烫方法，熨斗熨烫服装即是此种形式；压制则是将面料夹在两热表面之间并加压的熨烫形式，如各种专用烫衣机；蒸制则是以蒸汽喷吹面料表面或穿过衣片的形式，如人形喷吹熨烫机。

第二节　熨烫设备

目前，服装厂常用的熨制设备是各类熨斗、抽湿烫台等，使用成品蒸汽熨斗，还需配备蒸汽发生器等。

一、熨斗

熨斗是服装行业使用最为普遍的熨烫工具之一，由于体积较小，使用方便灵活，既能在缝制工序中用于衣片的熨平，劈开缝份或进行"归"、"拔"造型，也可用于成品服装的熨烫，因此对批量生产、单件或小批量生产均能适应。

熨斗发展至今，品种较多，常见的有普通电熨斗、调温电熨斗、滴液式蒸汽电熨斗、成品蒸汽熨斗及蒸汽电熨斗等。

1. 普通电熨斗

普通电熨斗由底板1、电热芯2、压铁3、外壳4、手柄5组成，如图6-1所示。这类熨斗底板一般由不易变形的铸铁制成，表面镀铬，光洁平滑，底板重量较大，既可储存一定的热量，又可对物件施压，减轻操作者的劳动强度。电热芯由镍铬电阻丝缠绕在云母片上，外面再覆盖云母片封装而成，形成很好的绝缘。安装时，压铁通过螺丝将电热芯紧压于底板上，电热芯的引出线通过绝缘套与熨斗各金属构件可靠绝缘并接在外壳的插座上。

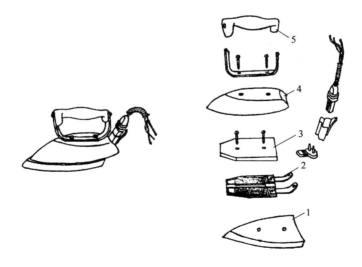

图6-1　普通电熨斗构造

1—底板　2—电热芯　3—压铁　4—外壳　5—手柄

普通电熨斗未设调温装置，在熨烫各类性质不同的面料时，应很好地掌握熨烫温度。温度过高时，可断开电源，靠底板储存的热量工作，温度偏低时须再次接通电源。因此，普通电熨斗已较少使用。

普通电熨斗无喷汽给湿装置，通常采用在物件上垫湿布或用喷雾器给物件喷湿。熨烫时熨斗的热表面在接触垫布或已给湿的面料时，水分迅速汽化，加速了热的传递。

普通电熨斗由于温度难以控制，在工作间隙应将熨斗置于专用熨斗架上，以便散热，避免温升过高和多次升、降温中电热芯云母片破碎而发生事故。特别应该指出，电熨斗必须使用有接地插孔的三芯插座，使熨斗外壳可靠接地，以免漏电发生意外。

2. 调温电熨斗

调温电熨斗依靠调温装置对工作温度进行调节，因此适应性要优于普通电熨斗。

调温电熨斗的调温方式常见的有双金属片触点式和电子式两类，双金属片触点式调温器置于熨斗壳内靠底板处，其工作原理如图6-2所示。导线A、B串接入电热芯电路中，通电前，弹簧片2、3的触点接触，通电后，电热芯加热，底板开始升温。固定在熨斗中的双金属片由于两种金属热涨系数不同而产生弯曲，当温升至一定程度

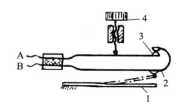

图6-2　双金属片式调温器工作原理
1—双金属片　2、3—弹簧片
4—调温旋钮

时，上弯的双金属片将弹簧片2顶起，弹簧片2、3的触点断开，电源切断，加热停止，熨斗温度开始降低，双金属片的弯曲也开始恢复，恢复到一定程度，双金属片1即脱离弹簧片2，触点再次接通，加热重新开始，显然，这样的控制过程将使熨斗在一定的温度范围内工作。

利用调温旋钮4的旋入或旋出，可改变两弹簧片触点压力，即可以改变触点分离的时间，从而控制熨斗的加热时间，这样，就改变了熨斗的工作温度。显然，触点压力越小越容易被双金属片推开，熨斗工作温度也就越低。

这种双金属片调温装置的结构简单，价格低廉，但调温误差较大，最大时可达到±8℃。采用电子调温器的电熨斗可以更准确地控制工作温度，其温控误差可保持在±3℃。这类熨斗的温控器一般在熨斗之外以导线串入电路中。

3. 滴液式蒸汽熨斗

这类熨斗通常在工作台上方挂一个吊瓶，内装经软化处理的自来水或蒸馏水，由水管与熨斗相通。熨烫时，操作者手按控制阀或触摸开关，水流入熨斗后遇热立即汽化，由底板孔中喷向物件，既能提高熨烫质量，又可避免烫坏衣物。

这类熨斗的加热元件通常铸入底板，结构更为合理，图6-3所示为滴液式蒸汽熨斗。

4. 成品蒸汽熨斗

成品蒸汽熨斗是由外接蒸汽进行加热的，本身没有加热装置，通常又称蒸汽熨斗，如图6-4所示。

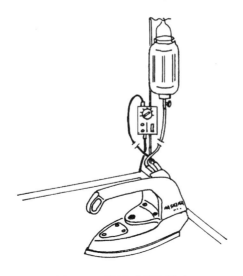

图6-3　滴液式蒸汽熨斗　　　　　　　图6-4　成品蒸汽熨斗

　　蒸汽熨斗具有温度均匀、自动喷雾加湿、使用方便安全、不损伤织物等特点，但是由于熨烫温度不超过150℃，对需要较高熨烫温度的衣料不太适宜，但在服装、针织、洗染行业中应用较为广泛。

　　这类熨斗由于是外接蒸汽，所以必须配备专门的蒸汽发生器。

　　5. 蒸汽电熨斗

　　这类熨斗在接受外接汽源同时，还有自身的加热装置及调温装置，从而提高了熨烫温度和适应范围，更适合于工业化生产。

二、抽湿烫台

　　吸风抽湿烫台是目前服装企业甚至个体生产广泛应用的熨烫设备之一，图6-5为其外形图。

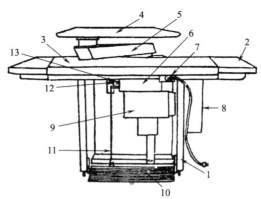

图6-5　吸风抽湿烫台

1—机架　2—熨斗放置台　3—工作台　4—烫馒　5—馒臂　6—缓冲器　7—开关　8—排气箱
9—离心风机　10—抽气踏板　11—拉杆　12—风量调节阀　13—调节柄

吸风抽湿烫台工作时可将服装或衣片平展地吸附在台面或烫馒上，用蒸汽熨斗进行熨烫。作业结束后，抽湿冷却使熨烫效果得以稳定保持。烫台上的烫馒可根据熨烫部位不同更换。烫台平面和烫馒表面包覆着透气良好的包布，里面有透气软垫并由金属网支撑，使台面柔软而有弹性。使用台面熨烫时，可通过手柄关闭烫馒风道，使用烫馒进行熨烫时，变动手柄位置即可关闭台面风道。这样可更好保证抽湿系统的正常工作。图6-6为可配备的各类烫馒：（a）为通用馒，（b）为前后身馒，（c）为男装肩缝用馒，（d）为女装肩缝用馒，（e）为男装衣袖用馒，（f）为女装衣袖用馒，（g）为侧缝用馒，（h）为胸部用馒，（i）为女裙用馒。

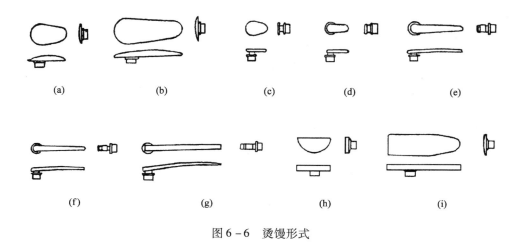

图6-6　烫馒形式

三、电热蒸汽发生器

电热蒸汽发生器是向蒸汽熨斗供汽的专用设备，图6-7为其外形图。

图6-7　电热蒸汽发生器

电热蒸汽发生器是由水箱、加热器、注水泵、供汽阀、安全阀、压力表、水位计、蒸汽调节阀等组成。

由于电热蒸汽发生器属压力容器，该设备上有完善的自控系统。水位检测系统，当水位低于临界水位时将自动切断电源，以免干烧；发生器的供汽压力、供汽量、供汽温度均可调节。工作中压力继电器、温度继电器和安全阀可确保生产安全。但是，为了确保安全生产，应按规定定期进行检查并严格按操作规程操作。

发生器应使用蒸馏水或软化水，每日工作结束时应打开排水阀，排除水垢，同时将蒸发器内的气压释放到零，以免蒸发器冷却后形成负压，自行将贮水箱内的水全部吸入蒸发器内，造成下次工作时加热时间过长或熨斗喷水现象。

第三节　压制设备

压制设备亦称蒸汽熨烫定型机，是服装大型企业在批量生产西服等类服装时配备的专用熨烫设备，这类设备的特点是：

（1）设备作业时，被加工的服装或衣片被吸附于已经预热的下烫模上，在已预热的上下烫模合模时，喷放高温高压蒸汽，继而进行热压，迫使衣片依据烫模形状产生形变，而后抽湿启模，使衣片冷却干燥，获得的形变得以保持。

（2）由于熨模是根据服装特定部位的要求特制的，因此各类蒸汽熨烫定型机专用性很强，如西装的领子、双肩、领头、驳头、袖子的胖肚、瘪肚、袖窿、袖山、后背、侧缝等若干部位均有相应的熨烫机，因此，可以获得良好的造型效果和熨烫质量。

（3）使用蒸汽熨烫机必须配备相应的蒸汽锅炉、蒸汽管道、真空泵等附属设备和设施，投资和运行费用较大，因此仅适于大批量或中批量生产，否则会造成服装成本过高。

图6-8为西装生产使用的多种蒸汽熨烫机中的一种手动下裆熨烫机。

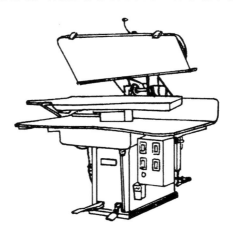

图6-8　蒸汽熨烫机

第四节　蒸制设备

蒸制设备与上述两类整烫设备不同，它是将衣服套入人形袋或人形模上，通入高压蒸汽，使蒸汽从气袋内通过衣服向外喷射，实现加温给湿，然后抽去水汽并通入热空气进行干燥定型，最后取下衣服即完成整烫加工。

由于上述工作特点，这种整烫设备又称立体整烫机，由于它是在未对服装表面加压的情况下进行的湿热加工过程，所以无面料表面绒毛倒伏现象，服装显得平整、丰满、立体感强，特别适于针织羊毛衫和呢绒服装的整烫，也可对其他服装进行整烫加工，有较宽的适应性和较高的生产效率，目前在各类服装厂和洗衣店有了越来越多的应用。图6-9所示为一种立体整烫机。

图6-9　立体整烫机

复习思考题

1. 熨烫设备分为哪几类？它们的加工特点是什么？

2. 简述熨烫机理。

3. 熨斗有几种类型？各有什么特点？

4. 抽湿烫台和蒸汽熨斗配合作业为什么可以取得较好的熨烫效果？

5. 蒸汽熨烫机和立体整烫机在工作方式上各有什么特点？为什么立体整烫机应用越来越广泛？

第七章　现代电脑缝纫机

第一节　概　述

一、电脑缝纫机的基本功能和作用

"电脑缝纫机"是装有微电脑控制系统的缝纫机，通过预设程序对缝纫机动作进行控制，实现多种缝制动作的自动化。其基本功能有：自动切线、自动倒缝（平缝）、自动拨线、自动抬压脚、自动定针缝、自动停针位、无级调速等。

电脑缝纫机优势强大：一是简化操作、降低人工技能要求，二是提高缝纫生产效率，三是稳定缝纫质量，四是大幅节电省线。

二、电脑缝纫机的基本构成

电脑缝纫机是微电脑控制系统与传统缝纫机相结合的机电一体化设备。

它是以微电脑控制器为核心，通过执行部件——电动机、电磁铁（电磁阀）等，将程序信号输出传递给缝纫机各个机构，实现各种缝纫动作自动控制。

电脑缝纫机自动控制系统基本构成见图 7 - 1。

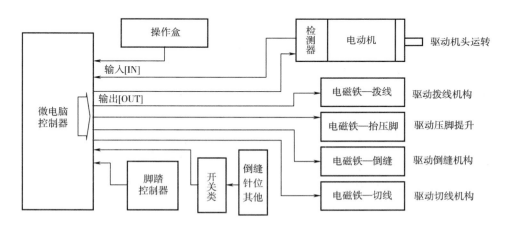

图 7 - 1　电脑缝纫机自动控制系统基本构成

微电脑控制器的作用：一是控制电动机转速、角度值；二是通过电磁铁驱动或电磁阀转为气动或液压驱动，实现自动切线、倒缝、拨线、抬压脚等辅助缝纫动作。

操作控制及信号反馈部分：一是通过脚踏控制器实现缝纫启动、停止、调速和切线动作，二是通过操作盒实现各种参数调节和功能设置，三是用倒缝开关和补针开关进行动作控制，四是用机头识别器、编码器、安全开关提供信号输入和采集。

目前几乎所有传统缝纫机都有电脑化机型，如电脑平缝、电脑包缝、电脑绷缝、电脑钉扣、电脑锁眼、电脑套结等，而且成为服装工厂的主力缝制设备。

三、电脑缝纫机种类

电脑缝纫机同普通缝纫机一样发展出多种类型。

从通用型的电脑平缝机、包缝机、绷缝机，到专用型的电脑钉扣、锁眼、套结等应有尽有，都是在原有机械机型基础上增加电脑控制装置发展而来。其特点都是在原来简单缝纫功能的基础上，发展出更多种类的自动功能，虽然这种缝纫机还是人工操作，但提高了生产效率、稳定了品质、降低了人工技能。这类在传统纯机械缝纫机上加装电脑控制装置的缝纫机，均属于半自动缝纫机，如图7-2所示。

(a)电脑套结机GT690DA（西安标准）　　　　(b)电脑折缝机GT856D（西安标准）

图7-2　电脑半自动缝纫机型

另外，随着电脑技术的不断进步，还发展出功能更加强大、摆脱了人工中间操作的全自动型电脑缝纫机，这是以缝纫机为主、结合各种自动装置、由电脑系统综合控制的全自动化缝纫设备，达到局部工序的全自动缝纫，人工仅需装填、摆放缝料即可，其余工序完全由机器自主完成，实现了一人二机、三机甚至一人四机操作，彻底摆脱人工技术限制、极大提高了缝纫生产效率、实现了稳定的高品质缝纫生产。

表7-1为电脑缝纫机分类。

表7-1　电脑缝纫机分类

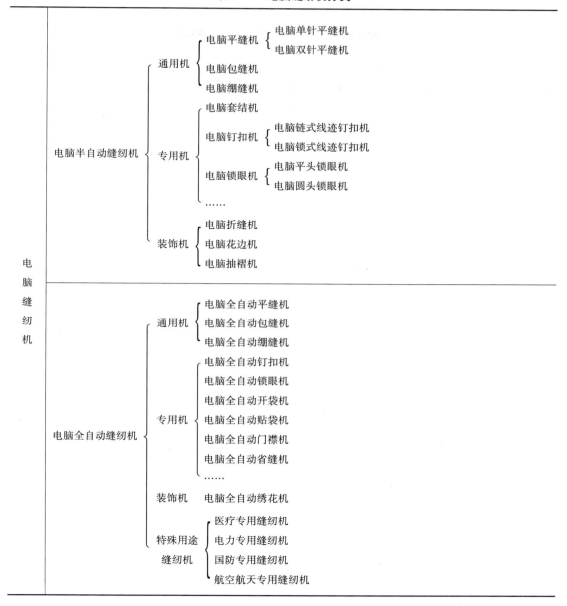

四、前景展望

目前电脑缝纫机的发展形成"专业化、全自动化、功能化"的特点，如全自动钉扣机、全自动锁眼机［图7-3（a）］、全自动开袋机［图7-3（b）］、全自动的门襟机、全自动贴袋机［图7-3（c）］、裤省缝纫机等品种繁多、特点鲜明的"专业化缝纫设备"。

"网络化、信息化、智能化"将成为电脑缝纫机的发展方向，网络信息技术将成为影响电脑缝纫机发展的新概念，具有信息化采集、电脑化处理、网络化传输、自动化执行缝纫的智能化缝纫设备将不断出现，使服装生产具有集群化、自动化缝纫生产的强大能力和

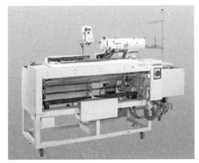
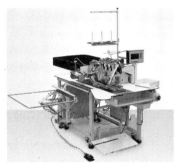

(a)全自动锁眼机（日本JUKI）　　(b)全自动开袋机（西安标准）　　(c)全自动贴袋机（德国PFAFF）

图7-3　部分电脑全自动缝纫机型

信息自动处理的应变能力。图7-4（a）是最新智能单针平缝机——标准GC6930A，具有厚度传感和针距电控数字化调整功能，可动态检测缝厚并自动做出针距调整，达到针距高度均匀一致。同时还具有网络通信功能，实现与手机互联、信息互通，轻松进行缝纫参数设置、功能设置与生产分析。此外，还有着突出的功能性表现：标配内置自动抬压脚、免预绕线器、线头打结、变针距缝纫功能等均第一次出现在单针平缝机上。

缝纫设备应用范围也从服装、鞋帽、箱包、家居等传统领域，不断向着化工、农业、医疗、电力、国防、航空、航天等更加广阔的范围扩展，特别是融入3D技术的缝纫设备，将成为一些尖端领域内构件加工的主力设备。

图7-4（b）是中国自主研发的缝制飞机复合材料构件的巨型缝合机，能够对飞机的高承载高负荷构件进行自动缝纫加工，缝件最大长度4000mm、最大宽度2000mm、缝厚能力20mm，缝料为玻璃纤维、碳素纤维或其他纤维材料。用这种材料做基础，采用缝纫工艺加工而成的飞机构件，具有更轻的重量、更大的载荷、更强的机体等优良特点，在越来越多的新型飞机上得到推广应用，据介绍美国波音787客机复合材料使用率已达到50%以上。

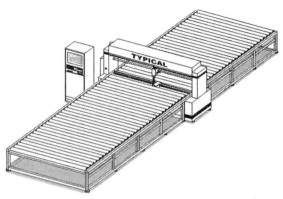

(a)具有网络功能的智能平缝机　　　　(b)缝制飞机构件的超大型缝合机FH-20（西安标准）

图7-4　缝纫机的新发展新应用

第二节　电脑平缝机

电脑缝纫机品种繁多，本章将对当前在服装企业中得到广泛普及的机型，如电脑平缝机、电脑包缝机、电脑绷缝机、电脑套结机及电脑钉扣机等分别做一介绍。

一、概述

（一）电脑平缝机发展状况

1975年电脑家用缝纫机在美国胜家诞生，实现了人们梦寐以求的自动切线、自动倒缝、自动定针缝功能，极大地提高了缝纫效率和质量。一经问世即受到服装业广泛关注，缝纫机从此进入崭新的"电脑时代"。1976年工业电脑平缝机进入服装生产并迅速普及，品种也从单针平缝机到双针平缝机、包缝机、绷缝机、钉扣机、锁眼机、套结机等各类电脑缝纫机。20世纪80年代后发展出电脑全自动缝纫机，一个工序完全自动运行、无须人工干预、极大降低了技能要求。改革开放后的中国也紧跟步伐，积极引进技术，于1986年开始量产电脑平缝机（图7-5）。

图7-5　1986年引进技术生产的第一台
国产电脑平缝机：标准GC6-1-D3

目前全世界研制电脑缝纫机的国家有中国、日本、德国、韩国、意大利等国家，以中国产量最大，并拥有机电研发、生产制造和完整配套体系，从通用型、专用型到全自动缝纫机均能自主研发生产，产量超过全球半数以上。但我国在"高精尖"产品方面创新能力不足且产品质量不稳定，表现出技术跟随性特征。

（二）电脑平缝机功能及特点

（1）电脑平缝机主要功能：自动切线、自动倒缝、自动拨线、自动抬压脚、自动定针数缝、自动停针位、简单程序缝纫（往返缝、多段缝）等。

（2）电脑平缝机特点：人工操作、程序控制、伺服电动机驱动、电磁铁执行各机构动作。

（三）电脑平缝机类型及技术规格

电脑平缝机是传统平缝机的发展延伸，分类相同。有单针和双针两大类，按送布方式有下送、针送、上下送、综合送、滚轮送，还派生大量特殊机种，如切边缝、差动缝、模板缝等机型。单针电脑平缝机技术规格见表7-2。

表 7 – 2   单针电脑平缝机技术规格

项目	中国西安标准 GC6910AMD3	日本重机 DDL – 8700 – 7	日本兄弟 S – 7100A – 303
线迹	301 双线锁式线迹	301 双线锁式线迹	301 双线锁式线迹
最高缝速/rpm	5000	5000	5000
最大针距/mm	5	4	4.2
机针型号	DBX1（11$^#$~18$^#$）	DBX1（9$^#$~18$^#$）	DBX1（11$^#$~18$^#$）
压脚升距/mm	手动 6/膝控 13、电动 10	手动 5.5/膝控 13、电动 10	手动 6/膝控 13、电动 10
润滑系统	离心泵强制供油润滑系统	离心泵强制供油润滑系统	离心泵强制供油润滑系统
抬压脚装置	内置电磁铁驱动提升压脚	外置电磁铁驱动提升压脚	外置电磁铁驱动提升压脚
驱动电动机功率/W	500 交流伺服电动机直驱	450 交流伺服电动机直驱	450 交流伺服电动机直驱
显示器	七位数码 7 段 LED 显示	LCD 屏单色 7 段数码显示	LCD 屏单色 7 段数码显示
钩线机构	标准旋梭	标准旋梭	标准旋梭
挑线机构	连杆式挑线机构	连杆式挑线机构	连杆式挑线机构
送布机构	凸轮连杆传动送布牙下送式	凸轮连杆传动送布牙下送式	凸轮连杆传动送布牙下送式
切线装置	电磁铁 – 凸轮驱动 – 旋转切刀	电磁铁 – 凸轮驱动 – 平摆切刀	电磁铁 – 凸轮驱动 – 旋转切刀
倒缝装置	电磁铁驱动，自动 1~99 针	电磁铁驱动，自动 1~99 针	电磁铁驱动，自动 1~99 针
拨线装置	电磁铁驱动拨线钩	电磁铁驱动拨线钩	电磁铁驱动拨线钩
控制系统	YVC8320 工业缝纫机控制器	SC – 920CU 工业缝纫机控制器	—
电源/耗电量/V/VA	AC 220/300	AC 220/320	AC 220/320

二、单针电脑平缝机

（一）单针电脑平缝机构成

1. 整机组成

机头 2、台板 1、机架 9、线架 3、油盘 11 与普通单针平缝机相同，新增电脑控制箱 6 和操作盒 5（有与机头集成一体）、控制器 10 等部件，如图 7 – 6 所示。

2. 电脑控制系统与自动机构

电脑控制器 12、伺服电动机 8、各自动功能驱动电磁铁（或电磁阀）1、5、7、13、检测器 9、机头识别器 4、安全开关（倾倒传感器）11、动作操作开关以及其他电子部件。电控系统及自动机构组成如图 7 – 7 所示。

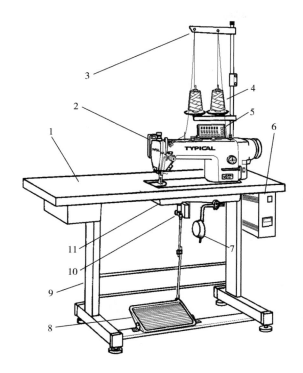

图7-6 单针电脑平缝机整机组成

1—台板 2—缝纫机头 3—线架 4—线团 5—操作盘 6—电控箱

7—膝碰 8—踏板 9—机架 10—控制器 11—油盘

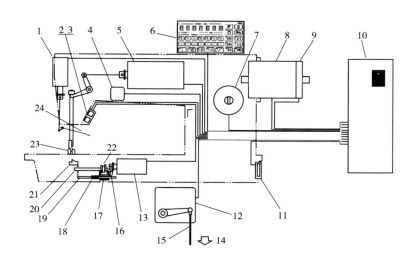

图7-7 电控系统与自动机构组成

1—拨线电磁铁 2—倒缝开关 3—补缝开关 4—机头识别器 5—抬压脚电磁铁 6—操作盒

7—倒缝电磁铁 8—伺服电动机 9—检测器 10—控制箱 11—安全开关（倾倒保护）

12—控制器 13—切线电磁铁 14—脚踏板 15—拉杆 16—驱动杠杆 17—滑动曲柄

18—复位弹簧 19—动刀轴 20—下轴 21—动刀 22—切线凸轮 23—压脚 24—拨线钩

（二）单针电脑平缝机主要机构与工作原理

单针电脑平缝机包括针杆、钩线、挑线、送布、针距、倒缝、压脚、润滑、过线、绕线等传统机构，以及新增电控自动功能机构：切线、倒缝、拨线、抬压脚等。以下只介绍新增加自动机构，其他相同机构不再累述。

图 7-8 是标准 GC6710MD3 单针电脑平缝机机头整体结构图。

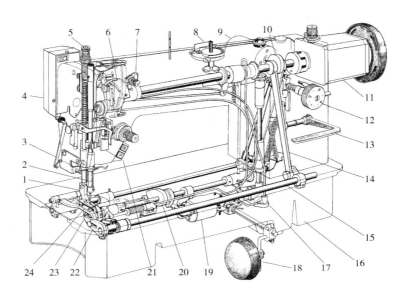

图 7-8　标准牌 GC6710MD3 单针电脑平缝机机头整体结构

1—压脚　2—针杆部件　3—拨线部件　4—拨线电磁铁　5—调压螺杆　6—挑线杆　7—夹线部件

8—绕线器　9—倒缝电磁铁　10—送布凸轮　11—电动机　12—针距调节　13—倒缝机构

14—抬牙连杆　15—抬牙轴　16—油盘　17—供油泵　18—膝控抬压　19—切线电磁铁

20—切线凸轮　21—控制开关　22—抬牙叉　23—旋梭　24—送布牙

1. 自动切线机构

切线是电脑缝纫机最重要的功能之一，其作用是在缝纫结束时，通过切刀动作将缝料下部的缝线准确切断，达到减少人工、节约缝线、提高效率和缝纫质量。

目前电脑单针平缝机切线机构主要有旋转式动刀（图 7-9）和平摆式动刀两大类型，下面以旋转式动刀为例介绍切线原理：

（1）单针电脑平缝机自动切线原理：动刀 5 始动—旋梭 6 转动、梭尖进入线环、旋梭 6 钩住面线 2，当旋至最低点时、面线环张开至最大，此时动刀 5 始动、动刀分线尖插入线环。

分线—动刀外侧将面线 2 前后段分开，内侧收线三角区拢线，如图 7-9（a）所示。外侧线段连接机针，需要保留一定长度，避免二次起针出现脱线问题。内侧线段连接缝料，尽可能留短一些，所以切线位置选择内侧。

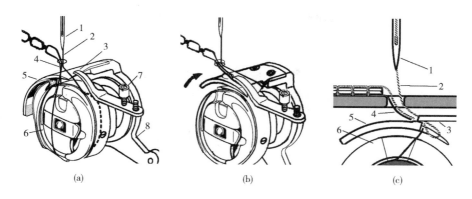

图 7 – 9 电脑单针平缝机切线原理（标准 GC6D 系列）

1—机针 2—面线 3—定刀 4—底线 5—动刀 6—旋梭 7—定刀调整钉 8—动刀曲柄

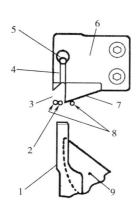

图 7 – 10 切刀形状

1—定刀 2—底线 3—收线三角区
4—线槽 5—动刀刃 6—动刀
7—分线尖 8—面线 9—分线板

收线—动刀继续顺时针旋转，将面线 2 和底线 4 收拢于动刀线槽内，分线尖外侧则将面线环另一侧推开更远，以保证外侧线段不被切刀切断，如图 7 – 9（b）所示。

切线—动刀继续旋转，当挑线杆上升至最高点时，动刀刃与定刀刃部啮合，切断面线 2 与底线 4，如图 7 – 9（c）所示。

（2）动刀功能要求与形状设计：

①分线尖 7 将面线环分开，使布料相接线段被推入刀刃切断，排除与机针相连线段。作用有两个：一是消除同时切断三根缝线，负载增大；二是保证机针遗留线头长度，防止再次起缝即发生飞线（缝线从机针孔抽出）。

②收线三角区 3 使被切缝线稳定进入线槽 4。线槽 4 则进一步收拢缝线至动刀刃 5，保证准确切线，如图 7 – 10 所示。

（3）自动切线机构组成：自动切线机构由切刀组、传动机构、动作发生机构、机电转换装置和松线机构构成。切刀组位于针板和旋梭之间，方便切线并使遗留线头最短，如图 7 – 11 所示。

（4）自动切线动作顺序：

①机电信号转换：电脑切线信号输出给切线电磁铁 7，吸合驱动杠杆 6 动作。

②切线机构启动：切线凸轮曲柄 11 被驱动杠杆 6 向左推移，进入切线凸轮旋转范围。

③传动机构：切线凸轮曲柄 11 被旋转的切线凸轮 5 驱动，通过切刀驱动轴 10 传递给动刀驱动曲柄 1 摆动，动刀 3 转动与啮合定刀 4 完成切线动作。

④松线机构：电磁铁 7 吸合时拉动松线钢丝 8，驱动夹线器夹线板张开达到松线目的。

2. 自动倒缝机构

（1）自动倒缝机构作用：可按预设针数进行自动倒缝、无须人工操作，提高倒缝效率和质量，降低人工操作技能。

（2）自动倒缝机构组成：采用电磁铁 4 驱动，直接拉动针距座 7 反向摆动实现倒缝，如图 7－12 所示。图中是电脑平缝机常用的连杆式送布机构，与 GC6－1 型单针平缝机使用的牙叉式送布机构有所不同，具有倒缝针距与正缝针距误差小、精度较高的特点。

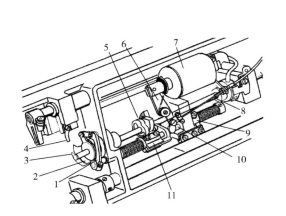

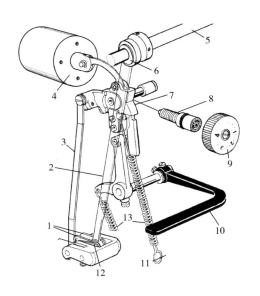

图 7－11　自动切线机构组成

1—动刀驱动曲柄　2—动刀架　3—动刀　4—定刀
5—切线凸轮　6—驱动杠杆　7—切线电磁铁组件
8—松线钢丝　9—切刀限位块　10—切刀驱动轴
11—切线凸轮曲柄

图 7－12　自动倒缝与针距调节机构组成

1—长连杆　2—送布连杆　3—针距调节连杆
4—倒缝电磁铁　5—主轴　6—送布凸轮　7—针距座
8—针距螺杆　9—针距旋钮　10—倒缝扳手
11—针距调节曲柄　12—短连杆　13—拉簧

（3）倒缝工作原理（图 7－13）

①正缝状态：针距座 4 在拉簧 6、7 作用下呈下倾状态，其 V 型凸轮上弧边挡在针距螺杆 2 前端的球头部，针距座 4 与针距调节连杆 13 的铰接点处于一特定的稳定位置（对于某特定针距而言）。此时，针距调节连杆 13 与针距调节曲柄 8 的铰链点 O 位于长连杆 9 运动区域上方。因此当送布连杆 12 上下运动从 a 至 b 时，长连杆 9 推动送布右曲柄从 a' 向 b' 运动，即送布牙正向运动，如图 7－13（a）。

不难看出，针距的改变实则是通过旋转针距旋钮 3，推动针距座 4 转动改变其与针距调节连杆 13 的铰接点位置，进而改变上述铰接点 O 的位置所致。

②倒缝状态：如图 7－13（b）所示，倒缝控制有两种方式：一是手压倒缝扳手至最低点、针距座 4 被拉动产生逆时针摆动，二是自动倒缝由倒缝电磁铁拉动针距座 4 逆时针摆动，针距座 4 的下弧边挡在螺杆球头部。

此时，针距调节曲柄被针距调节连杆向下推，O 点移至下位。

送布连杆 2 从 a 点向下到 b 点运动，推动送布右曲柄从左向右，即 a' 至 b' 实现反向送布即"倒缝"。

倒缝机构的主要部分构造如图7-14所示。

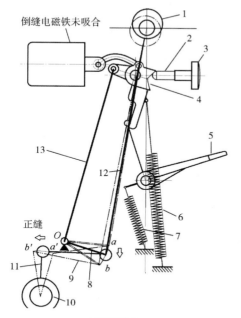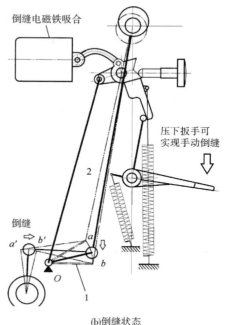

(a)正缝状态

1—送布凸轮 2—针距螺杆 3—针距旋钮
4—针距座 5—倒缝扳手 6—针距座复位拉簧
7—倒缝扳手复位拉簧 8—针距调节曲柄
9—长连杆 10—送布轴 11—送布右曲柄
12—送布连杆 13—针距调节连杆

(b)倒缝状态

1—短连杆 2—送布连杆

图7-13 倒缝原理

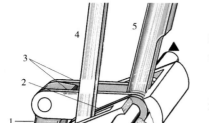

图7-14 倒缝机构主要部分构造

1—送布右曲柄 2—短连杆 3—长连杆
4—针距调节连杆 5—送布连杆
6—针距调节曲柄

3. 自动拨线机构

（1）作用：拨线是在切线后将留布料中的面线头拨出置于压脚上方，方便取缝料、避免拉皱缝料、拉弯机针、产生缝线浪费等不良现象。

（2）拨线机构类型：摆动拨钩式机构最为广泛，通过拨钩摆动将面线拨出。另外还有直拉拨钩式、伸缩拨钩式机构。驱动装置有电磁铁、气缸及步进电动机等。

（3）结构与工作原理：图7-15为标准GC6710MD3拨线机构，拨线钩2是一个前端为钩状的钢丝，平时拨线钩2位于针杆右侧上方。拨线时由电脑输出指令，电磁铁1吸合，拉动曲柄4使装在轴另一端的拨线钩2摆动，拨线钩2从机针3下方摆过，将线头直接打出或返回时将线头钩出，完成拨线功能。

（4）自动拨线机构调整：

①拨线钩最低点：上停针位时，拨线钩 2 摆动应低于针尖 2mm。松开线钩螺钉 1 进行调整，如图 7 - 16（b）所示。

②拨线钩最远点：距机针 3 左侧 0 ~ 2mm，松开电磁铁固定螺钉 6［图 7 - 16（c）］调整电磁铁组件上下位置，确定拨线钩 3 摆动最远点，如图 7 - 16（a）所示。

4. 自动抬压脚机构

（1）作用：自动提升和落下压脚，降低人工操作、提高作业效率。

（2）类型：自动抬压脚驱动有电磁铁、气缸或电动机等类型，与手动抬压脚、膝控抬压脚机构共同使用互不影响。

（3）结构与工作原理：电磁铁 9 通过驱动曲柄 11 和拉杆 8 直接拉动抬压曲柄右 10，带动原机压脚机构上升抬起。电磁铁 9 的吸合是通过电脑发出指令或人工指令（倒踩踏板）执行动作。

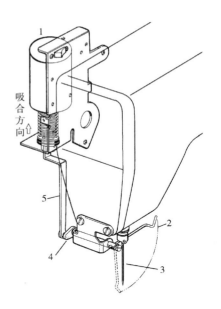

图 7 - 15　摆动拨钩式拨线机构
1—电磁铁　2—拨线钩　3—机针
4—曲柄　5—拨线拉杆

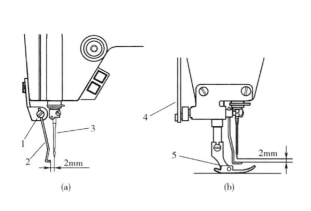

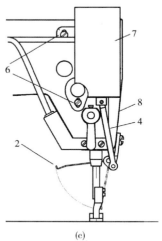

(a)　　　　　(b)　　　　　(c)

图 7 - 16　拨线机构调整
1—线钩螺钉　2—拨线钩　3—机针　4—连杆　5—压脚　6—电磁铁固定螺钉　7—电磁铁组件　8—面板

手动抬压和膝控提升装置均可独立使用互不影响，如图 7 - 17 所示。

（4）机构调整：调整驱动曲柄 11 摆动角，使压脚抬起高度达到规定值 10mm，移动电磁铁 9 位置可进行微调，如图 7 - 17 所示。

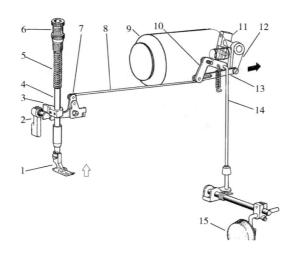

图 7 - 17　电磁铁抬压脚机构

1—压脚　2—抬压扳手　3—导架　4—压紧杆　5—弹簧　6—调压杆　7—曲柄左　8—拉杆
9—电磁铁　10—曲柄右　11—驱动曲柄　12—曲柄　13—拉杆右　14—顶杆　15—膝控垫

5. 其他机构介绍

（1）钩线机构：为改善线迹质量和提高切线稳定性，电脑单针平缝机改进了钩线机构：

①旋梭：设稳定缝线的缝线稳定槽 1，作用提高切线稳定性，如图 7 - 18（a）所示。

②梭芯套：内置阻尼簧片 2，降低梭芯空转、减小起缝时"鸟窝线迹"产生，如图 7 - 18（b）所示。

③梭芯：采用合金铝材减轻重量、减少运动惯性，降低"鸟窝线迹"。

（2）绕线机构：由于缝纫机主轴采用小型电动机直驱结构，所以绕线器采用机头顶置、摩擦轮式驱动结构，通过上轴 6、摩擦轮组 5 传递动力、驱动绕线轴 3 旋转，如图7 - 19 所示。

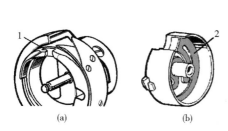

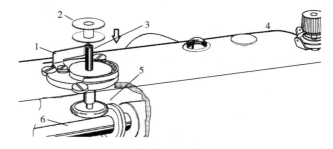

图 7 - 18　电脑平缝机旋梭与梭芯套

1—缝线稳定槽　2—阻尼簧片

图 7 - 19　摩擦轮式绕线装置

1—满线跳板　2—梭芯　3—绕线轴
4—绕线夹线器　5—摩擦轮组　6—上轴

绕线器有梭芯绕满自停功能，依靠满线跳板 1 控制绕线器摩擦轮组 5、使梭芯绕满后自动脱离主轴（上轴）6、摩擦轮组 5，达到绕线自动停止转动目的。

6. 其他电控自动功能

（1）自动停针位功能：为方便缝纫操作，电脑缝纫机专设上停针位和下停针位功能，可通过程序设定或针位开关，控制机器停止时针杆的位置。其含义及用途如表 7-3 所示。

表 7-3　电脑缝纫机上下停针位含义及用途

针位	含　义	用　途
上停针位	缝纫机停止时，机针自动停在上位，一般是挑线杆最高点	系统默认设在自动切线后，机针停止到上针位。方便取出缝料以及放入新缝料
下停针位	缝纫机停止时，机针自动停在下位，一般是机针最低点	系统默认设在缝纫中途停止，如转弯点、添料点，需机针在下位以保持缝料位置不错位

（2）自动定针数缝纫功能：操作盒可预设缝纫针数，当缝纫时达到预设针数随即自动停止，人工只需确定起点、把握方向和操作启动。具有高效率、高质量、降低人工要求的强大功能。电脑平缝机有"单段定针缝"与"多段定针缝"两种功能，特别适合商标、口袋等尺寸严格的部件缝纫。

多段定针缝可连续设段数，每段均可任意设定针数。如 GC6710MD3 型电脑平缝机可设 35 个缝段，每段最多 99 针。如缝纫图 7-20 所示衬衫口袋，共 10 个缝段，均可分段设定针数，每段缝自动停在下针位，终缝结束自动停在上针位。

（3）自动机型识别功能：电脑控制器因缝纫机种类不同而异，其控制方式、方法和参数都不相同，为统一控制器、减少电脑种类、降低成本，现代缝纫机电脑控制器采用了机型识别器技术，在机型识别器中加入所代表的机型特征参数，与电脑连接后会自动改变控制方式、方法和各种参数，以适应当前缝纫机。

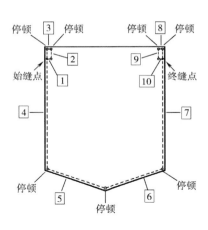

图 7-20　有 10 个缝段的衬衫口袋

（三）单针电脑平缝机电控机构配合与调整

1. 自动切线机构调整

（1）切刀位置调整：

①调整初始位置：先调整定刀 2，松开定刀 2 螺钉调整定刀刃与机针中心为 2.5mm。再调动刀 1，松开驱动曲柄 6 调整动刀刃与机针中心为 7~9mm，如图 7-21（a）所示。

②调整动刀终止位：松开切线凸轮、调整前后位置，使凸轮驱动动刀转动至极限位置时、动刀刃 3 与定刀刃 1 啮合 1.5~2mm，如图 7-21（b）所示。

（2）切线机构配合调整：切线机构配合要求如图 7-22 所示。

①调整顺序：为 A - B - C - D，数值为 A = 90.5mm，B = 0.5~1.0mm，C = 0.5~

1.0mm，D＝6±0.5mm。

②松线要求：电磁铁动作时驱动夹线器夹线盘张开1mm间隙，可通过调整两侧螺母13进行调节。

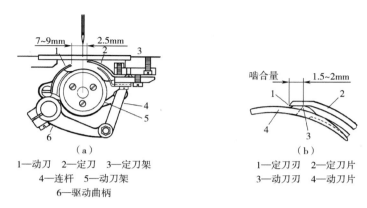

1—动刀 2—定刀 3—定刀架
4—连杆 5—动刀架
6—驱动曲柄

1—定刀刃 2—定刀片
3—动刀刃 4—动刀片

图7-21 动定刀位置调整

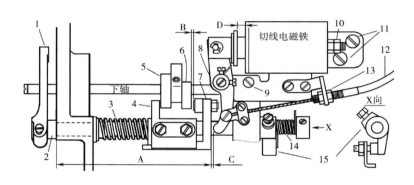

图7-22 切线机构配合调整

1—动刀曲柄 2—动刀轴 3—切线曲柄复位簧 4—复位曲柄 5—复位凸轮 6—切线凸轮

7—切线曲柄 8—驱动杠杆 9—螺钉 10—衔铁调整螺母 11—螺钉 12—松线钢丝

13—松线调整螺母 14—动刀复位簧 15—限位块

2. 自动倒缝机构调整

调整后盖板位置，使倒缝电磁铁与铁芯保持同心，进出顺滑无阻即可。

（四）单针电脑平缝机操作与使用

1. 缝纫准备

（1）安装：按要求装好附件、机头、电控系统、连接好各插头和脚踏板。

（2）注油：油盘内加入缝纫机专用润滑油，注意油量应在上下标线之间。按照说明书使用油壶为重点部位进行手动注油。

（3）绕底线：梭芯插入绕线轴，缝线绕入梭芯数圈、合上满线跳板，踩下踏板机器转动开始绕线。注意绕线应平整、张力合适、线量不能绕制过满，以80%～90%为宜，可松开螺钉 5 用满线跳板 3 调整绕线量。绕线结束取下梭芯，带线回绕割线刀割断缝线，如图 7 - 23 所示。

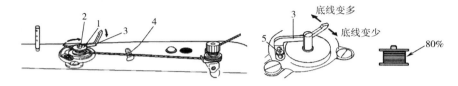

图 7 - 23　绕底线

1—梭芯　2—绕线轴　3—满线跳板　4—割线刀　5—螺钉

（4）穿线：按照图 7 - 24 进行穿线，注意穿过夹线器、挑线簧、大线钩等处细节，穿线正确与否对缝纫状态和线迹质量产生重要影响。

2. 操作

（1）调整准备：先调整缝线张力，之后开启电源开关，装入缝料、轻踩踏板使机器低速运转，确认润滑系统正常、确认线迹良好。注意踏板倒踩动作，机器立即停止缝纫、自动切线、随即自动抬压脚。

（2）自动功能操作：通过操作盒可进行多种功能操作：切线开关、前后加固缝、往返缝、单段及多段定针缝、自由缝等操作。机头上可调整线尾长度、倒缝、补针等操作，如图 7 - 25 所示。常用功能操作介绍如下：

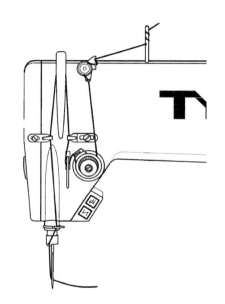

图 7 - 24　穿线

①轻按面板按键，当按键上红色灯亮表示功能打开，指示灯灭表示关闭。

②前加固键：起始正反缝纫 $\boxed{\text{A}^{\text{B}}}$ 单次正反缝，$\boxed{\text{ABAB}}$ 双次正反缝。

③后加固键：终止正反缝纫 $\boxed{\text{C}^{\text{D}}}$ 单次正反缝，$\boxed{\text{DCDC}}$ 双次正反缝。

④ $\boxed{\text{↑/↓}}$ 停针位选择：红灯亮为上停针位、指示灯熄灭为下针位。

⑤ $\boxed{\text{↗}}$ 慢速启动：红灯亮为逐步提速功能。

⑥ $\boxed{\text{ABCD/E}}$ 往返缝：自动往返缝，最多可缝 15 针、来回 15 次结束自动切线。

⑦ $\boxed{\text{↓}}$ 自由缝：完全人工控制，踩踏板运行、离开踏板停止。

⑧定针缝：有单段定针缝 $\boxed{\text{A-C}^{\text{FG}}_{\text{0-99}}}$ 与多段定针缝 $\boxed{\text{E}^{\text{FG}}_{\text{1-35}~\text{0-99}}}$ 两种功能，可实现预设针数缝纫，特别适合商标、徽标等定型件的缝纫操作。

⑨ >8 切线键：打开或关闭自动切线功能。

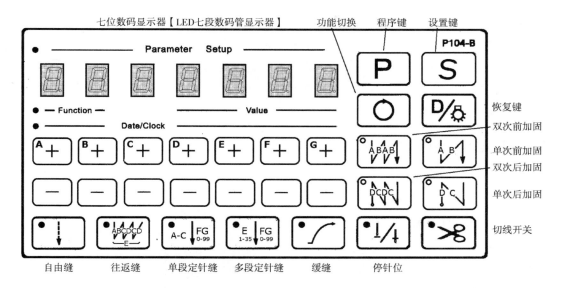

图 7 – 25 标准牌缝纫机电控系统 P104 – B 操作盒

（3）定针缝设定方法：

①单段定针缝按 键，［F］键设定十位针数，［G］键设定个位针数，最多可以设定 99 针。［A］~［C］键可分别设定三个针数不同的缝纫段。

②多段定针缝按 键，以图 7 – 20 衬衫口袋为例，共有 10 个缝段：

● 段数设定：用［E］键设定段数，在其上显示窗处显示 1~9 段，10 段以上用字母A~Z显示，共计可分段设定 35 段。

● 针数设定：每段均可设定针数，［F］键设定 10 位针数，［G］键设定个位针数，每段最多可设 99 针。

● 缝纫操作：踩下踏板，缝纫机启动并自动缝纫第一段，至设定针数时自动停止，手动操作缝料转向后；再次踩踏板，缝纫机自动缝纫第二段，到设定针数再次停止……以此类推，至最后段结束时，缝纫机自动切线并停止。中间每段缝完时，机针均自动停在下针位，最后段缝纫结束时机针自动停在上针位。

（4）高级功能：通过操作盒进入高级功能，可调整各动作细节参数：如缝纫速度、切线速度、切线电磁铁响应时间、倒缝响应时间、参数补偿等，请参照说明书进行。

3. 日常使用要点

电脑平缝机日常使用中要注意保持电气性能等方面的稳定性，为此应注意：

（1）注意五防：防水、防潮、防碰、防震、防漏电。

（2）电源质量：电压波动不大于 ±10V、无杂波、避干扰（强电、磁场）。

（3）按键应柔和：不得用硬、尖、锐物戳点按键，防止薄膜面板开裂。

（4）机构方面与普通机器相同，日常要做到以下五个注意点：

①一勿超速：建议最高工作速度为设计速度的 80%，即 4000 针/分。

②二保润滑：确保润滑回路正常。

③三勤清洁：每日做清洁、特别是针杆、旋梭、油盘、油泵等部位。

④四重检查：用"看、听、摸"方法，注意机器运行良好、供油正常、无异常声响、无"卡""重"现象。

⑤五避空踩：避免无缝料踩踏板引起的压脚磨损、旋梭卡线等故障。

三、双针电脑平缝机

（一）概述

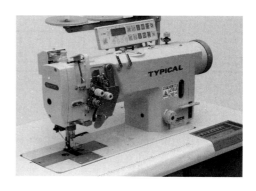

双针平缝机具有双直针、双旋梭结构，同时缝出两条平行 301 锁式线迹，适于双明线缝制的牛仔服、工作服、制服、休闲服、大衣、内衣等。加入电脑控制系统后，又增加了自动切线、倒缝、拨线、抬压脚以及自动定针缝、加固缝、往返缝、停针位等自动功能，具有生产高效、质量稳定、线迹美观、节电省线、降低人工等显著特点，图 7 - 26 为标准牌 GC9450MD3 型双针电脑平缝机。

图 7 - 26　标准 GC9450MD3 型双针电脑平缝机

双针平缝机分单针杆与双针杆两大类型，双针杆型结构复杂、两针杆可分别受控运动或停止，不仅可以与单针杆机型一样缝普通双线平行线迹，还可以缝出漂亮的转角平行线迹，尤其适合领子等角部的双线缝纫，如图 7 - 27 所示。

双针杆机构有针杆内置变位和外置变位两大结构类型，其使用方式相同、效果和性能相近。

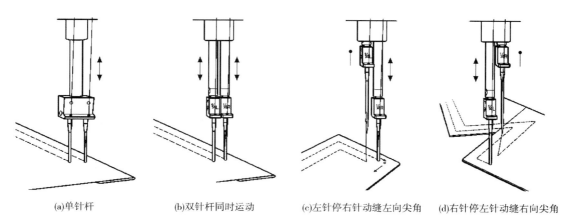

(a)单针杆　　　　(b)双针杆同时运动　　　(c)左针停右针动缝左向尖角　　(d)右针停左针动缝右向尖角

图 7 - 27　单/双针杆双针机缝纫特点

市场上主流双针平缝机的主要参数如表7-4所示。

表7-4　双针电脑平缝机的主要参数

机型	中国西安标准 GC9 系列	日本重机 LH-3500A 系列	日本兄弟 T-8000-40 系列
最高缝速/rpm	4000/3000	4000/3000	4000/3000
线迹类型	301X2	301X2	301X2
针杆类型	单针杆/双针杆	单针杆/双针杆	单针杆/双针杆
最大针距/mm	4〔GC94 系列〕 7〔GC97 系列〕	5	4〔T-842 系列〕 7〔T-8 其他型号〕
机针	DPX5（11#~18#）	DPX5（9#~23#）	DPX5（11#~22#）
针杆行程/mm	33.4	33.4	33.4
单针杆机型	GC9420/9720 系列	LH-3528 系列	T-8420/8720 系列
双针杆机型	GC9450/9750 系列	LH3568/3588 系列	T-8450/8750 系列
钩线装置	水平旋梭94 系列标准梭， 97 列系1.8 倍梭	水平旋梭28/68 系列标准梭， 78/88 系列1.7 倍梭	水平旋梭 T-84 系列标准梭， T-87 系列1.8 倍梭
挑线装置	滑杆式挑线杆针	滑杆式挑线杆针	滑杆式挑线杆针
送布装置	针送↔送布牙	针送↔送布牙	针送↔送布牙
润滑装置	干式+旋梭微油	干式+旋梭微油	干式+旋梭微油
绕线器	顶置摩擦轮式	顶置摩擦轮式	顶置摩擦轮式
自动切线	电磁铁-凸轮-钩刀式	电磁铁-凸轮-钩刀式	电磁铁-凸轮-钩刀式
自动倒缝 自动拨线	电磁铁直拉	电磁铁直拉	电磁铁直拉
自动抬压脚	电磁铁拨钩式	电磁铁直拉式	电磁铁拨钩式
主轴驱动	AC550W 伺服电动机直驱	AC550W 伺服电动机直驱	AC550W 伺服电动机直驱
针间距/mm	标准6.4，可选购规格3.2，4.0，4.8，5.6，7.9，9.5，11.1，12.7，15.9，25.4		
抬压脚高度/mm	7（手动），13（膝控），电动10		

（二）机构构成与工作原理

1. 双针电脑平缝机机构构成

（1）针杆机构：采用纵向摆动式针杆机构，与送布牙10同步运动送布，如图7-28所示。

（2）钩线机构：采用水平旋梭钩线，分置机针左右两侧。

（3）挑线机构：采用滑杆式挑线杆1，特点是收线速度快，与水平旋梭配合最佳。

（4）送布机构：采用送布牙10与机针摆动同步送料方式。送布轴7通过送布曲柄右6、连杆5、大连杆4与针杆摆轴3相连，驱动针杆摆轴同步摆动。

（5）针杆变位机构：控制左右针杆 11 分别独立停止，实现转角缝纫。

（6）其他：倒缝与针距调节、压脚、润滑机构、上下轴传动、绕线等机构等，因结构与单针平缝机基本相同故不再累述。以下为电控自动机构：

①切线机构：采用电磁铁发生、凸轮驱动、曲柄连杆传动、钩刀切线。

②自动倒缝机构：采用电磁铁驱动、曲柄连杆传动直拉针距座的结构。

③自动拨线机构：采用电磁铁驱动、直拉式拨钩结构。

④自动抬压脚机构：采用电磁铁驱动、曲柄传动、直拉压脚机构结构。双针电脑平缝机整机结构图如图 7 - 29 所示。

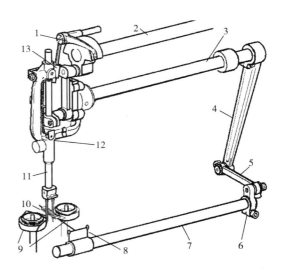

图 7 - 28　双针平缝机四大机构

1—挑线杆　2—上轴　3—针杆摆轴　4—大连杆

5—连杆　6—送布曲柄右　7—送布轴

8—送布曲柄　9—旋梭　10—送布牙

11—针杆　12—针杆支架　13—滑块

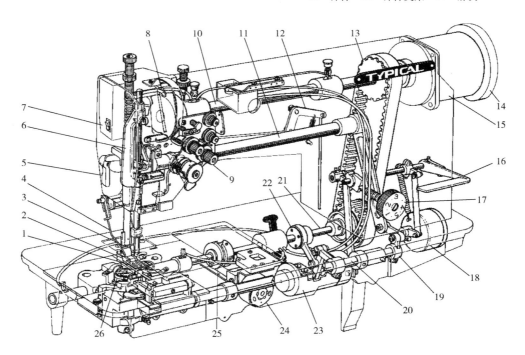

图 7 - 29　单针杆双针电脑平缝机结构

1—送牙　2—压脚　3—机针　4—拨线钩　5—抬压脚扳手　6—针杆支架　7—拨线电磁铁　8—挑线杆

9—夹线器　10—上轴　11—针杆摆轴　12—膝控抬压脚机构　13—上同步轮　14—上轮　15—电动机

16—倒缝扳手　17—针距旋钮　18—倒缝电磁铁　19—送布曲柄右　20—送布轴　21—下轴

22—送布凸轮　23—倒缝调节架　24—切线电磁铁　25—切线凸轮　26—旋梭

2. 双针电脑平缝机电控机构组成与工作原理

（1）切线机构组成与工作原理：切刀有左右两组，分置于旋梭与机针之间，切线机构组成如图 7 - 30 所示。

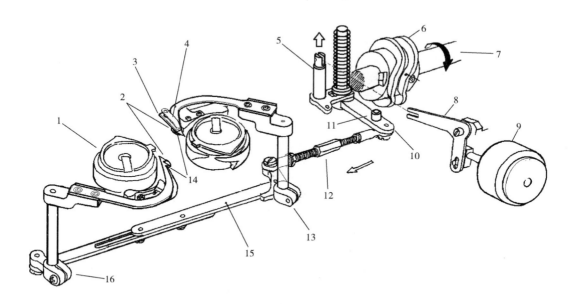

图 7 - 30　双针平缝机切线机构

1—旋梭　2—动力　3—定刀　4—定刀簧片　5—提升杆组件　6—切线凸轮　7—下轴　8—曲柄　9—切线电磁铁
10—切线曲柄　11—滚子　12—调节杆　13—动刀曲柄右　14—动刀簧片　15—连杆　16—动刀曲柄左

①切线动作顺序：电磁铁 9 通电吸合—推动曲柄 8 摆动—曲柄 8 前端叉口带动提升杆组件 5 上升（见图中虚线引导线）—切线曲柄 10 和滚子 11 被向上进入切线凸轮槽。

旋转的凸轮 6 带动滚子 11—调节杆 12—连杆 15 运动，推动动刀曲柄 13、16 逆时针转动，带动动刀 2 摆动一周进行切线。

左右两个动刀 2 通过连杆 15 相连接，保证同步运动、同时切断左右两根缝线。

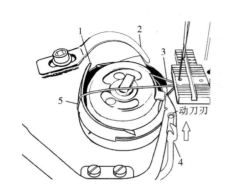

图 7 - 31　动刀开始伸出

1—旋梭尖　2—拨钩　3—底线　4—簧片　5—面线

②钩刀切线原理：动刀伸出时分线，将与布料连接的面线 5、底线 3 挡在刀刃侧，与机针连接的面线 5 分开至刀背侧，如图 7 - 31 所示。回程时钩住底线 3、面线 5 并收拢于刀刃处与定刀啮合，准确、可靠地切断底线、面线。簧片 4 作用是使动定刀具有一定相向压力保证切线成功率，同时在切线后使梭芯线头夹在动刀与簧片 4 间，保证二次起缝钩线正常。

③切线时机和条件：挑线处于最高点、面线松弛无张力、动定刀啮合。

（2）自动倒缝机构：机构组成如图7-32所示。工作原理：自动倒缝时，电控系统发出信号，倒缝电磁铁8吸合，通过曲柄6、连杆7拉动针距座2反向摆动产生倒缝动作。

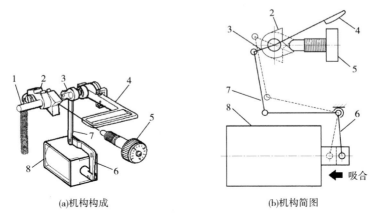

(a)机构构成　　　　　　　　　(b)机构简图

图7-32　自动倒缝机构

1—轴　2—针距座　3—倒缝曲柄　4—倒缝扳手　5—针距旋钮　6—电磁铁驱动曲柄　7—连杆　8—电磁铁

（3）自动拨线机构：采用电磁铁驱动、直拉式拨钩结构，如图7-33所示。

电磁铁1通电吸合向上运动、断电后在拉簧3作用下铁芯向下复位，拨线钩7被曲柄9推动，从上到下经过机针下部，然后返回至最高点。这个过程中，拨线钩7通过前进时的"推"和返回时的"钩"两个动作保证将机针线头拨出缝料。

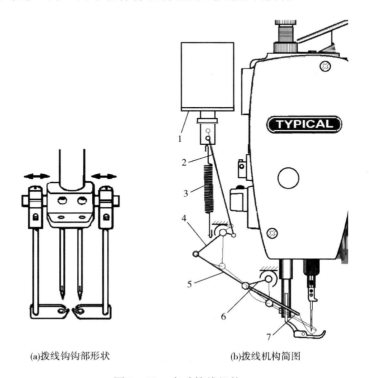

(a)拨线钩钩部形状　　　　　　　(b)拨线机构简图

图7-33　自动拨线机构

1—电磁铁　2—长连杆　3—拉簧　4—曲柄　5—短连杆　6—摇臂　7—拨线钩

（4）自动抬压脚机构：

①机构组成：采用电磁铁 4 驱动、曲柄 8 传动、直拉压脚机构 1 的结构，如图 7-34 所示。由于电磁铁 4 组件体积较大，一般采用外置在机头后部安装。

②工作原理：电磁铁吸合向右动作、推动曲柄 6 通过传动轴使曲柄 8 向右摆动，带动连杆 10 拉动曲柄右 5 向右动作使压脚 1 向上抬起。连杆 10 设有长槽，作用是在电磁铁 4 无动作时，不影响手动或膝控抬压脚机构的正常动作。

③自动抬压脚动作时序：自动抬压脚在拨线动作结束后进行，是缝纫结束后取出缝料前的最后一个自动功能。另外，为方便缝纫中途抬压脚，在控制系统中设置了中途停顿，依靠人工指令抬起压脚的功能（倒踩踏板），方便调整缝料及其他作用。由于外置式电磁铁体积大、造价高，所以一般采用选购方式与整机进行销售。

（5）针杆变位自动复位机构：新型双针电脑平缝机装有双针杆变位自动复位机构（标准 GC9451 型），变位时手动操作左或右针杆停止工作，复位时由电脑系统发出指令、自动复位，简化了双针变位操作动作，提高了生产效率。

①机构组成：如图 7-35 所示，变位时通过变位杆 3 控制针杆接头 2，达到控制针杆 1 停止目的。复位时手动按键（或电磁铁 10 吸合复位板 11）实现。

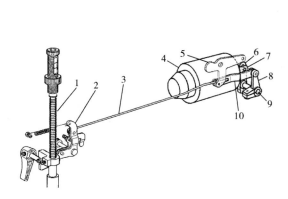

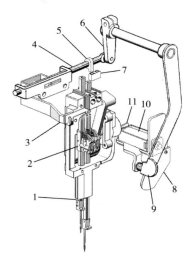

图 7-34　自动抬压脚机构

1—压脚机构　2—曲柄左　3—拉杆
4—电磁铁　5—曲柄右　6—驱动曲柄
7—电磁铁铁芯　8—曲柄　9—轴　10—连杆

图 7-35　针杆自动复位机构

1—针杆　2—针杆接头　3—变位杆　4—滑轴
5—感应块　6—曲柄　7—感应器　8—复位按键
9—变位按钮　10—电磁铁　11—复位板

②工作原理：变位机构滑轴 4 上装有感应块 5，用以触发感应器 7。手动变位按钮 9 向左变位同时被复位板 11 卡住，滑轴 4 向左移动触发感应器 7 左侧发出信号，电脑开始计数，缝纫至预设针数时电脑发出指令，电磁铁 10 通电吸合复位板 11 动作，变位按钮被释放复位。反之，向右变位时触发感应器 7 右侧发出信号，缝纫至预设针数时电磁铁吸合执行复位动作达到复位。

（三）机构配合与调整

1. 电动机同步调整

电动机轴固定平面与联轴器第一螺孔相对为同步位置。

2. 送布同步调整

（1）装齿形同步带：针距置0，挑线杆置最高点。调整针杆最低点、送布牙最高点且均不摆动时，挂上同步带。

（2）调整针杆摆动同步：针距置0、针杆降至最低点。调整送布曲柄右1与连杆3夹角 A 为 88°~90°，针杆与压紧杆外径间距 L = 13.5mm（GC9450/GC9750 为 L = 14.2mm），如图7-36所示。

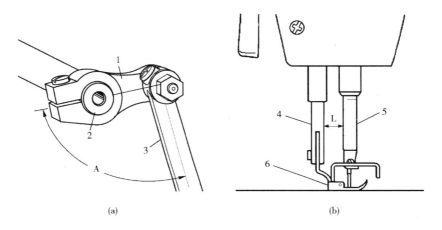

(a)　　　　　　　　　　　　　　(b)

图7-36　调整针杆同步

1—送布曲柄右　2—送布轴　3—连杆　4—压紧杆　5—针杆　6—压脚

3. 钩线调整

针距置于2。调整梭尖2与机针1凹面间隙为0.01~0.05mm，梭尖2与机针1交点距针孔上缘1~1.5mm，护针间隙0~0.15mm，如图7-37（a）所示；拨钩3与旋梭5凸三角间隙0.1mm，如图7-37（b）所示。

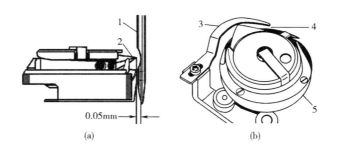

0.05mm

(a)　　　　　　　　　　　　　　(b)

图7-37　勾线调整

1—机针　2—旋梭尖　3—拨钩　4—间隙　5—旋梭

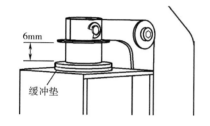

图 7 - 38　倒缝电磁铁调整

4. 倒缝机构调整

针距至最大，倒缝扳手压最低。调整缓冲垫与电磁铁弹性挡圈有小于 0.5mm 的间隙。且放开倒缝扳手，弹性挡圈距缓冲垫有 6mm 的行程，如图 7 - 38 所示。

5. 切线机构调整

（1）调整凸轮：切线凸轮刻线对准轴承套定位标记，凸轮与轴承套端面轻轻贴紧。凸轮有三条刻线，按下轴旋向调整切线略快，反之切线滞后，如图 7 - 39 所示。

（2）调整松线：电磁铁 1 吸合时，调节螺母 2，使夹线器张开 1mm，如图 7 - 40 所示。

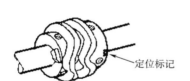

图 7 - 39　切线凸轮调整

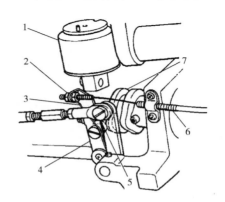

图 7 - 40　松线调整

1—电磁铁　2—螺母　3—扭簧　4—松线曲柄

5—滚套　6—松线钢绳　7—切线凸轮

（3）调整切刀：

①动刀与旋梭间隙：动刀摆动时与旋梭凸台应保持间隙 0.02mm；

②动刀簧片 3 左右位置：在动刀初始位时与动刀簧片中心重合，如图 7 - 41（a）所示。

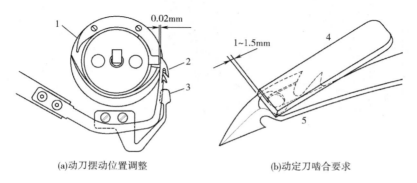

(a)动刀摆动位置调整　　　　　　　(b)动定刀啮合要求

图 7 - 41　动定刀位置调整

1—动刀　2—旋梭　3—动刀簧片　4—定刀刃　5—动刀刃

③切刀初始位调整要求：动刀刃 5 与定刀刃 4 啮合量为 1 ~ 1.5mm，如图 7 - 41（b）所示。用动刀连杆调整左右动刀同步一致，如图 7 - 30 所示。

6. 拨线机构调整

松开固定螺钉调整前后位和最低点，如图 7 - 42（a）所示。调整左右位位置，如图 7 - 42（b）所示。

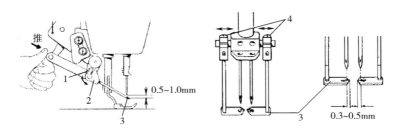

图 7 - 42　拨线钩位置调整

1—螺钉　2—拨线座　3—拨线钩　4—拨线钩固定螺钉

7. 抬压脚机构调整方式与单针电脑平缝机相同，请参照本节单针电脑平缝机。

（四）操作与使用

1. 准备工作

正确安装架板、机头、附件，绕制梭芯（底线）、穿线，确保正确润滑注油。

2. 操作方法

单针杆机型同单针电脑平缝机，请参照前述电脑单针平缝机操作部分。

双针杆机型需注意针杆变位操作，如图 7 - 43 所示。左推变位扳手 1 左针停，如图 7 - 43（a）所示。右推变位扳手 1 右针停，如图 7 - 43（c）所示。按复位按钮 2 双针同时运动，如图 7 - 43（b）所示。

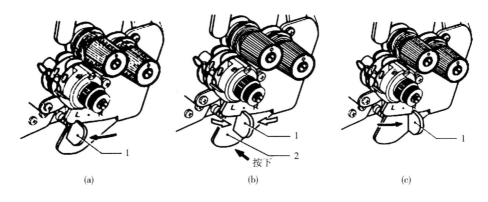

(a)　　　　　　　　(b)　　　　　　　　(c)

图 7 - 43　双针杆变位操作

1—变位扳手　2—复位按钮

3. 双针杆自动复位功能机型（标准 GC9451 型）复位设定方法

（1）按［P］键进入参数界面，按［E］键选择功能。

（2）A22：设为 ON 或 OFF，自动复位功能打开或关闭。

（3）S09：变位扳手变位后，缝制速度的设定，范围为 0～500rpm。

（4）F3：转角缝制时针数的设定，范围为 1～10 针。

（5）调整完毕，按［S］键确认。

四、电脑平缝机常见电控自动功能故障分析与维修

电脑缝纫机故障分为两大方面：一是电脑控制系统故障，二是自动机构故障，电脑控制系统出现故障时一般都有故障报警和代码提示，可根据提示快速寻找故障原因和解决问题，表 7 - 5 是电脑平缝机电脑控制系统故障提示代码与解决方法。

表 7 - 5　电脑平缝机电脑控制系统报警代码说明与解决方法

显示	说明	解决方法
E01	电源电压过高	查电源电压并与"输入电压检测"项检测值比较
E02	电源电压过低	查电源电压并与"输入电压检测"项检测值比较
E03	母线电压过高	查电源电压并与"输入电压检测"项检测值比较
E04	母线电压过低	查电源电压并与"输入电压检测"项检测值比较
E06	母线电流过流	检查机头是否卡死，电动机码盘线是否正确连接
E08	电动机过载	检查负载是否过大，机头是否出现卡死，电动机码盘线是否正确连接
E09	从机通信故障	更换控制箱
E10	针位检测故障	针位检测器信号丢失，参见"针位信号检测"项，进行针位检测
E11	电动机码盘故障	电动机码盘信号异常，参见"电动机码盘信号检测"项进行针位检测
E13	电磁铁检测电路故障	更换控制箱
E14～E19	电磁铁短路	分别对应剪线、倒缝、扫线、抬压脚、夹线和松线电磁铁短路，检查相关电磁铁及机头出线
E21、E24	电磁铁电压过高	参见"系统电压检测"项，进行电磁铁电压检测，检查机箱内水泥电阻 R527 是否烧断
E22	升级模块数据故障	重新下载新版本软件到升级模块
E23	升级模块不匹配	所下载的软件与电控箱不匹配，选择合适软件
PEdL	调速器警告	1. 调速器没有连接 2. 调速器不规范动作的提示，松开踏板即可
ɪd	识别器警告	识别器未连接，检查插座是否松动
HALL	电动机码盘警告	电动机码盘未连接，检查插座是否松动
CArE	安全开关警告	检查插座是否松动；或者重新设置参数 O32 使之与机头相符
ɡ	针位检测未连接	进入普通平车模式，只有启停动作无自动功能

　　自动机构故障按机构和类型有不同解决方法，表 7 – 6 是常见故障现象及问题分析与解决方法。

表 7 – 6　常见故障现象及问题分析与解决方法

故障现象		问题分析与解决方法
自动切线故障	1. 不切线，切线电磁铁无动作 2. 不切线，但切线电磁铁有动作 3. 切单根线 4. 切线有"藕断丝连"现象，线端毛糙 5. 切线段且起缝时出现"飞线"（钩不上面线） 6. 切线正常，但第二针起缝出现"飞线"（钩不上面线） 7. 切线正常但遗留线头太短 8. 双针机切线只有单侧缝线切断，另一侧缝线切不断	1. 电控箱无输出、插接件不通或切线电磁铁损坏无动作。检修电控箱（或更换）、插接件或更换电磁铁 2. 电磁铁组件松动、动刀曲柄或切线曲柄松动，检修调整、重新紧固到位 3. 切刀刃未对正或切线时机不正确，需重新调整动定刀位置和切线时机 4. 动定刀刃部啮合不足、刃口未全部对正、刃口不锋利。需重新调整位置或更换新刀片 动定刀啮合不足调整方法： 　（1）单针机：拆下针板微调定刀调整螺钉，使定刀压紧动刀，调整后锁紧螺母 　（2）双针机：拆下针板、定刀，重新弯折定刀簧片或更换新簧片，使定刀向下压力增大。也可以适当扳动刀向上一些（用力不宜过大，以免扳断动刀） 5. 分线尖未准确分线，导致面线两端同时被切，需重新调整动刀启动时机 6. 未松线导致面线遗留线头过短，调整松线钢丝与电磁铁吸合同步动作 7. 小夹线器过紧使线头变短，调整放松小夹线器 8. 双针平缝机切不断线一侧的切线机构调整不到位、一侧动刀曲柄松动、动刀连杆松动不同步（导致左刀不动作）。重点检查切刀刀刃锋利状态、动定刀啮合状况、双侧切刀同步情况
自动倒缝故障	1. 电磁铁无倒缝动作 2. 倒缝电磁铁动作，但无倒缝 3. 手动按钮倒缝正常，但自动无倒缝	1.（1）自动状态： ①硬件问题：电控箱无输出、插接件不通或倒缝电磁铁损坏。需逐一排查，重新调整，必要时更换 ②程序问题：未开启倒缝功能，需重新开启 　（2）手动状态： ①按钮开关失灵：查看导线接触是否正常或微动开关失灵，需重新连接导线或更换开关 ②连接插件问题：导线脱离、插针内缩导致接触不良或断路，需重新连接导线、复位插针并安装牢固 2. 电磁铁—曲柄—连杆—倒缝轴—针距座之间连接件有松脱，检查连接状况，重新紧固连接件 3. 电控箱无输出、插接件不通或电路损坏，需更换电控箱、检修插接件

续表

故障现象	问题分析与解决方法
拨线故障	1. 电磁铁无拨线动作 2. 电磁铁有动作，但不拨线 3. 有拨线动作但未拨出线头 4. 拨线时打机针或压脚

拨线故障	1. 电控箱无输出、需检查或更换 插接件不可靠。需更换 检查电磁铁若损坏需更换 2. 拨线曲柄有松动，需重新铆合牢固拨线曲柄 电磁铁销脱落，无法传递动作，需重新安装牢固 3. 电磁铁输出力不足、拨线曲柄松动、拨线钩终止位不够或拨钩角度不合适，需更换电磁铁、重新铆合拨线曲柄、调整拨钩终止位或角度 4. 拨线钩伸出长度不合适，应调整至针尖以下、压脚以上位置为最佳
抬压脚	1. 无自动抬压脚动作 2. 电磁铁动作但未抬压，手动抬压脚正常 3. 有自动抬压脚动作，但高度太小	1. 检查更换电控箱、检查插接件接触是否良好或电磁铁是否工作正常 2. 电磁铁、驱动曲柄与轴未连接牢固，无法驱动抬压脚机构正常动作。需重新调整与固定 3. 电磁铁前后位不佳导致行程太短，或曲柄角度不合适，需重新调整
自动变位故障	1. 手动变位正常，自动变位无动作 2. 变位电磁铁有动作但无变位 3. 变位只有单侧（左或右侧），另一侧没无变位	1. 复位电磁铁故障，需更换。电磁铁位置松动或复位板不到位，需重新正确调整 参数设定有误，需重新调整 感应块松动、位置变化太大，需重新正确调整 感应器松动或无法感应信号，需更调整位置或换感应器 感应器位置松动，需重新调整正确位置 感应器连接不可靠，需重新调整 2. 变位电磁铁松动跑位或复位板松动跑位，需重新调整正确位置 3. 变位块位置松动、感应器位置松动跑位。需重新调整至正确位置

第三节　电脑包缝机

一、概述

电脑包缝机是在普通包缝机的基础上增加微电脑控制系统，实现自动切线、自动抬压脚、自动停针位，增加气动系统后还有自动吸线辫、自动吸废料等功能，大大提高了包缝缝纫生产效率和制品质量，改善了环境卫生，同时降低了人工技能要求。

电脑包缝机外形如图7-44所示，常见电脑包缝机技术规格如表7-7所示。

图 7-44　标准 GN7000D 型电脑包缝机

表 7-7　常见电脑包缝机技术规格表

机型	中国西安标准 GN7000-3-ET	中国西安标准 GN9514D/P3D	日本飞马 EX5204-32R2/223	中国台湾银箭 757LD-516M-3-35
最高缝速/rpm	7000	7500	8500	7500
针间距/mm	—	2	—	3
线数	3线	4线	3线	5线
针数	1	2	1	2
机针	DCX27（$9^{\#}$~$14^{\#}$）	DCX27（$9^{\#}$~$14^{\#}$）	DCX27（$9^{\#}$~$14^{\#}$）	DCX27（$9^{\#}$~$14^{\#}$）
针距/mm	0.7~3.8	0.7~3.8	0.7~3.8	0.7~3.8
线迹宽度/mm	3	4	1.5	4
功率/W	450	500	500	450
切线方式	电磁铁驱动-横切	电动/气动-侧切/横切	电动/气动-侧切/横切	电动/气动-侧切/横切
抬压脚	电磁铁驱动	电动/气动	电动/气动	电动/气动
抬压脚高度/mm	5	5.5	5	5.5
挑线杆	针杆挑线	针杆挑线	针杆挑线	针杆挑线
钩线机构	上下弯针	上下弯针	上下弯针	上下弯针+后弯针
送布方式	差动下送 差动比0.7~2	差动下送 差动比0.7~2	差动下送 差动比0.7~2	差动下送 差动比0.7~2
针距调节	按钮离合式	按钮离合式	按钮离合式	按钮离合式
润滑方式	齿轮泵全供油	齿轮泵全供油	齿轮泵全供油	齿轮泵全供油
电动机/W	AC450直驱	AC500直驱	AC500直驱	AC450直驱
其他功能	"三电眼"检测 气动吸线辫功能 气动吸废料功能	"三电眼"检测 电动/气动切布条 气动侧吸/下吸功能 气动吸废料功能	"三电眼"检测 电动/气动切布条 气动侧吸切线功能 气动下吸切线功能 气动吸线辫功能 气动吸废料功能	"三电眼"检测 电动/气动切布条 吸风切线功能 自动包线头功能 防布边卷曲功能 气动吸线辫功能 气动吸废料功能

二、电脑包缝机工作原理与机构调整

鉴于电脑包缝机主要成缝机构及工作原理与传统包缝机相同，所以相关内容本节不再赘述，仅介绍与电脑控制相关机构。

电脑包缝机按照驱动系统分为电动与气动两大类。

应用功能有自动切线、自动抬压脚、自动停针位和调速。气动机型是在电动驱动功能基础上进行了气动化驱动改造，电磁铁改为气缸，并增加了气动吸线辫、气动吸废料功能，整机构成如图7-45所示。

下面介绍电脑包缝机自动功能机构。

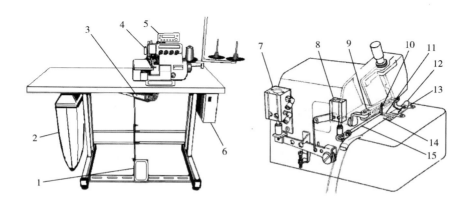

图7-45　电脑包缝机总体构成

1—控制踏板　2—废料收集袋　3—气动装置　4—切线开关　5—操作盒　6—电控箱
7—抬压脚气缸（或电磁铁）　8—切线气缸（或电磁铁）　9—压脚臂　10—动刀
11—定刀　12—压脚　13—针板　14—（线辫）吸管　15—切刀轴

（一）自动切线机构

包缝线迹组成的特点是缝线多（常见3~6线）且形成相互交织的链式线辫，具有负载大、线迹宽等特点。切线机构要求可靠切断所有缝线，切线位置与平缝机在下部不同、要求在缝料的前后两端，而且不可切布料。

常用包缝机切刀机构主要有两种类型：横摆式切刀与纵摆式切刀（侧切）。

1. 包缝机切线机构组成

由切刀组、传动件、驱动器（电磁铁或气缸）、开关、感应器组成。如图7-46所示为横摆式切刀机构，动刀较长可有效切断五线和六线包缝的宽线迹。

2. 工作原理

切线动作主要在布料前端进行缝制前或布料后端缝制结束后实施。

切线指令可手按开关或感应器发出，电磁铁（或气缸）3通过动刀曲柄钩4、动刀曲柄2直接驱动动刀轴5、带动动刀6摆动，动刀6与定刀9啮合完成切线，吸管1将残余线辫吸入，通过管道进入收集袋。动刀平时状态和缝纫状态均立于侧边挡板内，不会影响缝料和缝线通过，只有在切线时动刀逆时针横向摆动，与定刀相啮合实施切线，图7－46（a）和（b）的下图即为切线状态。

  3. 机构调整

  （1）切刀啮合调整：动刀6摆动到极限位置时，动定刀刃啮合量为0.5～1mm，调整切线电磁铁（或气缸）3上下位置即可，如图7－46（b）所示。注意动定刀啮合应完全贴平，啮合力适中即可。

  （2）调整定刀9上平面与针板8平面相一致，误差±0.2mm以内。

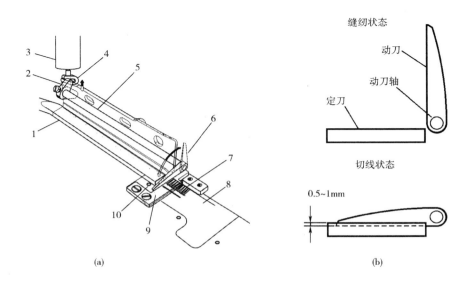

图7－46　电脑包缝机横摆式切刀机构

1—（线辫）吸管　2—动刀曲柄　3—电磁铁（或气缸）　4—动刀曲柄钩
5—动刀轴　6—动刀　7—线辫　8—针板　9—定刀　10—感应器（后）

（二）自动抬压脚机构

  1. 机构组成与工作原理

  包缝机自动抬压脚机构由电磁铁或气缸6向下驱动杠杆4，通过拉杆7拉动曲柄8使压脚轴9摆动，带动压脚臂10最终抬起压脚12，如图7－47所示，图7－47（a）为机构简图、图7－47（b）为结构图。

  人工抬压脚是用脚踏板通过铁链连接至杠杆4，踩下踏板即可抬起压脚，与自动抬压脚互不影响。

  2. 机构调整

  自动抬压脚高度需要松开电磁铁6下端调整螺母，调整顶杆5长度，使压脚抬起高度为5.5mm即可。

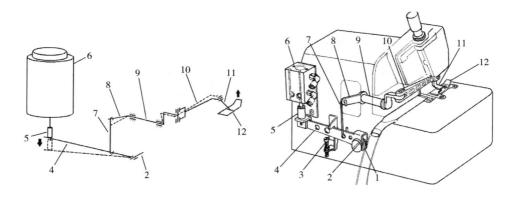

图 7 – 47　包缝机自动抬压脚机构

1—复位簧　2—轴　3—限位螺钉　4—杠杆　5—压头　6—电磁铁（气缸）
7—拉杆　8—曲柄　9—压脚轴　10—压脚臂　11—压脚柄　12—压脚

要求压脚复位灵活，不干涉脚踏抬压脚动作。

（三）自动吸线辫装置

这是电脑包缝机气动型号的自动功能。

（1）作用：利用压缩空气产生的负压将切断的线头吸除，保证制品清洁。

（2）结构：在切刀后方安置吸管，切下的线辫被吸进吸管，通过电脑控制压缩空气的打开和关闭，如图 7 – 45 所示。

（四）自动吸废料机构

1. 作用

机器裁切下的废布料，依靠气动系统产生的负压吸入废料袋，装满废料后的布袋可方便地拆下进行倾倒，保证工作现场清洁和缝纫质量。

2. 工作原理

通过 Y 型吸管 2 使压缩空气产生负压，将线头吸入吸管 4、布屑吸入废料斗 5 管道直达废料收集袋 12，吸力大小可用调压阀调整，如图 7 – 48 所示。

（五）其他功能

电脑控制系统具有自动针位设定和调速功能。

气动系统用于电脑包缝机的气动型号系列，具有自动吸线辫、自动吸废料等功能，同时切线和抬压脚驱动源也采用了气缸。使用 0.6MPa 压缩空气，经调压阀、压力表至电磁阀，受电磁阀控制吸风打开与关闭。

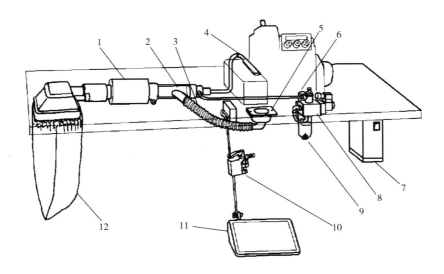

图 7 - 48　包缝机吸废料机构

1—消音器　2—Y 型吸管　3—软管　4—吸管　5—废料斗　6—调压阀

7—电控箱　8—电磁阀　9—油水分离器　10—控制阀　11—踏板　12—收集袋

三、电脑包缝机操作与使用

（一）缝纫准备

电脑包缝机除了机头、附件、电控系统、气动系统以外，其余部分的安装、注油和穿线均与传统包缝机相同，请参照机器说明书。

（二）操作

1. 调整缝线张力

调整缝线张力之后开启电源开关，装入缝料轻踩踏板使机器低速运转，确认润滑系统正常、确认线迹良好。

2. 电控功能操作

在操作盒上可进行切线开启与关闭、停针位选择、吸料功能选择等一系列功能设定，操作盒面板如图 7 - 49 所示。此外，还可通过高级功能选项进行下列功能调整操作：

（1）中英文切换。

（2）电眼参数设置。

（3）普通参数设置。

（4）技术参数设置。

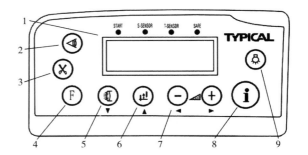

图 7 - 49　标准 GN7000D 包缝机操作盒

1—LCD 显示窗　2—电眼　3—切线　4—自动模式　5—吸风

6—针位　7—参数加减　8—主菜单　9—照明灯亮度

（5）自动测试。

（6）监控模式。

3. 操作盒面板各应用说明

（1）指示灯状态：SAFE 指示灯（黄色），安全开关断开，提醒用户注意。运行/故障指示灯（绿色/红色），正常运行绿灯亮，系统故障时红灯亮。

（2）各操作按键功能与作用：

① ⓘ 主菜单键：可与其他按键构成组合功能键。长按 3 秒，可中英文界面切换。

② Ⓕ 自动模式键：在电眼开启情况下，连续按下可选择全自动脚控或全自动电控模式。

③ ◁ 电眼功能键：开启或关闭电眼功能。电眼关闭既进入全人工模式；电眼开启后可选择半自动或自动模式，同时可修改前电眼延迟参数。

④ ✖ 切线键：选择切线方式。依次选择前切线、后切线、前后切线和切线关闭四种模式。同时可修改开启的相关切线的延迟针数。

⑤ ⓛ 吸气功能键：依次为前切线吸气、后切线吸气、前后切线吸气和吸气关闭四种模式。同时可修改前切线吸气的开启时间参数（方向下键：根据屏幕提示，向下选择，一般用来修改索引号）。

⑥ ⓜ 停针位键：选择中途停机针位。依次为下停位、上停位和关闭停针位（方向上键：根据屏幕提示，向上选择，一般用来修改索引号）。

⑦ ⊖ 减速键：减少缝制时的最高速度（方向左键：根据屏幕提示，向左选择，一般用来修改参数值）。

⑧ ⊕ 加速键：增加缝制时的最高速度（方向右键：根据屏幕提示，向左选择，一般用来修改参数值）。

⑨ ⓐ 机头灯键：调整机头灯亮度。依次可选 0~3 级，0 级为关闭。

开机后约 2 秒液晶屏显示主界面，电脑系统可工作在全人工、半自动、全自动脚控和全自动电控模式，各模式状态关系如表 7-8 所示。

表 7-8 电脑包缝机缝纫模式关系

缝纫模式	控制方式	电眼功能	启动电眼	自动模式选择
全人工	完全脚踏板控制	关闭	关闭	无效
半自动	脚踏板和电眼配合控制	开启	关闭	半自动
全自动脚控	脚踏板和电眼配合共同完成缝制、切线过程	开启	开启	全自动脚控
全自动电控	由电眼传感器控制包缝机运行，脚踏板无效	开启	开启	全自动电控

四、电脑包缝机常见故障与维修

1. 电脑包缝机控制系统的故障代码、内容含义与解决措施

包缝电脑控制器出现故障时，电控系统主界面会显示故障内容及代码（操作盒液晶屏），各故障代码、内容含义与解决措施如表7-9所示。

表7-9 电脑包缝机控制系统的故障代码、内容含义与解决措施

代码	故障内容	解决措施
E-1	硬件过流	关闭系统电源，30s后重新接通电源，控制器若仍不能正常工作，请更换控制器并通知厂方
E-2	软件过流	
E-3	系统欠压	断开电源检查输入电源电压是否偏低。若电源电压偏低，在电压恢复后重启仍不能正常工作，请更换控制器并通知厂方
E-4	停机时过压	断开控制器电源检查电压，若电压偏高（高于245V），且电压恢复后重启仍不能正常工作，需更换控制器并通知厂方
E-5	运行时过压	
E-6	电动机堵转	断开控制器电源，检查电动机电源输入插头是否脱落、松动、破损，是否有异物缠绕机头上。排除后重启仍不能正常工作，请更换控制器并通知厂方
E-7	机头停针信号故障	检查电动机编码器或机头同步装置与控制器的连接线是否脱落、松动、破损。排除后重启仍不能正常工作，请更换控制器并通知厂方
E-8	主板存储读写故障	请断电后重启，若仍报故障，更换控制器并通知厂方
E-9	超速故障	关闭系统电源，30s后重新接通电源，控制器若仍不能正常工作，请更换控制器并通知厂方
E-10	反转故障	
E-11	电动机过载	
E-12	电流检测回路故障	
E-13	电动机传感器故障	检查电动机编码器与控制器的连接线是否脱落、松动、破损。排除后重启仍不能正常工作，请更换控制器并通知厂方
E-14	通信故障	检查面板和控制器间连接线是否脱落、松动、破损。排除后重启仍不能正常工作，请更换控制器并通知厂方
E-15	脚踏板信号故障	检查脚踏板与控制的连接线是否脱落、松动、破损。排除后重启仍不能正常工作，请更换控制器并通知厂方
E-16	电磁铁短路故障	检查电磁铁连线是否正确，有否松动、破损等现象？否则更换。排除后重启仍不能正常工作，请更换控制器并通知厂方
E-18	电眼故障	检查面板和控制器间连接线是否脱落、松动、破损。排除后重启仍不能正常工作，请更换控制器并通知厂方
E-19	面板读写存储故障	请断电后重启，若仍报故障，请更换控制器并通知厂方

2. 电脑包缝机自动机构的故障现象以及问题分析与解决方法

电脑包缝机自动机构常见故障与检修方法如表7-10所示。

表7-10　电脑包缝机自动机构的故障现象以及问题分析与解决方法

	故障现象	问题分析与解决方法
自动切线故障	1. 不切线，切线电磁铁（或气缸）无动作 2. 不切线，但切线电磁铁（或气缸）有动作 3. 切单根线 4. 切线动作正常，但有"藕断丝连"现象，线端毛糙 5. 切线的同时切布料 6. 切线动作正常，但遗留线头长	1. 电控箱无输出、插接件不通或电磁铁损坏。检修电控箱、插接件或更换电磁铁 　气动系统机型检查：气缸进排气接头与气管插接是否可靠，电磁阀能否正常工作？否则更换器件 　程序设置检查：是否打开切线功能 2. 电磁铁组件（或气缸）固定螺钉松动、动刀曲柄或切线曲柄松动，检修松动件、重新调整正确并紧固到位 3. 切刀刀刃未对正或倾斜，重新调整动定刀位置 　切刀刃部磨损或出现磨损沟槽，重新刃磨动定刀刃口或更换新刀片 4. 动定刀刃部啮合不足、刃口未全部对正、刃口不锋利。需重新调整位置、刃磨动定刀刃或更换新刀片并安装正确 5. 动刀启动时机有误，前端切线过晚或后端切线过早造成，需重新调整切线时间 6. 前端切线启动过早或后端切线启动过晚，需重新调整切线时间
抬压脚	1. 无自动抬压脚动作 2. 电磁铁（或气缸）动作正常但未抬压 3. 有自动抬压脚动作，但高度太小	1. 检查更换电控箱、插接件接触或电磁铁（或气缸）是否正常，重新插接线路（管路）、必要时更换电磁铁（或气缸） 2. 电磁铁（气缸）或曲柄未固定好，无法驱动抬压脚，需重新调整位置并紧固 3. 电磁铁（或气缸）上下位不佳，导致动作行程太短，或曲柄角度不合适，需按照要求重新调整机构
气动故障	1. 无压力 2. 压力太小 3. 压力正常不吸线辫 4. 压力正常不吸废料 5. 吸气一直工作无闭合	1. 可能的原因及对策： 　（1）空压泵或气源不正常？调整气压或更换气泵、气源 　（2）进气阀未正常开启？按照要求压力开启进气阀 　（3）电磁阀未动作？电磁阀损坏或接头接触不良、电路无输出电源，重新更换电磁阀、检查接头、检修电路 　（4）气路有堵塞或漏气？检查清理气路、排除漏气 2. 检查空压泵、空压源、本机调压阀、气路、电磁阀是否正常，气管有否漏气 3. 线辫吸管与气管连接不正常或中间漏气？检查重装 　此路电磁阀故障，需检查接头连接或更换电磁阀 4. 吸废料气路漏气或此路电磁阀故障，需更换 5. 重新检查设置参数恢复正常。检查电磁阀是否无法关闭？必要时更换

第四节　电脑绷缝机

一、概述

使用电脑控制技术对绷缝机的自动控制，实现了绷缝机自动切线、自动抬压脚、自动停针位和无级调速功能，无论三针五线绷缝机还是双针四线绷缝机，专用切线机构不仅能够切断直针线和弯针线，还能同时切断装饰线，大大提高了生产效率和制品质量。目前电脑绷缝机从主流的平台式三针五线绷缝机 [图 7 - 50（a）]，向小缝台 [图 7 - 50（b）]、筒式、曲臂式等各类绷缝机型普及。常见电脑绷缝机技术规格如表 7 - 11 所示。

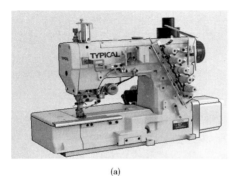
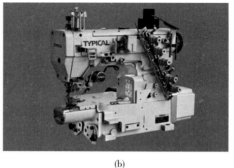

(a)　　　　　　　　　　　　　　　　(b)

图 7 - 50　电脑绷缝机

表 7 - 11　电脑绷缝机技术规格

项　目	西安标准 GK335 - 1356D3	日本大和 YAMATO VF2500 - 8	日本飞马 W3500P	日本重机 - JUKI MF - 7500/U11
最高缝速/rpm	6000	6000	6000	5000
线迹类型	605	605	605	605
机针型号	UYx128GAS（10#）	UYx128GAS（10#）	UYx128GAS（10#）	UYx128GAS（9# ~ 12#）
针间距/mm	5.6	5.6	5.6	5.6/6.4
送布类型	差动下送	差动下送	差动下送	差动下送
差动比	1:0.7 ~ 1:2	1:0.7 ~ 1:2	1:0.7 ~ 1:2	1:0.7 ~ 1:2
针距长度/mm	1.4 ~ 4.5	1.4 ~ 3.6	1.4 ~ 4.5	1.2 ~ 3.6
抬压脚高/mm	6	7	6	5/8（无饰线）
自动切线	上下独立钩刀切线	上下独立钩刀切线	上下独立钩刀切线	上下独立钩刀切线
自动拨线	电动/气动拨线	电动/气动拨线	气动拨线机构	气动拨线机构
自动抬压脚	电动/气动驱动	电动/气动驱动	电动/气动驱动	电动/气动驱动

续表

项 目	西安标准 GK335 – 1356D3	日本大和 YAMATO VF2500 – 8	日本飞马 W3500P	日本重机 – JUKI MF – 7500/U11
切布条装置	选配	自动/手动	自动 AT/手动 TK	自动/手动
吸线装置	—	—	针板后下置	—
主轴驱动	伺服电动机 550W 直驱	伺服电动机 500W 直驱	伺服电动机 550W 直驱	伺服电动机 500W 直驱

二、电脑绷缝机电控机构构成、工作原理与调整

常见的电脑三针五线绷缝机具有电脑程序自动控制的切线、拨线、抬压脚、自动停针位和无级调速等功能。

其中切线机构由上下两套机构组成，分别进行上部和下部的缝线切断，另外还有拨线机构、抬压脚机构、驱动用的伺服电动机、脚踏控制器和电脑控制箱组成，各机构动作驱动源采用电动或气动，机构（电动驱动）组成如图 7 – 51 所示（机头侧后视）。

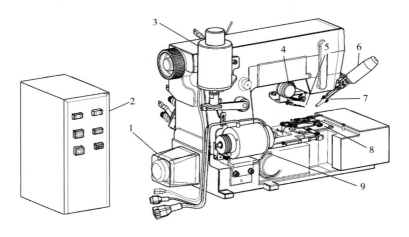

图 7 – 51　电脑绷缝机各电控机构组成

1—主轴电动机　2—电控箱　3—抬压脚电磁铁　4—拨线电磁铁　5—拨线机构
6—上切线电磁铁　7—上切线机构　8—下切线机构　9—下切线电磁铁

（一）自动切线机构

典型的三针五线绷缝机是 605 覆盖式多线链式线迹，如图 7 – 52 所示。特点是构成缝线多、呈较宽的扁平状和上下线结构。因此绷缝机采用上下独立两套切线机构，分别剪切针板上部的绷线和针板下部的三根直针线及一根弯针线，使用长行程钩刀，一次将四根缝线同时切断。

1. 结构组成

上切线机构在针板上部、机头左侧，专门负责剪切装饰线，由切刀组、夹线簧、驱动

气缸以及连接件组成，如图 7-53 所示。

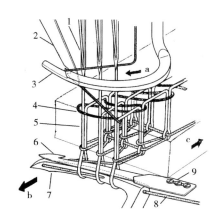 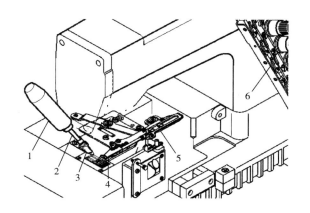

图 7-52 绷缝线迹与切线原理

1—直针　2—上动刀　3—绷针

4—装饰线　5—面线　6—下动刀

7—弯针　8—底线　9—下定刀

图 7-53 绷缝机切线机构

1—上切线气缸　2—气缸杆

3—上切刀组　4—下切刀组

5—下切刀传动机构　6—松线机构

下切线机构位于针板下，动刀在弯针上面，驱动装置位于机头后方，通过连杆传动与动刀相连。动刀为双钩形，确保分别钩住面线与底线。

2. 工作原理

当缝纫结束且弯针运动到左极限位置时，上切刀 3 向下伸出至绷直针下方钩住装饰线，返回与定刀相啮合切断装饰线。

同时，下动刀 4 伸出到左极限位置，前刃钩住底线，后刃钩住面线。动刀返回后与定刀啮合，将四根缝线同时切断，如图 7-52 所示。

3. 机构调整

（1）面切线机构调整：上针位时手推动刀（上钩刀）至最低点。调整动刀行程 15mm，与绷针间隙 0.3mm，如图 7-54（b）所示。刀尖在绷针下方 3mm，如图 7-54（a）所示。动刀与左直针 0.1~0.5mm 间隙，切刀啮合 0.5~1mm。通过松开上切线电磁铁固定螺钉，仔细调整前后左右方向，如图 7-53 所示。

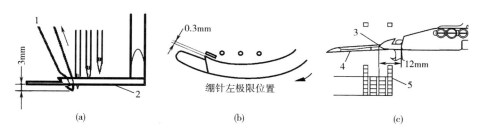

图 7-54 切线刀调整

1—上钩刀　2—绷针　3—动刀尖　4—弯针　5—送布牙

（2）下切线机构调整：

①置上针位（上轮对准"P"点），弯针 4 至左极限位。手推切线电磁铁芯，使动刀尖 3 与送布牙 5 右侧第二个牙齿左端平齐，刀尖运动轨迹与弯针背棱线对齐。如图 7－54（c）所示。

②高度调整：动刀与弯针 4 间隙为 0～0.1mm。

③切刀啮合：动定刀啮合量为 0.5～1mm。

④其他：调整夹线簧片在动刀切线后能够夹紧缝线，保证动刀松紧合适、运动灵活无间隙。

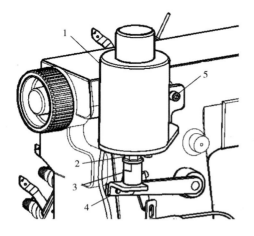

图 7－55　自动抬压脚机构
1—电磁铁　2—螺母　3—压头
4—抬压脚曲柄　5—固定螺钉

（二）自动抬压脚机构

1. 工作原理

电磁铁 1 通电吸合铁芯向下伸出，压头 3 直接推动抬压脚曲柄 4 带动压脚上升，如图 7－55 所示。

2. 调整

松开螺母 2 调整压头 3 高低，使压脚提升 6mm 即可。

（三）自动拨线机构

1. 作用及结构组成

拨线是将切断的面线从布料中拨出，并夹持住保证取料时不会拉拽缝料以及避免再起缝时跳针现象。

旋转电磁铁驱动、曲柄连杆传动、拨钩式结构，如图 7－56 所示。

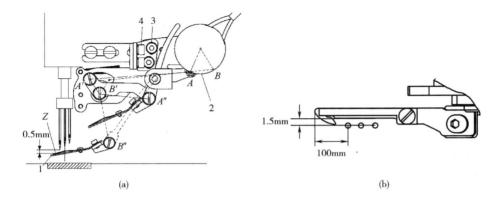

(a)　　　　　　　　(b)

图 7－56　拨线机构
1—拨线钩　2—电磁铁　3、4—调整螺钉

2. 工作原理

切线完成后，拨线电磁铁随即动作，通过曲柄、连杆驱动拨线钩伸出，运动至三根直针下方，返回时钩住三根缝线并直到与弹性夹片接触夹住保持。

3. 机构调整

松开螺钉3、4调整拨线钩1与机针位置。

当拨线钩尖至最左位置时，横向距左直针10mm，Z点距左针尖高度0.5mm，拨钩侧边距机针中心1.5mm，如图7－56（b）所示。

（四）自动松线机构

1. 作用

松线是切线的必要条件，作用是保证切线后缝线自然留在针孔中，不会因张力太大而蹦出机针孔，造成每次必须穿线的麻烦。

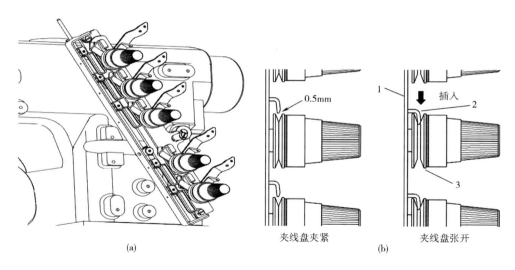

图7－57　松线机构

1—松线板　2—松线板凸起　3—夹线盘

2. 结构与原理

切线电磁铁通过连杆带动松线曲柄摆动，使同轴另一端的曲柄带动松线板1动作，松线板凸起2插入夹线器，使紧闭的夹线盘3张开，达到松线目的。松线完成时，松线板1回复原位，凸起部分回缩，夹线器恢复夹紧作用，如图7－57所示。

3. 调整

调整松线杆使夹线盘3与松线板凸起2间隙为0.5mm，如图7－57（b）所示。

（五）其他自动功能

自动停针位功能：缝纫机针可停止在上停针位或下停针位，方便装取缝料以及穿线、换针操作。停针位操作转换可在控制箱面板上实现。

三、电脑绷缝机操作与使用

1. 缝纫准备

安装机头、附件、电脑控制器系统［图7－58（a）］，检验机构，注油润滑，安装机针、穿线，调整缝线张力。

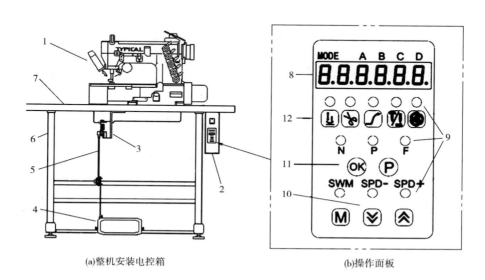

(a)整机安装电控箱　　　　　　　　(b)操作面板

图7－58　绷缝机电脑控制箱
1—机头　2—电控箱　3—调速器　4—踏板　5—拉杆　6—机架　7—台板
8—显示窗　9—指示灯　10—速度键　11—参数键　12—功能键

2. 缝纫操作

粗调好缝线张力，之后开启电源开关，装入缝料，轻踩踏板使机器低速运转，确认润滑系统正常、确认线迹正常并精调良好。

3. 功能转换与参数调整

电脑绷缝机各种电控功能的转换与调整可在控制箱面板上直接进行功能切换和参数调节操作，如图7－58（b）所示。

（1）开机后系统进入待机状态，N、P、F、SWM、SPD－、SPD＋全部熄灭，各个功能键上方的状态指示灯根据设定的功能点亮，显示窗显示 $\boxed{00\text{----}}$ ，此时按 $\boxed{\wedge}$ 或 $\boxed{\vee}$ 键，进入速度调整模式，显示窗内数值为当前设定缝纫速度。

（2）功能键介绍：在待机模式下按各功能键，当其上方指示灯点亮时表示该功能打开，指示灯熄灭表示该功能关闭。各功能键介绍如下：

①切线后自动抬压脚功能键（ $\boxed{⤒}$ ）：可选择切线后自动抬起压脚。

②切线开关键（ $\boxed{✂}$ ）：可以选择切线或者不切线。

③缓启缝键 [⌒]：可选择起缝段速度。

④上下针位键 [🔢]：可选择停止转动时机针处于上位或下位。

⑤功能转换键 [◎]。

（3）参数键：进入参数设定可以进行各种速度值、时间值、各功能开关、功能模式选择等多样性选择和更改，以便针对不同缝纫状况采取最佳工作数据和模式。参数设定操作如下：

①待机模式下按一次 (P) 键进入用户参数的密码输入界面。

②显示窗显示 [c 0.0000]，要求用户输入密码【出厂密码为 2222】，对应数字下方的按键可输入数据，密码输入完成后按 (OK) 键确认。

③此时系统进入用户参数设定界面，显示 [0. 20]，0. 为参数号、20 为参数值，[⌃]、[⌄] 键可修改参数号，详细参数设定参见说明书。

（4）恢复出厂默认值：进入参数调整模式，将参数号调为 98，然后将该参数修改为 [8888]，按 (OK) 储存。系统自动跳转 0. 操作完成，关闭电源待所有显示消失后重启即可。

四、电脑绷缝机常见故障与维修

（一）电脑系统故障表

电脑系统发生故障时，在显示窗有故障代码提示以帮助快速寻找原因解决问题。表 7 - 12 为故障代码、分析原因和解决方法。

表 7 - 12　电脑绷缝机电脑系统故障代码、分析原因和解决方法

故障代码	分析原因	解决方法
E1	系统故障	断电后检查机头是否卡住，然后重新开电，若无法解决，请联系售后服务人员
E2	系统过压	检查电源电压是否正常。如电源电压高于 265V，请关机等电源电压恢复正常再开机
E3	系统欠压	检查电源电压是否正常。如果电源电压低于 160V，请关机等电源电压恢复正常再开机
E4	电动机码盘故障	检查电动机连线是否正常
E5	系统故障	重新开电，如还不能解决，请联系售后服务人员
E6	系统故障	重新开电，如还不能解决，请联系售后服务人员
E7	电动机缺相	检查电动机电源线是否脱落或松动
E8	电动机堵转	检查机头和皮带是否被卡住

续表

故障代码	分析原因	解决方法
E9	电动机过载	检查机头和皮带是否被卡住 检查布料是否太厚
E11	电动机码盘故障	检查电动机码盘线是否松动
E12	脚踏脱落故障	检查电动机脚踏连接线是否松动
E13	脚踏上电时被踩下	检查电动机脚踏是否被卡住
E17	电磁铁过流故障	电磁铁故障，请检查电磁铁是否损坏或短路
E19	定位系统故障	电动机可继续运转，但无针数记数、针位定位及切、拨线及倒缝功能
E20		检查手轮传感器连线是否正常
E21		检查机头是否被卡住
E22	上位机通信故障	检查控制面板与驱动器的连线是否正常
E23	EEPROM 故障	重新开电，如还不能解决请联系售后服务人员
STOP	机头翻倒开关动作 切刀复位开关不正常	检查对应的传感器或开关是否脱落、损坏
LOCK	按键被锁定	按照说明书的方法进行解锁操作
SENERR	步进电机零点传感器错误	检查安装在步进电机旋转凸轮处的零点传感器连接线是否出现脱落或者损坏

（二）自动机构故障分析与解决方法（表 7 –13）

表 7 –13 电脑绷缝机自动机构的故障分析与解决方法

故障现象	问题分析与解决方法
自动切线故障 1. 不切线，切线电磁铁无动作 2. 不切线，但切线电磁铁有动作 3. 切单根线 4. 切线有"藕断丝连"现象，线端毛糙 5. 绷线切不断 6. 正常切线，再启缝脱线	1. 电控箱无输出、插接件不通或电磁铁损坏。检修电控箱、插接件或更换电磁铁 2. 电磁铁组件松动、动刀曲柄或切线曲柄松动，动定刀啮合不佳。需重新调整到位 3. 钩刀未倾斜或位置偏移，重新调整动定刀位置 4. 动定刀刃部啮合不足、刃口未全部对正、刃口不锋利。需重新调整位置或更换新刀片 5. 上切刀伸出位置不准或与绷针配合有误，动定刀啮合不佳。需重新调整；上切线电磁铁损坏或连接线路（导线断路或插接件接触不良）等故障，需更换新件或重新连接 6. 下切刀位置错误、针杆不在上停针位、松线未动作，需重新调整

续表

	故障现象	问题分析与解决方法
拨线故障	1. 电磁铁无拨线动作 2. 电磁铁动作，但不拨线 3. 有动作但未拨出缝线 4. 拨线时打机针或压脚	1. 电控箱无输出、插接件不通或电磁铁损坏 2. 拨线连接件松动，需重新紧固连接件 3. 电磁铁出力不足、连接件松动、拨钩终止位不足、拨钩角度或位置不合适。更换电磁铁、重新紧固连接件、调整拨钩终止位或角度 4. 拨线钩伸出位高度不合适、与机针间距不佳，需重新调整
抬压脚	1. 无自动抬压脚动作 2. 电磁铁动作但未抬压 3. 有自动抬压脚动作，但高度太小	1. 检查电控箱、插接件接触不良或电磁铁断路故障。需更换新件或重新连接 2. 电磁铁或曲柄未固定好，无法驱动抬压脚。需重新调整位置并固定牢靠 3. 电磁铁上下位不佳导致行程太短、曲柄角度不合适，需重新调整
主轴驱动	1. 踩下踏板缝纫机不运转 2. 踩下踏板后不停机	1. 检查主轴电机有否故障、电控箱有否问题、插接件是否接触良好。需更换或重新连接 2. 脚踏板与调速器连杆是否固定可靠，控制箱有否问题，需检修或更换

第五节　电脑套结机与电脑钉扣机

电脑套结机与电脑钉扣机（锁式线迹钉扣机）结构除了压脚机构外，其余机构基本相同，并有着相同的电脑控制系统硬件部分。因此本节将重点介绍电脑套结机，而对电脑钉扣机仅进行相关专用机构内容讲述。

一、电脑套结机

（一）概述

采用电脑控制的套结机大大简化了机械机构，采用电脑控制系统、伺服驱动电动机，实现了工作的低噪声、无冲击、操作简单、内存缝型多、缝制参数调整方便、可设置不同缝型循环、多自动功能、一机多用等一系列优点，取得了普通机械式套结机无法比拟的多功能、高性能，因此近年在国内服装业得到广泛普及，如图 7-59 所示。

1. 电脑套结机功能及特点

（1）电脑套结机主要功能：自动送料、自动切线、自动抬压脚、自动拨线、自动缝纫、自动停针位、循环程序缝纫。

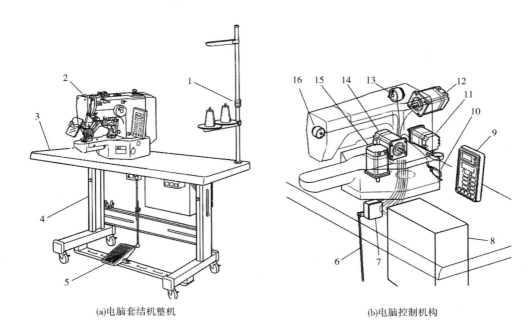

(a)电脑套结机整机　　　　　　　　　(b)电脑控制机构

图 7 – 59　电脑套结机整机构成

1—线架　2—机头　3—台板　4—机架　5—踏板　6—拉杆　7—脚踏控制器　8—电控箱

9—操作盒　10—安全开关　11—抬压脚电机　12—主轴电机　13—切线电磁铁

14—送料电机 Y　15—送料电机 X　16—松线电磁铁

（2）电脑套结机特点：电脑程序控制、伺服电动机驱动主轴、电磁铁驱动切线与松线机构动作、步进电动机驱动送料（纵向移动横向摆动）和抬压脚动作。工作时机针做上下刺料运动，送布机构带动缝料做横向与纵向摆动形成线迹。

2. **电脑套结机类型及技术规格**

电脑套结机与机械套结机一样具有纵横两方向送料机构，大多采用极坐标（$Y-\theta$）式送布机构，少数采用了直角坐标（$Y-X$）式送布机构，两个方向的驱动采用步进电动机。套结机用电脑控制系统，省略了针数调节机构和启动停止离合两大机构，不但噪声低、振动低、结构简化、稳定性、耐磨性提高，还使操控简单、缝型调整方便、可多缝型循环转换等诸多优良特点，使得电脑套结机以压倒性优势迅速取代了机械套结机。

电脑套结机及电脑钉扣机技术规格如表 7 – 14 所示，主要缝型种类如表 7 – 15 所示。

表 7 – 14　电脑套结机及电脑钉扣机技术参数表

机型	GT690DA – 01	GT690DA – 02	GT690DA – 05	GT691D
用途	普通布套结机	牛仔料套结机	套结 – 钉扣两用机	钉扣机
线迹类型	301 双线锁式线迹			
最高缝速/rpm	3200			2700
缝制范围/mm	40 ×30			6.4 ×6.4

续表

机型	GT690DA－01	GT690DA－02	GT690DA－05	GT691D
针距/mm	0.1～12.7			
最大针数	400000 针（20000 针）			
钩线装置	摆梭			
送布方式	$Y-\theta$ 方式步进电动机驱动间歇送布			
切线机构	电磁铁＋凸轮驱动平刀切线			
拨线装置	拨钩式－抬压脚电动机驱动			
抬压方式	步进电动机驱动			
压脚高度/mm	最大 17		套机 17 钉扣 13	最大 13
程序扩展	SD 闪存卡			
用户程序数量	50 个			
循环程序数量	10 个循环，各 15 步（可扩展到 80 步）			
预存花型数量	89 种			35 种
钉扣规格/mm	—			外径 8～30
主轴电动机	550W 交流伺服电动机			
电源	AC220V50Hz			

表 7－15　电脑套结机主要缝型

（二）主要机构工作原理与调整

电脑套结机取消了原有的启动离合与针数调节机构，沿用了传统机械套结机的四大机构中的刺料、挑线和钩线三大机构，保留主要部分并进行电控系统加装的机构有：送料、切线、压脚和拨线机构，下面分别介绍主要电脑控制机构。

1. 自动送料机构

结构与工作原理：采用极坐标式送料机构，纵向位移（Y）与横向摆角（θ）的合成运动，形成所需缝型，如图 7-60 所示。

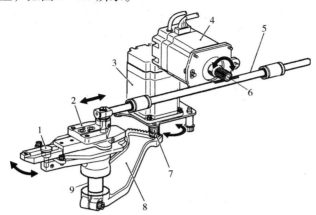

图 7-60　电脑套结机送料机构

1—滑块　2—送料台　3—送料电动机 X　4—送料电动机 Y
5—齿条　6、7—送料齿轮　8—送料齿板　9—送料台轴

送料电动机 Y 通过齿轮驱动齿条形成纵向送料运动。送料电动机 X 通过齿轮和送料齿板驱动送料杆摆动。

送料台将 $Y-X$ 两个方向合成，带动送料板进行运动。

2. 自动切线机构

（1）结构与工作原理：采用电磁铁 1 启动、盘型槽凸轮驱动、摆动式钩刀的切线机构。动刀 14 为摆动式钩刀，当摆梭钩线时动刀 14 启动并继续摆动至最远点，然后回摆钩住底线、面线，当挑线杆上升至最高点时，动定刀刃啮合切线。

动刀 14 启动与返回动作由盘型槽凸轮驱动，凸轮装于上轴的后部。当电脑程序发出指令，切线电磁铁 1 吸合带动切线曲柄 4 运动，曲柄一侧的滚子 6 进入凸轮槽内，由凸轮槽带动滚子 6 做出相应的运动，通过切线曲柄和连杆 8、11 传递至动刀 14，做出切线动作，如图 7-61 所示。

（2）机构调整：调整凸轮、曲柄、连杆位置达到下列要求。

①动刀终止位要求：挑线杆位于最高点、夹线器松线、动定刀刃重合 0.5~1mm、啮合量 0.1~0.2mm。

②动刀运动极限位要求：刀背部边缘与针孔外圆相切。

③定刀位置要求：刃部距针孔边缘 0.5mm，刃边至针孔中心 1mm 如图 7-61 所示。

3. 自动拨线机构

（1）结构与工作原理：采用电机驱动、抬压脚电机、钩式拨线机构。当一个缝型结束、自动切线后，步进电动机 10 启动、传动齿轮 9 传动拨线凸轮 8 转动，使拨线曲柄 6 摆动，通过连杆 2 传动至拨线钩 1 发生摆动，将面线拨出，如图 7-62 所示。

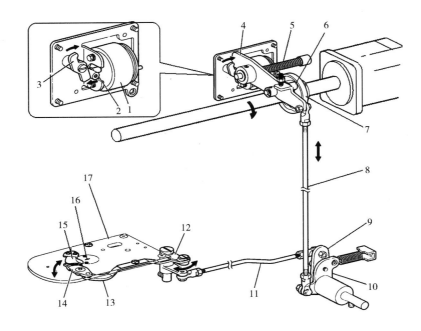

图 7 – 61　切线机构

1—电磁铁　2—电磁铁杆　3—驱动杠杆　4—切线曲柄　5—弹簧　6—滚子　7—切线凸轮

8—连杆 H　9—转换曲柄　10—拉簧架　11—连杆 V　12—动刀曲柄

13—动刀连杆　14—动刀　15—定刀　16—针孔　17—针板

（2）机构调整：拨线钩起始位、终止位和最低位要求如图 7 – 62（b）所示，通过调整螺钉 5 和松开拨线钩支架调整位置达到最佳位置。

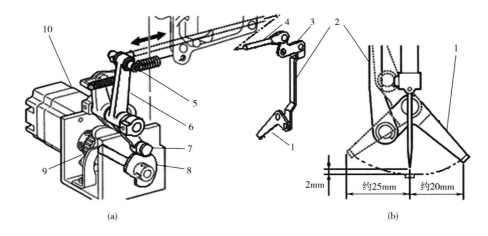

(a)　　　　　　　　　　　　　(b)

图 7 – 62　拨线机构

1—拨线钩　2—连杆　3—曲柄　4—拉杆　5—螺钉　6—拨线曲柄

7—滚子　8—拨线凸轮　9—传动齿轮　10—步进电动机（抬压脚电动机）

4. 自动抬压脚机构

（1）结构与工作原理：本机自动抬压脚机构采用步进电动机驱动，当电脑发出指令使电动机旋转驱动机构动作，同时可以设定抬压脚高度为任意值，方便各种缝纫操作。

抬压脚机构传动路线为电动机1—齿轮2—凸轮3—抬压曲柄5—拉杆6—转换曲柄7—滑块8—压板10—杠杆12—压脚14，如图7-63所示。当电脑发出指令，电动机1启动，凸轮3旋转带动抬压曲柄5动作，抬压曲柄5带动拉杆6向左摆动，通过连接件提升压脚抬起，当凸轮3转过去后压脚复位。

（2）机构调整：压脚最大抬起高度为17mm，通过松开螺钉16调整高度调整片11的高低以及电脑控制系统参数调整实现。

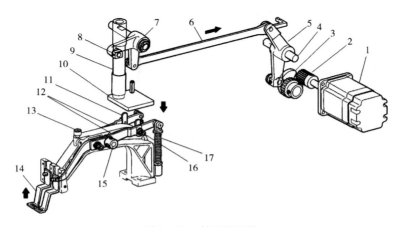

图7-63 抬压脚机构

1—抬压脚电动机　2—齿轮　3—凸轮　4—轴　5—抬压曲柄　6—拉杆　7—转换曲柄
8—滑块　9—抬压杆　10—压板　11—高度调整板　12—抬压杠杆　13—钢珠
14—压脚　15—轴　16—高度调整螺钉　17—压脚弹簧

5. 其他自动功能

（1）自动松线机构：

①结构与工作原理：缝纫机在自动切线时需将面线张力取消，以防止缝线蹦出机针孔，给再次缝纫带来不便，因此均装有松线装置。电脑套结机松线装置非常简单，采用电磁铁1驱动，直推夹线板5的结构。在切线时，电磁铁1吸合，直接推动夹线器夹线板5张开，缝线失去夹紧达到松线目的。结构组成如图7-64所示。

②机构调整：松开螺母2调整调节螺钉3的伸出长度，保证电磁铁吸合时顶杆顶开夹线板压板6，将夹线板5张开1~1.5mm即可。

（2）自动停针位：控制机器每次停机均在上针位，便于装取缝料。

（3）机型识别：通过装置在机头的机型识别器，使通用的电脑系统自动识别并自动改变所需的程序和参数。

（4）程序缝纫：按照电脑内存程序或人工设置的程序实现自动缝纫。

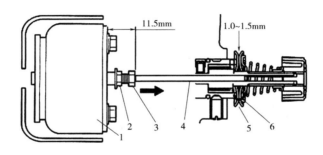

图 7 - 64　松线机构

1—电磁铁　2—螺母　3—调节螺钉　4—顶杆　5—夹线板　6—夹线板压板

（三）操作与使用

1. 缝纫准备

（1）安装：按要求装机头、附件、电脑控制系统，连接好各插头和脚踏板。

（2）注油：向油盒内加入缝纫机专用润滑油，注意油量应在上下标线之间。

（3）绕底线：注意绕线量 80% 为宜。

（4）穿线：按照说明书正确穿线，机针留出适量长度线头。

（5）调整缝线张力：与平缝机调整方法相同。

2. 试缝与操作

（1）开启电源：打开电控箱电源开关，操作盒正常显示，如图 7 - 65 所示。上显示窗为程序号，下显示窗为缝制数据（长宽比例、速度、计数等）。

（2）选择缝型：上部显示屏数字代表程序号，对应说明书缝型表中可查得具体缝型的尺寸等数据，通过右侧的键选择。

（3）装缝料：轻踩踏板，压脚自动抬起，装入缝料。松开踏板，压脚自动压下。

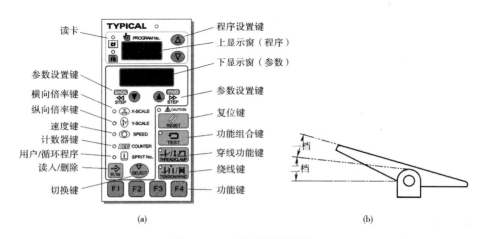

(a)　　　　　　　　　　　　　　(b)

图 7 - 65　电脑套结机操作

（4）缝制：踩下踏板、启动机器运转。

注意踩踏板位置有二挡，如图 7 – 65（b）所示。

①一挡：轻踩踏板至一半行程，机器为抬压脚动作，便于装入缝料。

②二挡：踏板踩到底，机器会立即启动进行自动缝纫，缝制完成一个缝型后自动停止、切线、拨线后随即自动抬起压脚。

（5）功能操作：在操作盒上可进行多种功能操作：长度比例更改、宽度比例更改、缝速设定、计数操作、缝型存取等操作。此外还有绕线、穿线、用户程序设定、循环程序设定等操作，如图 7 – 65 所示。

（6）高级功能：通过操作盒可调整各动作细节参数：恢复出厂值、修改高级开关参数、零点微调、拖车模式、需要密码进入，可以调整各动作细节参数等，详见随机说明书。

（四）日常使用

（1）日常使用注意：最高工作速度建议为设计速度的 80%。

（2）保证机构良好：无异常声响、无 "卡" "重" 现象、润滑正常。

（3）每日做好清洁工作：特别是针杆、旋梭、油盘、油盒等部位等，其他内容参见电脑平缝机。

（五）常见故障与维修

除常见机械故障外，电脑套结机电脑控制系统发生故障时，通过错误代码显示和报警音进行双重提示，故障内容包含了电脑套结机和电脑钉扣机的故障在内，非常方便检修。

电脑套结机电脑控制系统故障提示与检修表如表 7 – 16 所示。

表 7 – 16　电脑套结机电脑控制系统故障提示与检修表

报警代码	问题及检修措施
E025	脚踏开关踩到二挡时打开了电源，关电检查脚踏开关
E035	脚踏开关踩到一挡时打开了电源，关电检查脚踏开关
E050	开机使用中机头倾倒或安全开关接触不良，弹簧片未压住触点
E055	电源接通前机头倾倒或安全开关接触不良，弹簧片未压住触点
E100	电源接通时，主轴电动机找不到原点。关闭电源，转动手轮，检查机械部件是否卡住；检查主轴电动机与控制器的接线是否插好
E110	主轴电动机起针、停止位置故障。关闭电源，重新启动
E111	主轴电动机工作中异常。关闭电源，重新启动
E200	电源接通时 X 轴电动机找不到原点。检查机械部件是否卡住；检查 X 轴电动机与控制器的接线是否插好
E201	X 轴送布过程发生了大的失步。关闭电源，重新启动

报警代码	问题及检修措施
E210	电源接通时 Y 轴找不到原点。检查机械部件是否卡住；检查 Y 轴电动机与控制器的接线是否插好
E211	Y 轴送布过程发生了大的失步。关闭电源，重新启动
E300	电源接通时，抬压脚电机找不到原点。检查电动机及它所带动的机械部分是否卡住；检查抬压脚电动机与控制器的接线是否插好
E450	读取机型识别器的数据无效或超出系统支持的范围。重写识别器或升级软件
E452	机型识别器未连接好或损坏。检查连线、更换识别器
E500	由于倍率设置，缝纫数据超出了压脚框可缝纫范围。重新设置倍率
E501	读取了超出缝纫机压脚框可缝纫范围的缝纫数据。调整花型；更换压脚框并重新设置压脚框大小
E512	花型缝纫到一半时停车（未缝完）。关闭电源，重新启动
E690	夹线装置找不到原点位置（前检测器）。关闭电源，检查夹线装置是否过死或卡住、检测器的连线是否接好。重调夹线前检测器位置
E691	夹线装置找不到夹线位置（后检测器）。确认面线残留是否太长；关电，确认夹线装置是否过死或卡住、位置开关的接线连接状况；重调夹线后检测器位置

二、派生机型——电脑钉扣机

（一）概述

电脑钉扣机与机械钉扣机一样有两大种类，即链式线迹钉扣机和锁式线迹钉扣机，现介绍目前市场上应用较多的锁式线迹电脑钉扣机，如图 7-66 所示。从外观上看与电脑套结机非常相似，其结构也大致相同，甚至可以通过改装压脚机构为纽扣夹机构，简单方便地实现电脑套结机和钉扣机的变换。目前，大多数电脑套结机的内存中预均先装入了钉扣缝型程序，可方便实现多扣多样式的钉扣缝纫，加之电脑钉扣机具有操作方便、改装灵活、速度高、噪声低等特点，在服装生产中应用日益增加。

图 7-66 电脑钉扣机

由于采用电脑程序控制，缝纫纽扣缝型种类很多，并且可以简单实现异形纽扣缝纫，如图 7 - 67 所示。

电脑钉扣机主要技术参数见表 7 - 14 中 GT691D 型电脑钉扣机部分。

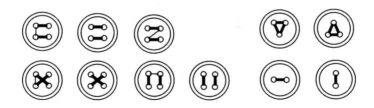

图 7 - 67　电脑钉扣机内存缝型

（二）机构构成与工作原理

电脑钉扣机采用了电脑套结机绝大部分的整机机构，不同点有两处：一是压脚机构变更为纽扣夹机构，二是压脚提升机构局部更改以适应纽扣夹机构。

1. 纽扣夹机构

纽扣夹机构整体由压杆 7 提供上升和下降动作，调压弹簧 6 提供压紧力；纽扣在扣夹垫板 9 和扣夹簧片 8 之间夹紧，根据纽扣直径大小通过扣夹调节板 11 调节扣夹的开合大小，如图 7 - 68 所示。

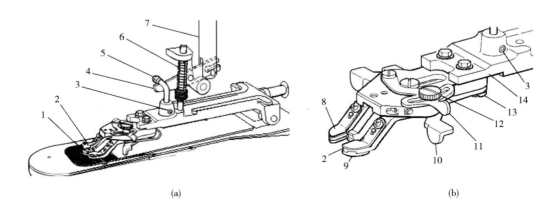

(a)　　　　　　　　　　　　　(b)

图 7 - 68　纽扣夹与提升机构

1—纽扣　2—扣夹　3—螺钉　4—提升杠杆　5—扣夹提升钩　6—调压弹簧　7—压杆　8—扣夹簧片
9—扣夹垫板　10—扣夹开合扳手　11—扣夹调节板　12—扣夹锁紧螺钉　13—扣夹轴钉　14—扣夹架

2. 抬压脚机构

工作原理：扣夹整体通过扣夹提升钩 5 与提升杠杆 4 相连接，杠杆的另一端受压杆 7 控制。当压杆受电动机驱动下降时，杠杆另一端向上抬起，带动扣夹提升钩向上动作，使整体扣夹机构前部抬起，如图 7 - 68（a）所示。

3. 机构调整

（1）抬起高度调整：松开螺钉 3 调整扣夹提升钩 5，使扣夹抬起 13mm 即可。

（2）扣夹压力调整：旋转调压弹簧下面的螺母，可调整扣夹压力。

（3）扣夹位置调整：松开扣夹座螺钉进行送布测试，确保机针准确穿过纽孔。

参考文献

［1］王文博. 服装机械设备使用维修手册［M］. 北京：机械工业出版社，1998.

［2］孔令榜. 服装设备使用与维修［M］. 北京：中国轻工业出版社，1996.

［3］宋哲. 服装机械［M］，北京：纺织工业出版社，1995.

［4］辉殿臣，等. 服装机械原理［M］. 北京：纺织工业出版社，1990.

［5］孙苏榕. 服装机械原理与设计［M］. 上海：中国纺织大学出版社，1994.

［6］杨明才. 工业缝纫设备使用维修手册［M］. 南京：江苏科学技术出版社，1988.

［7］隆承忠. 服装机械知识［M］. 北京：高等教育出版社，1987.

［8］В. В. Исаев. ОБОРУДОВАНИЕ ШВЕЙНЫХ ПРЕДПРИЯТИЙ［M］. Москва：Легкая и пищевая промьıппдленность，1983.

［9］《双针针送平缝机"新 LT2 系列"》论文，日本三菱电机技报. Vol. 65 – No. 9 – 1991，作者 堂脇恭三、玉国法行、清水正义